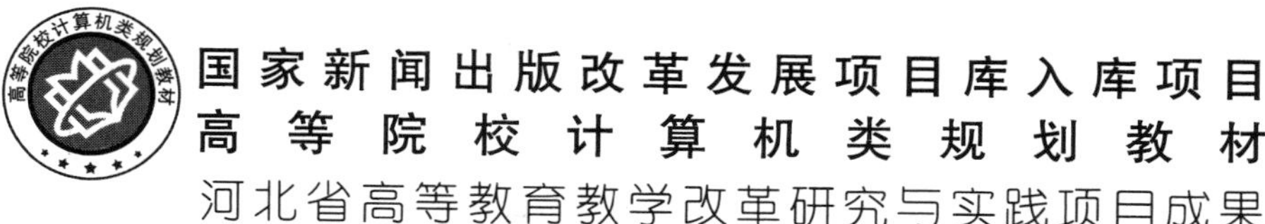

国家新闻出版改革发展项目库入库项目

高等院校计算机类规划教材

河北省高等教育教学改革研究与实践项目成果

全国高等院校计算机基础教育研究会立项项目成果

计算机软件基础

秦金磊　李　整　编著

北京邮电大学出版社
www.buptpress.com

内 容 简 介

本书是计算机软件技术基础的综合教材，共分为7章，包括软件与程序、算法与数据结构、线性与非线性结构、内排序、软件开发与维护、软件测试、自动化测试及应用等软件基础核心技术。各章节内容清晰，图文并茂，所展现的程序代码及算法实现均经过运行验证。作者对书中特定内容录制了相应视频，便于学生全方位掌握知识。各章精心选取了阅读材料，这些阅读材料知识性与趣味性并重，可为开展课程思政提供参考。同时，各章配备了适量习题，以便于学生巩固章节知识。

本书可作为高等院校理工科计算机、自动化、电气与电子类等相关专业的本科、成人高等教育或大专层次的教材，同时本书对研究生和从事软件开发及测试相关工程技术的人员也是一本很好的参考书。

图书在版编目（CIP）数据

计算机软件基础 / 秦金磊，李整编著. -- 北京：北京邮电大学出版社，2022.8

ISBN 978-7-5635-6742-3

Ⅰ. ①计…　Ⅱ. ①秦…　②李…　Ⅲ. ①软件—教材　Ⅳ. ①TP31

中国版本图书馆 CIP 数据核字(2022)第 151943 号

策划编辑：马晓仟　　**责任编辑**：马晓仟　　**责任校对**：张会良　　**封面设计**：七星博纳

出版发行：北京邮电大学出版社
社　　址：北京市海淀区西土城路 10 号
邮政编码：100876
发 行 部：电话：010-62282185　传真：010-62283578
E-mail：publish@bupt.edu.cn
经　　销：各地新华书店
印　　刷：唐山玺诚印务有限公司
开　　本：787 mm×1 092 mm　1/16
印　　张：16.25
字　　数：425 千字
版　　次：2022 年 8 月第 1 版
印　　次：2022 年 8 月第 1 次印刷

ISBN 978-7-5635-6742-3　　定价：42.00 元

前　言

为适应计算机软件技术更新快、内容丰富的特点，本书以软件开发过程中的核心内容为抓手，凝练了学生必须掌握的基本理论及开发方法。“计算机软件技术基础”课程的教学目标是为学生奠定良好的软件开发基础，从而使其具备进行各类应用程序设计与开发的能力。作者通过总结多年的教学科研及实践经验，结合计算机技术的最新发展并对课程相关资料进行综合分析提炼，编写了本书。

本书在选取与组织内容方面有所突破，以软件开发中的必备知识为主线，由浅入深，从软件与程序的基本概念出发，涉及算法分析与设计、线性与非线性结构、内排序等核心基础知识，并由此过渡到软件开发与维护的一般方法。特别是针对软件测试与质量保证，本书在把内容讲述清楚的前提下，结合自动化测试工具的使用，使得相关概念更加具体形象。

本书经过精心规划，具有以下特色。

(1) 注重基础讲解。以软件开发过程中所必须掌握的基本原理、技术、方法和工具为核心，循序渐进，图文并茂，把基础讲透，把重难点讲清。

(2) 知识性与趣味性并重。精心选取的阅读材料不仅能够增加各章知识的广度，还可激发学生的学习兴趣。同时，材料内容还可为开展课程思政提供参考。

(3) 案例资源丰富。本书提供了翔实的案例，这些案例的代码均经过运行调试，以保证正确无误。需要用到本书源代码的读者可从北京邮电大学出版社官方网站上直接下载使用。编者对书中特定内容录制了视频，以便学生全方位地掌握所学知识。

本书由秦金磊、李整共同编著，电子资源的整理及视频录制等工作由秦金磊完成。全书由秦金磊统稿并最终定稿。本书定稿后，由鲁斌教授主审。

本书的编写得到了河北省高等教育教学改革研究与实践项目(编号:2021GJJG411)、华北电力大学2021年校级教学改革与研究项目的支持；得到了华北电力大学负责计算机专业平台建设的领导的支持；得到了华北电力大学计算机软件教学团队全体老师的支持；得到了全国高等院校计算机基础教育研究会和北京邮电大学出版社的支持。在此，全体编著人员向所有对本书的编写、出版等工作给予支持的单位和领导表示真诚的感谢！

由于作者水平有限，书中难免有错误和不妥之处，敬请广大同人和读者提出宝贵意见。

作　者

2022年3月于华北电力大学

目　　录

第 1 章　软件与程序 …… 1
1.1　软件的分类及特性 …… 1
1.1.1　软件的分类 …… 1
1.1.2　软件的特性 …… 2
1.2　程序及其特性 …… 3
1.2.1　程序的概念 …… 3
1.2.2　程序的特性 …… 3
1.3　程序的运行过程 …… 4
1.3.1　程序的执行 …… 4
1.3.2　编译器的工作原理 …… 6
1.3.3　解释器的工作原理 …… 8
阅读材料:TIOBE 指数与排行榜 …… 9
习题一 …… 9
第 2 章　算法与数据结构 …… 10
2.1　算法 …… 10
2.1.1　算法的概念 …… 10
2.1.2　算法的描述方法 …… 11
2.1.3　算法设计的原则 …… 15
2.1.4　算法的评价 …… 16
2.1.5　算法设计 …… 19
2.2　数据结构的基本概念 …… 31
2.2.1　数据 …… 31
2.2.2　数据的逻辑结构 …… 32
2.2.3　数据的存储结构 …… 32
2.2.4　数据结构 …… 32
阅读材料:算法＋数据结构＝程序 …… 33
习题二 …… 33
第 3 章　线性与非线性结构 …… 34
3.1　顺序存储线性结构 …… 34
3.1.1　线性表 …… 34

3.1.2 栈…………………………………………………………………………………… 37
3.1.3 队列………………………………………………………………………………… 39
3.2 链表……………………………………………………………………………………… 43
3.2.1 链式存储结构……………………………………………………………………… 43
3.2.2 单链表……………………………………………………………………………… 44
3.2.3 循环链表…………………………………………………………………………… 52
3.2.4 链栈………………………………………………………………………………… 54
3.2.5 链队………………………………………………………………………………… 55
3.3 非线性结构……………………………………………………………………………… 56
3.3.1 树…………………………………………………………………………………… 56
3.3.2 二叉树……………………………………………………………………………… 60
3.3.3 图…………………………………………………………………………………… 69
阅读材料:散列及散列函数……………………………………………………………… 71
习题三 …………………………………………………………………………………… 71

第4章 内排序 ……………………………………………………………………… 72

4.1 基本概念………………………………………………………………………………… 72
4.1.1 排序………………………………………………………………………………… 72
4.1.2 稳定性……………………………………………………………………………… 72
4.2 常用排序………………………………………………………………………………… 72
4.2.1 计数排序…………………………………………………………………………… 72
4.2.2 直接插入排序……………………………………………………………………… 74
4.2.3 冒泡排序…………………………………………………………………………… 75
4.2.4 希尔排序…………………………………………………………………………… 76
4.2.5 选择排序…………………………………………………………………………… 78
4.2.6 堆排序……………………………………………………………………………… 79
阅读材料:托尼·霍尔…………………………………………………………………… 88
习题四 …………………………………………………………………………………… 89

第5章 软件开发与维护 …………………………………………………………… 90

5.1 软件危机与软件工程概述……………………………………………………………… 90
5.1.1 软件危机…………………………………………………………………………… 90
5.1.2 软件工程概述……………………………………………………………………… 91
5.1.3 软件的生存周期…………………………………………………………………… 93
5.1.4 软件的开发模型…………………………………………………………………… 95
5.2 软件可行性及需求分析………………………………………………………………… 98
5.2.1 可行性研究………………………………………………………………………… 98
5.2.2 需求分析 ………………………………………………………………………… 100
5.2.3 结构化分析方法 ………………………………………………………………… 102
5.3 软件设计 ……………………………………………………………………………… 110

5.3.1　软件设计的流程 …… 110
5.3.2　软件设计原则 …… 111
5.3.3　软件结构设计工具 …… 114
5.3.4　结构化设计方法 …… 115
5.3.5　详细设计 …… 119
5.4　软件编码 …… 120
5.4.1　程序设计语言的分类 …… 121
5.4.2　程序设计语言的选择 …… 123
5.4.3　编程风格 …… 124
5.5　软件测试与调试 …… 126
5.5.1　调试技术 …… 126
5.5.2　调试策略 …… 131
5.5.3　调试原则 …… 131
5.6　软件维护 …… 132
5.6.1　软件维护的分类 …… 132
5.6.2　软件维护的过程 …… 133
5.6.3　软件的可维护性 …… 133
5.6.4　软件维护的副作用 …… 134
5.6.5　软件再工程 …… 135
阅读材料：人月神话 …… 137
习题五 …… 137

第6章　软件测试 …… 138

6.1　概述 …… 138
6.1.1　软件和软件质量 …… 138
6.1.2　软件生命周期中的缺陷 …… 139
6.2　软件测试的概念 …… 141
6.2.1　软件测试的产生和发展历程 …… 141
6.2.2　软件测试的定义 …… 142
6.3　软件测试过程模型、分类和原则 …… 144
6.3.1　软件测试过程模型 …… 144
6.3.2　软件测试的分类 …… 146
6.3.3　软件测试的原则 …… 147
6.4　白盒测试 …… 148
6.4.1　基本概念 …… 148
6.4.2　基本路径测试法 …… 149
6.4.3　逻辑覆盖法 …… 156
6.4.4　循环测试法 …… 161
6.5　黑盒测试 …… 163
6.5.1　基本概念 …… 163

6.5.2 等价类划分法 …… 164
6.5.3 边界值分析法 …… 166
6.5.4 判定表驱动法 …… 168
6.5.5 因果图法 …… 172
6.6 单元测试 …… 176
6.6.1 概述 …… 176
6.6.2 单元测试方法 …… 180
6.6.3 单元测试环境 …… 181
6.6.4 单元测试策略 …… 182
6.6.5 单元测试分析 …… 184
6.7 集成测试 …… 184
6.7.1 概述 …… 184
6.7.2 集成测试策略 …… 185
6.8 系统测试 …… 190
6.8.1 概述 …… 190
6.8.2 系统测试类型 …… 191
6.8.3 系统测试人员和系统测试过程 …… 193
阅读材料:格伦福德·梅尔斯 …… 194
习题六 …… 194

第7章 自动化测试及应用 …… 196

7.1 软件测试自动化 …… 196
7.1.1 自动化测试的优势 …… 196
7.1.2 基本知识介绍 …… 197
7.2 IBM RFT 简介 …… 198
7.2.1 概述 …… 198
7.2.2 记录 IBM RFT 脚本 …… 198
7.3 IBM RFT 的功能和界面 …… 199
7.3.1 主要功能 …… 199
7.3.2 主要组件 …… 199
7.3.3 实验案例 …… 201
7.4 启用 IBM RFT …… 203
7.5 记录脚本 …… 208
7.6 脚本回放及相关设置 …… 218
7.7 扩展脚本 …… 223
7.8 使用测试对象映射 …… 231
7.9 管理对象识别 …… 237
7.10 数据驱动的测试 …… 240
阅读材料:自动化测试工具 …… 250
习题七 …… 250

参考文献 …… 251

第1章　软件与程序

1.1　软件的分类及特性

1.1.1　软件的分类

软件内容丰富、种类繁多，传统上根据软件用途可将其分为系统软件和应用软件两大类。系统软件用于管理、控制和维护计算机的系统资源，而应用软件侧重于解决某一应用领域的具体问题。目前，随着整个社会信息化进程的不断加快，系统软件和应用软件的区分界线正在逐步模糊。例如，数据库管理软件及其服务程序，在数据库系统早期仅用于数据处理领域，应看成应用软件；而随着科学计算、工程控制、专业管理等新兴领域中应用软件的出现，现在则被视为系统软件。

应用软件的使用者通常是最终用户，一般不需要编制程序即可利用应用软件解决自己的问题。最终用户只需要进行使用培训，就可以正常使用软件，而不需要做软件技术知识的相关培训。有时针对特殊应用场合，在已有的应用软件的基础上进一步编写新的程序，称为二次开发。例如，利用 Visio 的绘图功能，编制基于故障树的可靠性评估软件；再如，VBA(Visual Basic for Applications)作为一种内置在 Excel 中的编程语言，可以通过二次开发增加新的功能。

随着计算机技术的不断发展，软件应用领域也不断扩充。根据其应用领域的不同，软件可分为以下几类。

1. 操作系统

操作系统(OS，Operating System)是直接运行在裸机上的最基本的系统软件，它管理着计算机系统的软/硬件资源(如 CPU、内存储器、硬盘等设备和各种服务程序)并向上层软件提供服务，任何非系统软件必须在操作系统的支持下才能运行。操作系统与计算机硬件系统密切相关，通常情况下某一种操作系统只能运行在某一类硬件架构上。当然，同类硬件架构上也可以运行不同的操作系统。如运行在 Intel 平台上的操作系统有 Windows、OS/2、NetWare、Linux、SCO Unix 等，运行于苹果计算机上的 Mac OS。也有可运行于多种硬件平台上的各种 Unix 操作系统，如 SUN 公司的 Solaris、IBM 公司的 AIX、我国独立开发的 COSIX 等。随着智能手机的广泛使用，运行于智能手机的 Android、iOS、Symbian、Windows Phone 和 BlackBerry OS 等手机操作系统，可显示与计算机相同的网页，具有良好的用户界面和很强的扩展性。从事计算机开发的人员应当掌握操作系统的基本理论和基础知识。

2. 办公软件套件

办公软件套件是指日常办公所用到的一系列软件的总称，通常包括文字处理软件、电子表格处理软件、演示制作软件、个人数据库等。常见的软件套件有 Microsoft Office、金山公司 WPS、Adobe Reader 等。

3. 多媒体处理软件

随着多媒体技术的广泛应用,多媒体处理软件也成为应用软件中的重要分类。多媒体处理软件主要包括图形/图像处理软件、动画制作软件、音频/视频处理软件、格式转换软件等。常用的多媒体处理软件包括 Photoshop、Flash、3d Max、Premier、格式工厂等。

4. 科学计算软件

科学计算软件主要用于特定科学研究领域的计算,如经典分子动力学、数学计算、计算天文学、量子化学、计算材料物理等领域。常用于数学计算的软件有 Mathematica、MATLAB 和 Maple,可实现矩阵计算、微分方程求解、图形化展示等功能。

5. 嵌入式软件

嵌入式软件与嵌入式系统是密不可分的。嵌入式系统一般由嵌入式微处理器、外围硬件设备、嵌入式操作系统以及用户的应用程序 4 个部分组成,用于实现对其他设备的控制、监视或管理等功能。嵌入式软件就是基于嵌入式系统设计的软件,它也是计算机软件的一种,同样由程序及其文档组成,是嵌入式系统的重要组成部分。常用的嵌入式系统有 μClinux、μC/OS-II、eCos 等。

6. 实时软件

实时软件是必须满足严格时间约束条件的软件,用来监控、分析、控制实时事务。它包括从外部环境收集信息,分析后按要求转移信息,处理后做出响应,监控部件在指定时间内(通常在 1 μs~1 s 之间)完成相应动作,多用于对实时性要求高的工业控制系统,如电力系统保护、电力生产调度,常用的实时系统有 ros2 等。

7. 程序开发工具环境

程序开发语言种类繁多,目前所使用的编程语言多以集成开发环境(IDE,Integrated Development Environment)的形式出现。即在此集成开发环境中,包含了语言的编辑、调试、编译、运行、图标图像制作等工具。在 Windows 环境下,常用的 IDE 有 Visual Studio 开发套件,包括 Visual C++、Visual C# 等。

8. 网络工具软件

随着计算机网络的发展和普及,出现了许多基于网络的软件,主要有 Web 服务器软件、Web 浏览器、邮件软件、网络聊天软件、网络会议软件等。常用的有 IIS、TomCat、FoxMail、QQ、微信(WeChat)等。

除上述的几类软件外,还有各种学习软件、翻译软件、电子词典软件、视频播放软件等。

1.1.2 软件的特性

尽管软件种类繁多,但具有以下一些共同特性。

1. 软件是功能和性能相对完备的程序系统

软件不仅包括程序及所使用的数据,还包括说明其功能、性能的说明性信息,如使用维护说明、指南、培训材料等。在 1983 年由 ANSI/IEEE(美国国家标准学会/电气与电子工程师协会)制定的 IEEE Standard Glossary of Software Engineering Terminology(IEEE 软件工程标准术语)中,给出关于 Software(软件)的定义:"Computer programs, procedures, and possibly associated documentation and data pertaining to the operation of a computer system."(计算

机程序、过程、可能相关的文档以及与计算机系统操作有关的数据)。由此可见,软件涵盖的范围更广,有程序、有关数据、文件以及规程、规则等,软件与程序的包含关系如图 1-1 所示。

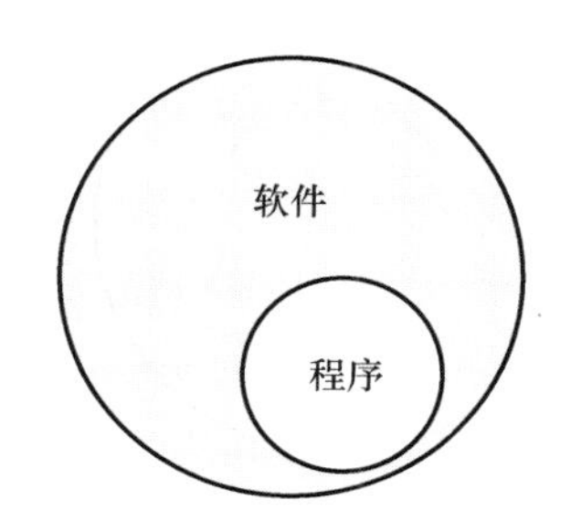

图 1-1 软件与程序的包含关系

2. 软件是具有使用性能的软设备

人们编写软件,往往是用于解决某个具体问题。同时,该软件具有良好的使用性能并可转让给其他人使用。

3. 软件是一种信息商品

信息商品的生产不同于其他传统产业对商品的生产,软件产生初期的研制开发作为其主要的生产方式,往往占用了很大的成本。一旦完成,通过复制再进行大批量生产则变得十分容易。

4. 软件只有“过时”而无“磨损”

软件和硬件不同,硬件产品都有使用寿命,而软件只有“过时”而无“磨损”一说。所谓的过时往往是因硬件环境及配套软件升级而导致软件原来的版本不再适用,所以必须对软件进行升级来避免过时。

1.2 程序及其特性

1.2.1 程序的概念

软件中最核心的部分是程序,程序是为解决某个问题而编写的计算机指令序列。图灵奖获得者、Pascal 语言之父瑞士计算机科学家尼古拉斯·沃斯(Niklaus Wirth)曾提出“程序=算法+数据结构”,该公式揭示了程序的本质,同时指明了如何设计程序。将设计好的程序装入计算机内存,按控制结构依次逐条执行,最终解决指定的问题。

1.2.2 程序的特性

程序具有如下特性。

1. 静态表示与动态运行

程序需要采用某一种编程语言进行描述,其表示是静态的。但是,编写程序的目的是要用它来解决问题,所以程序必须能够运行,否则毫无用处。因此,从程序的表示来看,若干代码体现了其静态属性。同时,程序通过运行才能发挥作用,体现了其动态特性。

2. 程序是抽象的符号表达

为了在计算机屏幕上画出一个“笑脸”的图形,需要编写相应的代码。

【例 1-1】 采用某种编程语言实现“笑脸”图形,对应的主要代码如下。

```
X = 100;      //设定横坐标
Y = 100;      //设定纵坐标
...           //此处省略了其他可能参数代码
Circle();     //调用画圆函数
Line();       //调用画线函数
```

运行上述代码,可画出如下的“笑脸”图形,如图 1-2 所示。

代码运行后,展现出具体生动的“笑脸”图形,而在画出对应图形之前,仅看代码是难以想象其执行结果的。相对于具体的结果来说,代码则是一种利用某种编程语言的抽象表达和

图 1-2 “笑脸”代码运行效果图

组织。

3. 程序是对数据施加算法的过程

在程序的编写过程中,不仅要考虑编程语言是否符合语法要求,还要考虑如何对数据进行操作以达到要求。其中的数据处理方法即算法。数据一般用于描述事物的属性和状态,而算法则是要设计一定的数据处理方法和过程,以满足实际问题的需要。从这个角度来看,程序的编写就是对数据设计相应算法的过程。

4. 程序是分层嵌套的

程序在执行过程中,利用底层的中断指令,可以在某个中间位置暂停执行(挂起)转而去执行另一个子程序,待子程序执行完成后再返回源程序继续执行,直到完毕后 CPU 不再执行任何指令。在程序调用过程中,能够看出其结构也是层层嵌套的。

【例 1-2】 编写 C 语言程序代码如下。

```
#include< stdio.h>
void main()
{
...
printf("%s","Hello, World");
...
}
```

上述代码的执行过程可以采用如图 1-3 所示的流程表示。在执行过程中,当执行到 printf 函数时,会跳转到该函数的内部过程,当完成输出后再返回源程序。若代码中包含个人编写的函数,其执行过程类似。

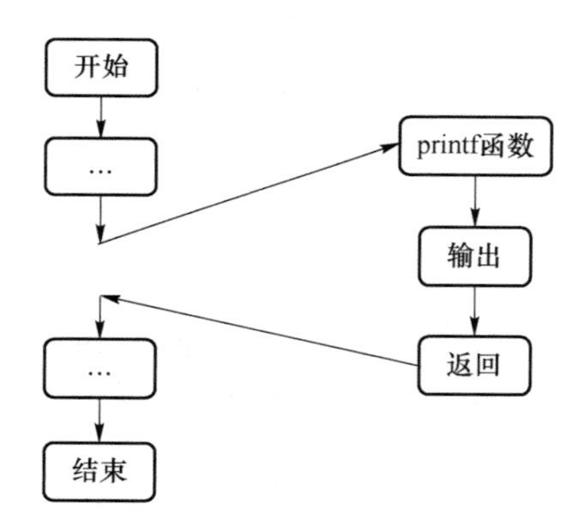

图 1-3 程序的嵌套结构

1.3 程序的运行过程

1.3.1 程序的执行

1. 高级语言的产生

计算机可以直接执行的语言称为机器语言。而机器语言利用二进制编码表示,使用过程枯燥且极易出错。例如约定操作码 00000100 为“加”运算,则计算机执行上述二进制代码,可实现加法运算。但若将二进制代码写成 00010100,则其代表操作为其他类型,从而导致计算错误。在不断实践的过程中,人们发现可以利用容易记忆的英文单词代替约定的指令,容易地完成程序的读/写,汇编语言由此产生。例如用 ADD 代表 00000100,就可以使用 ADD 指令完成加法操作。汇编程序同样需要转换成二进制代码后执行,该工作由汇编程序自动完成。

汇编语言面向机器,使用汇编语言编程需要直接安排存储,规定寄存器、运算器的动作次序,还必须知道计算机对数据约定的表示(定点、浮点、双精度)方法等,这对大多数人来说不是一件简单的事情。此外,虽然汇编语言对操作码、寄存器做了一些抽象说明,但是它与计算机紧密相关,不同的计算机在指令长度、寻址方式、寄存器数目、指令表示等方面都不一样,这使得汇编程序不仅不可移植,而且读起来也很困难,从而促成了高级语言的出现。

高级语言采用类似人类语言的方式编写代码,特别是在数学计算方面,更加接近数学公式。同时,编程人员无须关心机器的运算器、寄存器和内存地址等内容。因此,编程人员的工作重心就转换为仅考虑如何使用高级程序设计语言表示相关数据及问题的求解步骤。

2. 高级语言的翻译

高级语言必须经过翻译变成机器语言后才可以被计算机执行,这个工作一般由翻译程序自动完成。把一种语言翻译成另一种语言的翻译程序叫作翻译器,翻译器可以起到将高级语言翻译成低级语言(包括汇编语言和机器语言)的作用,其翻译过程如图 1-4 所示。

图 1-4　翻译器的转换作用

一个翻译器的重要性体现在,编程人员借助翻译器可以不用考虑与计算机有关的烦琐细节,编程人员的主要精力可以放在程序的设计与实现上,从而独立于具体使用的计算机,进一步提高编程效率。

翻译器对高级语言进行翻译的方式有编译和解释两种,对应的翻译程序分别叫作编译器和解释器。以编译器的执行过程为例,高级语言的编译过程如图 1-5 所示。

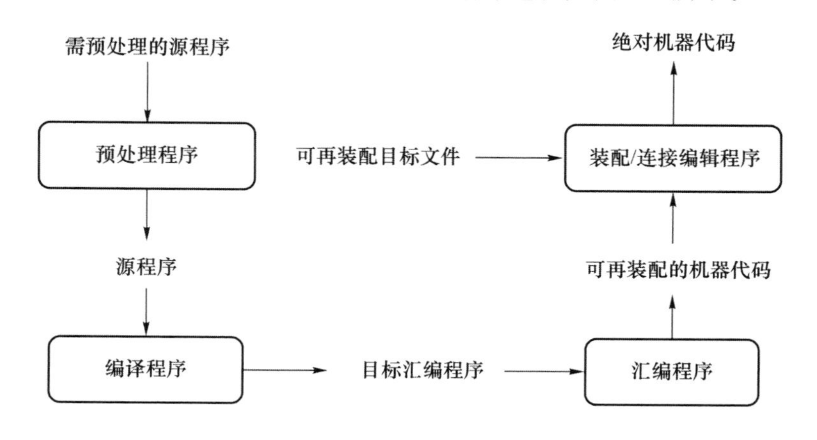

图 1-5　高级语言的编译过程

1.3.2 编译器的工作原理

高级语言程序利用编译器可以转换为一个可执行的机器语言程序，编译器的基本工作过程包括 6 个步骤。

第 1 步是词法分析(Lexical Analysis)。编译器逐行扫描源程序并识别符号串，主要包括关键字、字面量、标识符(变量名、数据名)、运算符、注释行和特殊符号(如续行、语句结束、数组等)。

将上述六类符号分别归类并等待处理，如语句 position= initial + rate * 60 会被编译器从左到右逐个字符读入并识别形成记号流 position (id1)，=，initial (id2)，+，rate (id3)，*，60。其中，分别使用 id1、id2、id3 表示实型变量 position、initial、rate，单词间的空格被忽略。

第 2 步是语法分析(Syntax Analysis)。根据词法分析得到的记号流，将该语句作为一串记号流由语法分析器进行处理。将记号流(即形成的单词序列)分解成各类语法短语，如“程序”“语句”“表达式”等。一般这种语法短语也叫语法单位，可表示成语法树。如上述单词序列 id1=id2+id3 * 60 经语法分析知其是 C 语言的“赋值语句”，可表示成如图 1-6 所示的语法树。

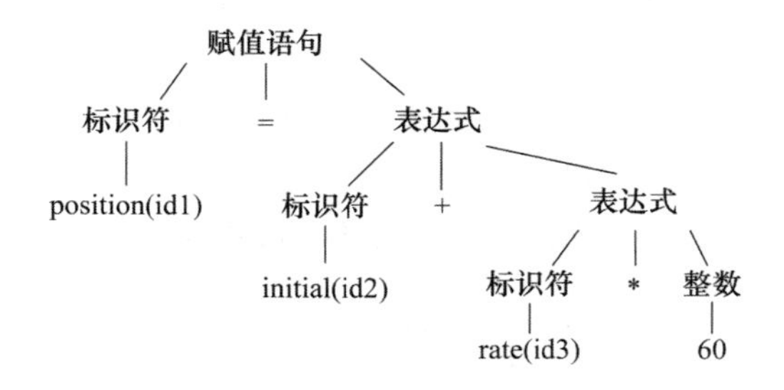

图 1-6 语句对应的语法树

在实际分析的过程中，也可以将上述语法树用一种简化的形式表示，如图 1-7 所示。

根据语言的文法检查每个语法分析树，判定其是否为符合语法的句子。如果是合法的句子，就以内部格式把此语法树保存起来，否则报错，像这样直到检查完所有程序为止。

第 3 步是语义分析(Semantic Analysis)。语义分析器对各个句子的语法树进行检查，确保源程序各部分之间的语义一致性，以保证程序各部分能有意义地结合在一起。检查的内容包括：运算符两边的类型是否兼容；该做哪些类型转换；是否控制转移到不该去的地方；是否有重名或使语义模糊的记号等。如有则进行处理，否则生成中间代码。

例如，在计算机内部，整数的二进制表示和实数的二进制表示是有区别的。因此，在进行二者的运算时，需要进行隐式转换。在图 1-7 中，所有的变量都是实型变量，而 60 是整数。通过类型检查会发现 * 作用于实型变量 id3 和 60，需要建立一个额外的算符结点 inttofloat，显式地将整数转换为实数，如图 1-8 所示。

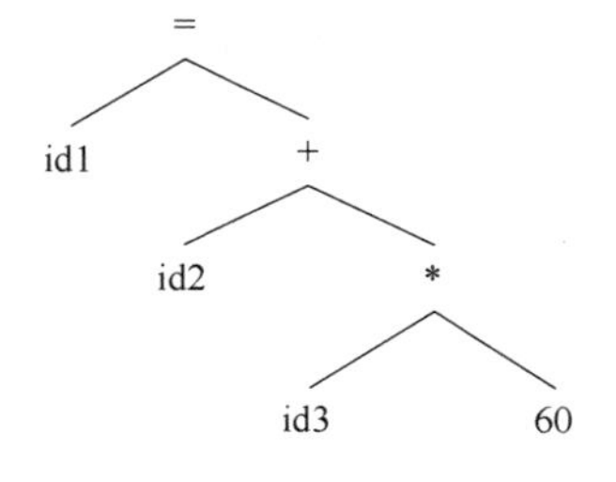

图 1-7 语法树的简化表示

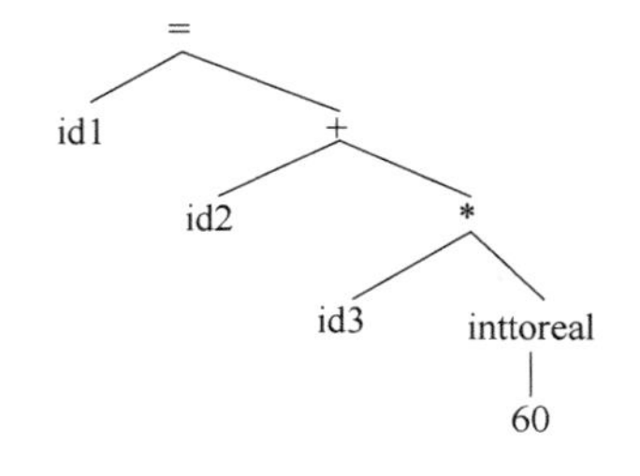

图 1-8 语义分析插入类型转换 inttofloat

第 4 步是生成中间代码。经过前面的步骤，可将源程序转换为一种内部表示形式即中间代码。中间代码是向目标码即机器语言的代码过渡的一种编码，其形式尽可能和机器的汇编语言相似，以便下一步的代码生成。中间代码不涉及具体机器的操作码和地址码。采用中间代码的好处是可以在中间代码上做优化。

很多编译程序生成的中间代码具有“四元式”的形式，即运算符、运算对象 1、运算对象 2、结果。图 1-8 所示的语法树可以通过中间代码生成算法转换成 4 条中间代码，其中 t1、t2、t3 为编译程序生成的临时名字，具体如下所述。

```
(inttoreal    60    -    t1)
(*            id3   t1   t2)
(+            id2   t2   t3)
(=            t3    -    id1)
```

第 5 步是代码优化。独立于机器的代码优化阶段试图改进中间代码，以便产生具有运行更快、占用空间更小等优点的目标码。代码的优化可以从局部优化和全局优化两个方面进行，如局部优化包括合并冗余操作、简化计算等。例如，“x=0;”可用一条“清零”指令替换。而全局优化则包括改进循环、减少调用次数和快速地址算法等。

具体在进行优化时，通常是在中间代码生成后再利用代码优化器进行优化。例如，代码优化器用 60.0 代替 60 就可以把 inttofloat 运算删除。此外，t3 只被引用一次，就是取它的值传给 id1。因此，可以用 id1 代替 t3。这样直接产生的 4 条中间代码，经过优化后可以得到如下结果：

```
(*            id3   60.0  t1)
(+            id2   t1    id1)
```

不同的编译器所实现的优化程度是不同的，能完成大部分优化的编译器称为优化编译器，但这时编译时间中相当长的一部分都消耗在这种优化上。简单的优化也可以使目标程序的运行时间大大缩短，而编译速度并没有降低太多。

第 6 步是代码生成。由代码生成器生成目标机器的目标码（或汇编）程序，要做数据分段、选定寄存器等工作，然后生成机器可执行的代码。此过程的一个关键问题是寄存器的分配，例如使用寄存器 R1 和 R2，则优化后的中间代码可以翻译为

```
MOV R2,id3
MUL R2,#60.0
MOV R1, id2
ADD R1,R2
MOV id1,R1
```

上述汇编指令的第 1 个和第 2 个操作数分别代表目的操作数和源操作数。上述指令的过程是第 1 条指令先将 id3 放入寄存器 R2，然后第 2 条指令将 R2 和 60.0 相乘，结果仍存放在 R2 中，其中的 # 代表 60.0 作为立即数处理。第 3 条指令将 id2 放入 R1 中，第 4 条指令实现 R2 和 R1 的内容相加，并把结果放在 R1 中。第 5 条指令是将 R1 中的值传递给 id1。这样该代码段实现了赋值语句。

高级语言源程序经编译后得到目标码程序，但它还不能立即装入机器执行，一般情况下它是不够完整的。如程序中用到 abs()、sin()这些函数，可直接调用，不需求绝对值、求正弦的程序，它们已作为目标码存放在机器中。

编译后得到的目标模块还需进行连接。连接程序（即 Linker）找出需要连接的外部模块

并到模块库中找出被调用的模块，调入内存并连接到目标模块上，形成可执行程序。把执行程序加载(Loading)到内存中合适的位置，即可执行。例如，使用C语言编写的源程序得到结果的过程如图1-9所示。

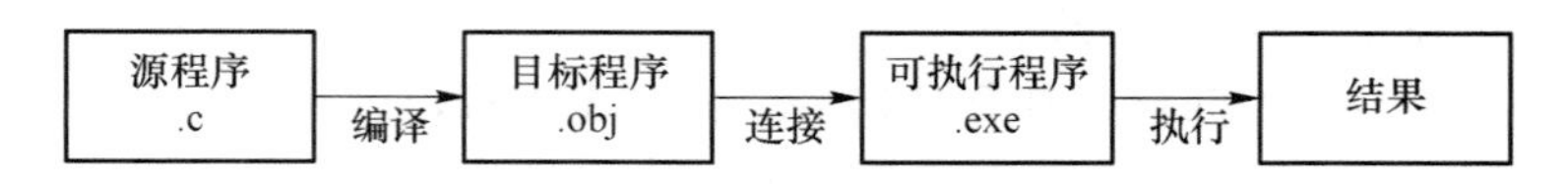

图1-9　C语言源程序的执行过程

1.3.3　解释器的工作原理

编译型语言由于可进行优化(有的编译器可做多次优化)，目标码效率很高，所以它是目前软件实现的主要方式。例如使用C语言编写的源程序，都需要进行编译、连接，才能生成可执行程序。编译时虽然花费时间，但程序的执行效率将会提高。如果不把整个程序全部编译完成，则是不能运行该程序的。编译和运行是两个独立分开的阶段。

但是在一个交互的环境中，不需要将上述两个阶段分开，此时编译就不如解释方便。当采取解释执行的方式时，需要有一个解释器(Interpreter)，它将源代码逐句读入。先做词法分析，建立内部符号表；再做语法和语义分析，即以中间代码建立语法树，并做类型检查。完成检查后把每一语句压入执行堆栈，压入后立即解释执行。

在图1-10所示的堆栈中，首先弹出栈顶元素“*”，从符号表中得知它是“乘法”操作，翻译为机器的乘法指令，要求有两个操作数。接着弹出“id3”，查表知道这是变量，可作为赋值号左端操作数。再往下弹出“inttoreal()”，inttoreal()不是数值而是函数调用(其功能是把整数转换为实数，其执行代码此前已压入执行堆栈)，于是寻找inttoreal函数，并弹出参数“60”，执行完的结果作为原表达式的第2个操作数。

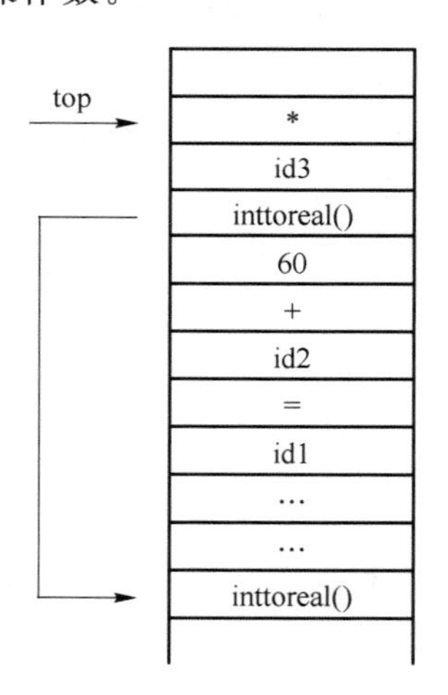

图1-10　执行堆栈中存放的元素

接着再弹出“+”，表明这是加法运算，第1个操作数已在加法器中，再弹出“id2”，知道是一个变量，可做第2个操作数。执行加法操作后再弹出“=”，再弹出“id1”作为赋值对象，完成赋值。

所有的记号idi按符号表对应地址码，所有运算符对应操作码，换成机器码后立即执行，接着下一句又开始压入栈。

解释执行时只看到一个语句，无法对整个程序进行优化。一般来说，解释执行占用的空间很小。解释器不大，工作空间也不大，能根据程序执行情况决定下一步做什么是它的优点，解释执行难于优化、效率较低，是该类型语言的缺点。操作系统的命令、BASIC、VB、Prolog、LISP、Java、JavaScript、PostScript 等语言都是解释执行的，还有一些应用软件提供的界面语言（一般都很小）也是解释执行的。

获取阅读材料《TIOBE 指数与排行榜》请扫描下方二维码。

习 题 一

1. 软件是什么？其特点又是什么？
2. 程序的概念及特点分别是什么？
3. 请简述高级语言的翻译过程。
4. 请简述编译器的基本工作步骤。

TIOBE 指数与排行榜

第2章　算法与数据结构

2.1 算　　法

2.1.1 算法的概念

算法的概念来源于数学，是指求解某一类问题时需要执行的明确而有限的具体计算步骤。当应用到计算机科学时，有两方面的扩展。一是作为问题中被处理的数据对象，不再仅仅是单纯的数值形式，还可以是非数值数据，如字符、图像、表格以及数值与非数值形式的组合等。二是“计算”步骤扩展为“操作”序列，这样更符合计算机处理问题的过程。

由此可以这样表述，算法用于描述特定问题的明确求解步骤，是操作指令的有限序列，每一条指令表示一个或多个操作。这里的特定问题是指某个应用计算机解决问题的相应需求。

在软件开发中，作为程序的一个重要组成部分，算法是给人看的，是编程人员在编写程序前需要掌握的部分。而程序是给计算机看的，由编程人员完成从算法到程序的转换。

1. 算法的构成要素

从构成要素来看，算法主要包括操作与控制结构两类。操作包括但不限于以下几类。

- 数据传送：赋值、输入、输出。
- 逻辑运算：“与”“或”“非”。
- 算术运算：加、减、乘、除。
- 数据比较：大于、小于、等于、不等于。

算法的控制结构决定了各操作的执行次序。用流程图可以形象地表示算法的控制结构。任何复杂的算法都可以用顺序、选择、循环3种控制结构组合而成，如图2-1所示。其中(a)和(b)分别对应顺序和选择分支结构，而(c)和(d)是两种不同的循环结构。需要说明的是，实际算法中经常用到上述几种结构的组合，而很少仅使用其中的一种。

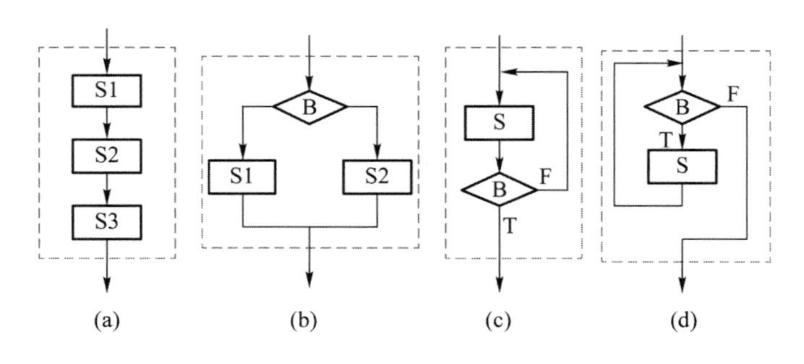

图2-1　3种不同的控制结构

2. 算法的特性

算法由一套计算规则组成，具有以下5个重要特性。

(1) 确定性

算法的每一操作指令必须有确切的含义，不具有二义性。例如在算法中描述"输入数字A；输入数字B；将二者之差赋值给A"就存在歧义。二者之差是指$A-B$还是$B-A$？数字是指整数还是实数？这都可能会导致错误的操作。

(2) 可行性

算法中的每一个步骤均能准确实施，也指算法实施后可以得到预期的解。例如，要执行"从鸡蛋中取出骨头"这种操作，显然是不可行的。

(3) 有穷性

算法具有有限个操作步骤，并且每个操作步骤均可在有限的时间内完成。这里的有限时间不是纯数学上的，而是指实际上合理的、可接受的。例如在一些实时控制系统里面要求做秒级别的实时处理，若某个算法只能做到分级别响应，则该算法就是不可用的。

(4) 有输入

一个算法可以有零个或零个以上输入。当算法是专用的，被处理的数据的值唯一确定时，可以不需要输入。例如，求解整数2的10次方的算法就不需要输入；而求解整数M的N次方的算法，则需要输入整数M和N的值。

(5) 有输出

一个算法应有一个或一个以上的输出。如果一个算法的所有操作都不输出任何结果，那么该算法就不具有存在的意义，因为外界无法感知算法做了什么。

2.1.2 算法的描述方法

1. 算法设计的阶段

针对现实世界中的一个实际问题，利用计算机进行求解的过程通常需要经过3个任务阶段：

① 全面分析被处理和加工的所有数据及其形式，明确处理要求，形成粗略的求解思路；

② 对思路逐步求精，从而细化为完善的求解步骤；

③ 将求解步骤落实到某种编程语言上，实现程序，得到可以运行的程序和软件。

2. 算法的描述方法

精确描述操作过程是上述第②个阶段的产物，是编制具体程序的准备。常用的算法描述方法是指对该阶段的描述方法，主要采用以下几种。

(1) 自然语言

以人们日常所使用的自然语言为主，加上一些必要的数学符号。该方法的优点在于自然语言易读易懂，但有过多的随意性，在准确清晰表达方面存在不足。

(2) 流程图

采用算法中特定的图形表示符号，结合算法的控制结构，实现对具体操作的描述。这种表达方式的操作指令流向直观清晰，但图形与文字结合的表示形式相对繁杂，在设计过程中不易做书面修改。

(3) 伪语言

伪语言并不是一种真正的编程语言，而是介于自然语言和某种程序设计语言之间的一种语言，所以称之为伪语言。其中包括程序的基本控制结构、自然语言等，它更加贴近程序设计语言，可以简化其中在人为理解时不必要的烦琐表达。伪语言适合专业算法设计人员使用，表述严谨,更容易向程序转换。

采用上述方法中的任意一种,即可完成对算法的描述。但要最终将算法转换为具体由某种语言编写的程序,还需要专业程序编写人员依据算法来编写。通常采用流程图和伪语言来实现算法描述,更容易实现该转换过程。

3. 算法描述实例

下面以求解两个整数的最大公约数为例,说明上述算法的描述方法。

(1) 辗转相除法

辗转相除法是计算机求解上述问题的方法之一,其解题策略如下。

以小数除大数,得余数。若余数不为零,则小数成被除数,余数成除数,相除得新的余数。若余数为零,则此除数即为最大公约数,否则断续辗转相除。

【例 2-1】 求 544 和 119 的最大公约数。

544/119 的余数为 68,119/68 的余数为 51,68/51 的余数为 17,51/17 的余数为零,因此 544 和 119 的最大公约数为 17。

采用自然语言的形式进行描述,假定两个正整数分别用 M 和 N 表示,则算法如下:

① 使用 M 除以 N,将余数送中间变量 R;

② 测试余数 R 是否等于零?

➢ 若 R 等于零,求得的最大公因子为当前 N 的值,程序到此结束。

➢ 若 R 不等于零,将 N 送 M,将 R 送 N,重复程序的①和②。

采用流程图的形式进行描述,如图 2-2 所示。

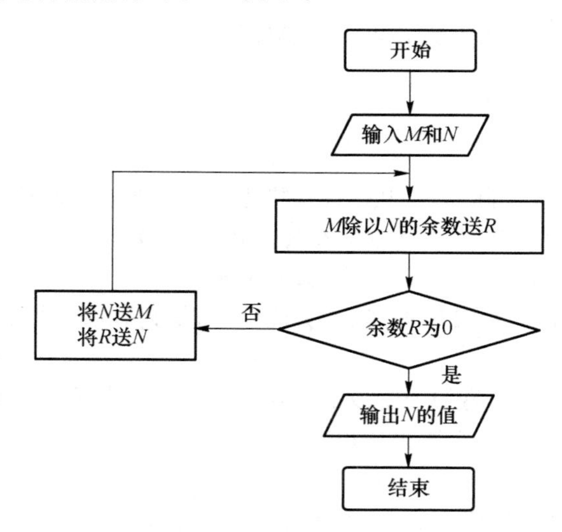

图 2-2　用流程图的形式描述算法

进一步采用伪语言的形式进行描述如下。

```
(1) 设定 M,N,R 的类型为整数
(2) 输入 M,N
(3) while (1) do                 //条件(1)表示一直为真
        R ← M  %  N;
    if (R == 0)
        break;
    else
        M ← N;
```

```
        N ← R;
(4) 输出N,即最大公因子
```

根据上述描述方法，采用C语言容易实现上述求解算法，利用函数形式实现最大公因子求解程序如下。

```
//写成函数形式,C语言
COMFACTOR(int M, int N )
     {
      int  R;
      while (1)
             {
               R=M  %  N;
               if  (R==0)
                      return  N;
               M=N;
               N=R;
             }
     }
```

需要说明的是，通常对一个问题的求解有多种算法，编程人员可以选择其中的某一种来实现。相减法和穷举法也是求解最大公约数的算法，具体描述如下。

(2) 相减法

相减法采用自然语言的形式描述如下：

① 将两个数中较大的数 a 减去较小的数 b；

② 如果差 c 等于0，那么最大公约数为 b；

③ 如果不等于0，则将 b 的值给 a，c 的值给 b；

④ 转到①继续相减直到差等于0。

采用流程图的形式进行描述，如图2-3所示。

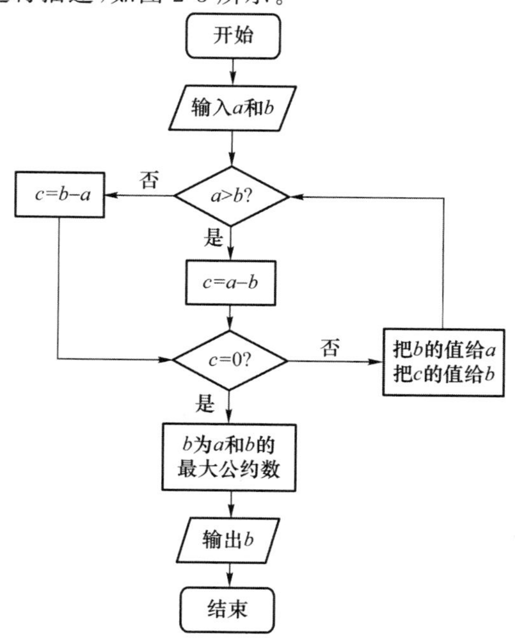

图2-3　相减法的流程图描述

(3) 穷举法

穷举法采用自然语言的形式描述如下：

① 将两个数 a,b 中较小的值赋给 i，将 a 除以 i,b 也除以 i；

② 若两者的余数同时为 0 时，此时的 i 就是两者的最大公约数；

③ 若不等于 0，则将 $i-1$，继续将 a 除以 i,b 除以 i；

④ 直至余数同时为 0。

采用流程图的形式进行描述，如图 2-4 所示。

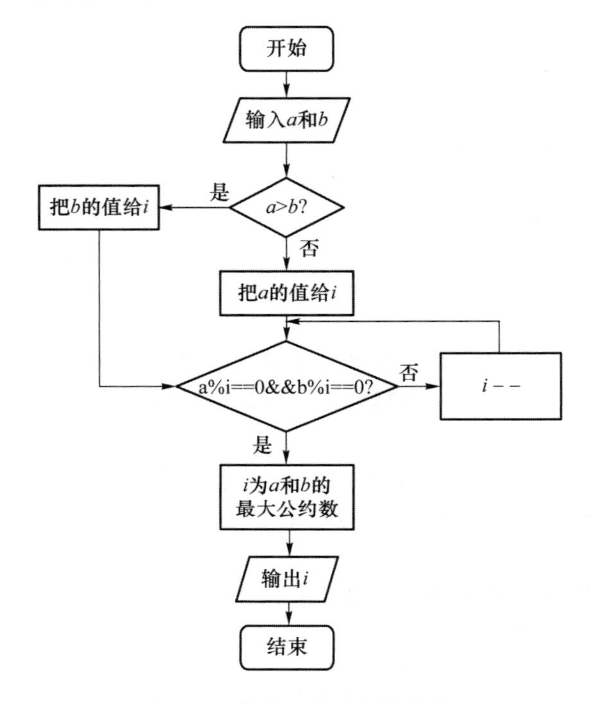

图 2-4　穷举法的流程图描述

4. 算法的实际应用

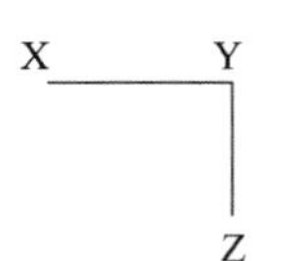

图 2-5　街道示意图

当算法描述完成后，就可以利用编程语言完成对实际问题的求解。不过，现实世界中的问题往往需要抽象分析后，才能转换为利用某个具体算法求解。

【例 2-2】 在图 2-5 所示的街道 XYZ 中，Y 为拐弯处。X 到 Y 的距离为 1 125 米，Y 到 Z 的距离为 855 米，要求在街道一侧等距安装路灯，并且在 X、Y 和 Z 处各有一盏路灯，这条街道最少要安装多少个路灯？

在等距离安装路灯的情况下，需要 X、Y、Z 上正好有一盏，则间距应为两路长的公约数。则(XY＋YZ)/最大公约数＋1 即为最小的路灯数，因为算的是路灯数，而总数除以距离只是线段数，还需要加 1 才是端点数，即路灯数。

【例 2-3】 两位采购员定期去某商店，小王每隔 9 天去一次，大刘每隔 11 天去一次，两人于星期二第一次在商店相会，他俩下次相会是星期几？

在该例中，隔 9 天则周期为 10 天，比如今天是星期四，隔一天则为星期六，过一天为星期五。所以需要计算 10 和 12 的最小公倍数。而求两整数最小公倍数的方法为：最小公倍数＝两整数的乘积÷最大公约数。故需要先求最大公约数，再求最小公倍数。

2.1.3 算法设计的原则

在设计算法时,应该遵循以下几个方面的原则。

1. 正确性

正确性是设计算法的第一原则,不能得出正确结果的算法毫无意义。正确性可以从3个层次理解,首先是算法没有逻辑错误,这是最基本的要求。其次是对一些典型的输入实例能得到正确的结果,因为对一些复杂大型的算法,输入数据量大而且变化很多,甚至会达到无法穷举的地步。最后一个层次是,对所有可能的合法输入都应该计算出正确的结果。这通常也是最严格的标准,但往往是做不到的。

例如,在一个围棋对局的算法中,需要从开局起在每一次决定落子策略时,考虑到所有可能落子的位置,并对于对手的所有可能应对策略做出判断,才能选择出胜率大的落子位置。在该算法中,使用伪语言描述最多选择几番对局进行人为验证,若将算法实现为程序并运行验证,逐一验证所有可能也不现实。因此在大多数情况下,如果算法能够对具有典型性以及有一定苛刻要求的若干组输入数据得出满足规格要求的结果,即可认为算法达到了"合格"的标准。

2. 可读性

算法的可读性是指一个算法可供自己和他人阅读理解的容易程度。算法主要用于人的交流层面,因此需要做到结构清晰、易于理解。其好处在于一方面有助于发现算法的错误,另一方面有助于将算法实现为程序。在程序进行调试时参照算法更容易抓住调试重点,而在程序出现错误时,需要确认是算法设计的错误还是在转换为程序时发生的错误,从而从错误的源头开始修改。

下面的一些方法有助于增强算法的可读性。

(1) 适当注释

在算法中针对理解容易出现困难的语句或语句段,选用通俗易懂的文字增加适当的注释,以便当别人阅读或自己日后阅读时更容易理解设计的目的、原理、方法等。

(2) 遵循"见名知义"的命名原则

对算法名、变量名等的命名原则尽量达到"见名知义"的效果,如完成求和功能的算法命名为sum,用作最大值的变量则命名为max。

(3) 规范书写格式

采用具有明显层次结构的缩进,使语句的控制结构更加清晰。

(4) 尽量使用简单易懂的方法

在算法中,若没有特殊要求,不要使用晦涩难懂的方法。例如,实现数值的排序方法有很多,要选择常用易懂的排序方法,不需要刻意追求与众不同。

(5) 算法提炼尽量合理

算法中的句子不应过多而显得太长,若某个算法段具有独立功能,并反复多次使用,则可将这部分算法段形成一个算法,成为其他算法可以调用的子算法。

3. 健壮性

健壮性又称鲁棒性(robustness),是指软件对于规范要求以外的输入情况的处理能力,健壮性强的算法是更安全的算法。在设计算法时要思维缜密,能够考虑到算法在应用时出现的各种情况,使算法无论在输入正常或异常时都能正常结束,对于异常情况应能说明错误来源或者报告错误原因。

例如，在计算银行活期利息的算法中，若输入数据是本金金额和存款天数，应当考虑到输入金额为负数或非数字形式的处理方法，存款天数输入实数是否被认可等。

健壮性要求可能会使算法主体增加很多分支和处理语句，在算法描述时，可根据算法的用途选择算法应达到的健壮程序。

4. 高效性

在计算机科学中，算法最终是要转换为程序并运行在计算机上的。计算机被使用的资源包括两个方面：一个是 CPU 执行算法所耗费的时间，另一个是算法执行过程中所占用的内存空间。所以，这里的高效性是指希望算法在计算机上执行的时间短、占用的空间少。

一般来说，对算法的基本要求是正确性，在设计算法时更多的是注重可读性和高效性，而在将算法转换为程序时，则关注其健壮性和高效性。

2.1.4 算法的评价

1. 评价因素

理论上，一个好的算法应遵循上述 4 个设计原则。但实际上，这些原则往往是相互冲突的。例如，在正确性的前提下，强调健壮性，必然会增加算法的处理过程，从而影响高效性；强调高效性，可能会大大降低算法的可读性；减少执行时间，势必会增加存储空间等。因此，在实际中应根据需求进行综合考虑。

通常情况下，从算法高效性的两个方面进行评判：时间特性和空间特性。其中，更重要的是时间特性，空间特性则可放到其次。这是因为算法的时间特性最终会在程序运行时体现出来，若执行时间超出预期，算法的接受度就会降低。而对于算法所占用的空间，并没有外在体现。若待解决的问题数据量极大，计算机的内存空间相对较小时，算法在设计时应把节省空间作为一个追求目标。不过随着存储器硬件技术的不断提升和内存价格的大幅下降，对算法占用的内存考虑程度呈下降趋势。

2. 时间复杂度

算法的时间特性如何度量？从理论上说，算法所需的时间需要在标准的环境下测试才能得到。但实际算法在运行时，很难处于一个标准的环境。显然，程序运行所需要的时间与下列因素有关。

① 计算机的执行速度：速度越快，所需时间越短；

② 程序编译功能的强弱及编译产生的机器代码质量的优劣：一般情况下，语言越高级，执行效率越低；

③ 问题的规模：即数据量，数据量大时所花的时间肯定比数据量小时所花的时间要多；

④ 程序中操作语句的执行步数：执行次数越少，效率越高。

上述的①和②与计算机的软件、硬件环境有关，与算法设计并没有关系，所以用绝对的执行时间来分析算法是不合适的；③和④与算法有关，能确定算法运行的总的操作次数。操作次数越少，在同等条件下，其运行时间越短。

因此，常把与问题规模有关的执行语句的执行次数作为衡量算法时间效率的标准。

【例 2-4】 分析 Fibonacci 数列算法的操作次数。

Fibonacci 数列的定义为 $F_0=0, F_1=1, F_n=F_{n-1}+F_{n-2}(n\geqslant 2)$，其算法对应的 C 语言程序如下：

```
void Fibonacci(int n)
{       int i,fn1,fn2,fn;
        fn2 = 0;                        //1 次
        fn1 = 1;                        //1 次
        printf(" %d, %d",fn2,fn1);      //1 次
        for(i = 2; i<= n;i++)           //i = 2,执行 1 次,i<= n,执行 n 次,i++ 执行 n-1 次;
        {       fn = fn2 + fn1;         //4 条循环体语句分别执行 n-1 次;
                printf(", %d",fn);
                fn2 = fn1;
                fn1 = fn;
        }                               //总次数 T(n) = 3 + 4 * (n-1) + (1 + n + (n-1)) = 6n-1
}
```

【例 2-5】 分析 n 阶矩阵相加算法的操作次数。

```
void MatrixAdd(int A[n][n], int B[n][n], int C[n][n], int n)
{       int i,j;
        for(i = 0; i< n;i++)
            for(j = 0;j< n;j++)
                c[i][j] = a[i][j] + b[i][j];
}
```

上述程序由内、外两重循环构成,外循环:$i=0$,执行 1 次;$i<n$,执行 $n+1$ 次,$i++$ 执行 n 次;$\mathrm{tw}=1+(n+1)+n$。内循环:共执行 n 遍,每一遍 $j=0$ 执行 1 次;$j<n$ 执行 $n+1$ 次;$j++$ 执行 n 次;循环体执行 n 次;$\mathrm{tn}=n(1+(n+1)+n+n)$。总次数 $T(n)=\mathrm{tw}+\mathrm{tn}=3n^2+4n+2$。

从上述例子可以看出,精确计算操作次数相当烦琐,对于大型程序更是如此。实际上,只要计算完成算法所必需的操作(基本操作)的执行次数即可。不必对每一步都进行详细的分析,只对基本操作部分进行分析,可以采用数量级的形式表示算法时间。

定义一个辅助函数 $f(n)$,当 n 大于等于某一个足够大的正整数 n_0 时,存在一个常量 c,使得对于所有的 $n\geqslant n_0$,$T(n)\leqslant cf(n)$成立(在此忽略了次要操作),则称 $f(n)$是 $T(n)$的同数量级函数,记作 $T(n)=O(f(n))$。其中 O 是英文单词 Order(数量级)的首字母。该定义表示,函数 T 最多是函数 f 的 c 倍,除非 $n<n_0$。

上述定义也可表述为,时间复杂度 $T(n)$为 n 趋于无穷大时,算法时间和 n 的数量级关系,即 $T(n)=O(f(n))$。在例 2-5 中,当 $n\to\infty$,有 $T(n)\leqslant 3n^2$,则可记 $T(n)=O(n^2)$。尽管每个语句在严格时间意义上不等价,但都被粗略认为是一个有限时间的消耗。这里不去深入讨论"O"的数学概念和 $f(n)$函数的严格计算,通过下面的例子说明根据 $T(n)$找出相应的数量级关系 $f(n)$的简便方法。

【例 2-6】 求算法 Assign1 的时间复杂度。

```
Assign1(n)
{
    x = x + 1;
}
```

算法 Assign1 中有一条赋值语句,因此 $T(n)=1$,该值为常量,与数据个数 n 无关。在这种情况下,令 $f(n)=1$,则时间复杂度 $T(n)=O(f(n))=O(1)$。$O(1)$意味着算法 Assign1 的执行时间

为常数，不论该常数的具体数值有多大，均表明执行时间不随 n 的增加而增长，故称常数阶。

【例 2-7】 求算法 Assign2 的时间复杂度。

```
Assign2(n)
{
    for (i = 1;i <= n;i ++)        //i = 1,执行 1 次,i <= n,执行 n + 1 次,i ++ 执行 n 次
        x = x + 1;                 //循环体执行 n 次
}
```

算法 Assign2 中，$T(n)=1+(n+1)+n+n=3n+2$。当 n 趋于无穷大时，主要影响 $T(n)$ 的是 n 的一次方，即 n。在这种情况下，令 $f(n)=n$，因此有 $T(n)=O(f(n))=O(n)$，称为线性阶。

【例 2-8】 求算法 Assign3 的时间复杂度。

```
Assign3(n)
{
    for (i = 1;i <= n;i ++)        //外层:i = 1,执行 1 次,i <= n,执行 n + 1 次,i ++ 执行 n 次
        for (j = 1;j <= n;j ++)    //内层:j = 1,执行 1 次,j <= n,执行 n + 1 次,j ++ 执行 n 次
            x = x + 1;             //内层循环体执行 n 次
}
```

算法 Assign3 中，外层循环的执行次数为 $\mathrm{Tw}=1+(n+1)+n=2n+2$，内层循环的执行次数为 $\mathrm{Tn}=(1+(n+1)+n+n)n=3n^2+2n$，所以 $T(n)=\mathrm{Tn}+\mathrm{Tw}=3n^2+4n+2$。同样，当 n 趋于无穷大时，对 $T(n)$ 起最大作用的是 n^2，则令 $f(n)=n^2$，因此有 $T(n)=O(f(n))=O(n^2)$，也叫平方阶。

从上述例子可以看出，求时间复杂度时，除了语句频度 $T(n)$ 为常数的算法其时间复杂度为 $O(1)$ 较为特殊外，其他算法只要考虑算法中与数据规模 n 有关的频度最大的语句即可。比如循环体中的最内层语句，常数和常系数不表示在时间复杂度中。

常用的语句执行次数和时间复杂度的对应关系如表 2-1 所示。

表 2-1 执行次数函数对应的阶与术语

执行次数函数	阶	术语
12	$O(1)$	常数阶
$2n+3$	$O(n)$	线性阶
$3n^2+2n+1$	$O(n^2)$	平方阶
$5\log_2 n+20$	$O(\log n)$	对数阶
$2n+3n\log_2 n+19$	$O(n\log n)$	$n\log_2 n$ 阶
$6n^3+2n^2+3n+4$	$O(n^3)$	立方阶
2^n	$O(2^n)$	指数阶

表 2-1 中的第一行，如果一个算法的执行次数固定为 12，而与 n 无关，则其时间复杂度同样为常数阶，即 $O(1)$。也就是说，如果算法的执行时间不随问题规模 n 的增加而增长，即使算法中有上千条语句，其执行时间也不过是一个较大的常数。此类算法的时间复杂度是常数阶。

常见函数随 n 的变化的增长率也不尽相同，从图 2-6 可以看出指数函数增长最快。

对于足够大的 n，存在下述关系：

$$O(\log n)<O(n)<O(n\log n)<O(n^2)<O(n^3)<\cdots<O(2^n)<O(3^n)<O(n!)$$

需要指出的是，解决同一问题的不同算法，如果时间复杂度不同，则应尽可能选择时间复

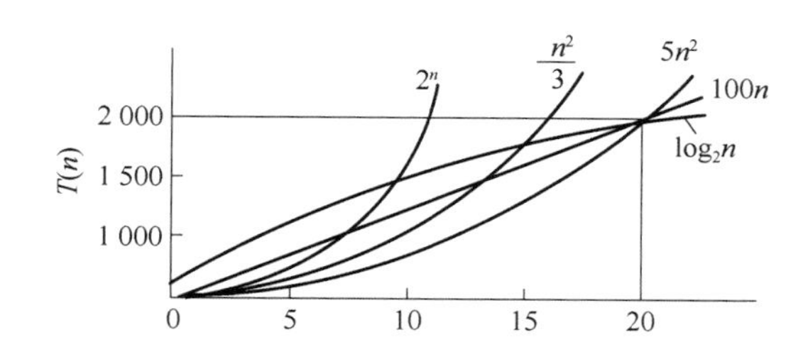

图 2-6 常见函数的增长率

杂度小的算法。当时间复杂度为指数阶,其效率就很差了,当 n 值较大时甚至无法使用。

3. 空间复杂度

空间复杂度即算法的存储空间要求,指解决问题的算法在执行时所占用的存储空间。算法执行所需要的存储空间包括:

- 输入数据所占的空间;
- 程序本身所占的空间;
- 辅助变量所占的空间。

假如随着问题规模 n 的增大,算法执行所需存储量的增长率和 $g(n)$的增长率相同,则也用所求解问题规模 n 的数量级的形式给出,记作 $S(n)=O(g(n))$,称 $S(n)$为算法的空间复杂度。

时间与空间是一对矛盾,要节约空间往往要消耗较多的时间,反之亦然。而目前由于计算机硬件的发展,一般都有足够的内存空间,因此在今后分析中应着重考虑时间的因素。

2.1.5 算法设计

设计一个算法通常要经历以下过程。首先要弄清问题,建立相应的计算模型。然后,设计实现这种模型的数据(结构)。进一步设计动作步骤,使数据能够按要求变化。最后证明或验证算法的正确性,并查看是否可以改进提高。一般来说,一个好的算法通常是经过多次深思熟虑并多次改进的结果。作为初学者,先解决有无的问题,再解决好坏的问题。下面提供一些常用的算法模型,它们既可以解决一些基本问题,又可以作为组合来解决更复杂的问题。

1. 枚举法

枚举法也称穷举法,是一种常用的、简单的方法。其基本思想是根据给出的条件,利用计算机对所有可能进行逐一验证,从而找到正确答案。当然,在列举所有可能时其数量也许很多,这在人工计算时往往是不现实的。但在计算机中完全有可能实现,这也体现了利用计算机进行计算的优越性。

枚举法常用于待求解问题可转化为不定方程组求解的情形,下面给出一个枚举法的例子。

【例 2-9】 中秋节将至,某班长准备用班费 100 元买 30 个月饼给每一位同学。已知广式月饼 4 元一个,苏式月饼 3 元一个,本地月饼 2 元一个,请判断班长的愿望能否得到满足。若能满足,给出可能的组合方案。

上述问题的解决可以采用枚举法。在 3 种月饼的所有可能组合中,选择满足条件的购买方案作为结果。假设广式月饼的个数为 i,苏式月饼的个数为 j,本地月饼的个数为 k,则三者应同时满足:$i+j+k=30$ 和 $4i+2j+k=100$。

这可看作 3 个未知数及 2 个方程的不定方程组,利用多次循环给出所有可能组合,对每种可能组合验证是否满足条件，将符合条件的组合输出作为结果。其中，广式月饼最多25个，苏式月饼最多30个(由于人数限制)，据此可逐一列出所有组合进行计算，其算法描述如下：

```
int buyCakes()
{
    int i,j,k;
    for(i = 1;i <= 25;i ++ )
        for(j = 1;j <= 30;j ++ )
            {
                k = 30 - i - j;
                If(4 * i + 2 * j + k == 100)
                    输出 i,j,k 的值;
            }
}
```

根据上述算法描述，可进一步写出具体的程序。若对其进一步改进，则需要指出当没有满足条件的组合时，输出该问题无解的结果。

枚举法的程序一般比较简单，但有时运算量很大。如果找到枚举结果的限定规则，缩小枚举范围，这种方法还是很有效的。

2. 迭代法

在科学计算领域，经常会遇到求解方法 $f(x)=0$ 或者微分方程的数值解等计算问题。对于一元二次方程，通常可以利用求根公式给出解析解，也叫直接求解法。而在解决一元五次或更高次方程时，它们的解析解都无法利用直接求解法表达出来。为此，可以利用数值计算方法求出问题的近似解。若近似解的误差可以估计和控制，且迭代次数可以被人们接受，它就是一种近似求解数值的好方法。迭代法既可以用来求解代数方程，又可以用来求解微分方程，使一个复杂问题的求解过程转换为相对简单的迭代算式的重复执行过程。

下面以求解方程 $f(x)=0$ 为例说明迭代法的基本思想。首先，把方程 $f(x)=0$ 转换为迭代算式 $x=g(x)$。然后，从事先估计的一个根的近似值 x_0 出发，利用迭代算式 $x_{k+1}=g(x_k)$ 求出另一个近似值 x_1，再由 x_1 确定 x_2，…，不断重复上述过程，最终构造出一个迭代序列$\{x_0, x_1, \cdots, x_n\}$来逐次逼近方程 $f(x)=0$ 的根。

【例 2-10】 求解方程 $x^3-x-1=0$ 在 $x=1.5$ 附近的一个根。

根据迭代法的基本思想，可将方程改写为 $x=\sqrt[3]{x+1}$，然后利用给定的初值 x_0 代入该式的右端，可得到 $x_1=\sqrt[3]{x_0+1}=\sqrt[3]{1.5+1}=1.357\ 21$。类似地，将 x_1 作为近似值代入该式右端，可得到 $x_2=\sqrt[3]{x_1+1}=\sqrt[3]{1.357\ 21+1}=1.330\ 86$。重复上述过程，可以逐次求解得到更精确的解。

对于一个收敛的迭代过程，有时也要经过千百次的迭代才可以得到精确的解。但实际计算时只能做有限次迭代，因此要精选迭代算式，研究算式的收敛性及收敛速度。如在上述例子的求解过程中，若选择 $x=x^3-1$ 作为迭代算式，那么该算式就不是收敛的，从而无法得到精确的解。

若收敛的迭代算式一时没有找到，可以采用迭代算法，也叫二分法。

【例 2-11】 求方程 $x^5+4x^4-12x^3+6x^2-x+1=0$ 在[0,1]区间的一个解。

经过初步验证 $f(0)=1, f(1)=-1$。函数值变号有一个解。下面先写出计算函数 f 的算法：

```
double f(double x)
{
    f = x^5 + 4 * x^4 - 12.0 * x^3 + 6 * x^2 - x + 1
}
```

再写出求根算法的伪代码：

```
double Root(Double A, B, Eps)      //A,B代表左右两个端点的值,Eps为指定的误差值
{
    FA = f(A);                     //计算左端点的值
do
  {
       M = (A + B)/2.0;            //取区间中值 m = A + (B - A)/2 = (A + B)/2
       FM = f(M) ;
       if(FM = 0)
           break;                  //M即为解,退出当前循环
       If (FA * FM > 0)            //若 f(A) * f(M)> 0,同号
            A = M                  //则区间缩小为[M,B]
       else                        //若 f(A) * f(M)< 0,异号,B = M,则区间缩小为[A,M]
  } while (Abs(FM)> Eps)           //若为|f(M)|<= Eps,即为近似解
   printf("x = ", M)
}
```

上述算法中退出循环的条件为 FM=0 或其绝对值小于预先给定的误差值。

3. 递归法

如果一个过程直接或间接地调用它自身，则称该过程是递归的。递归算法结构简单、易于理解，可通过少量语句表示以实现复杂的算法思想，这是它的优点。但是要实现递归算法关键是要通过分析取得递归变量与递归主体，这是有一定难度的，是它的难点。

在设计递归算法时需要包含终止条件，而且每递归一次都要向终止条件靠近一步（称为收敛），最终达到终止条件。否则，递归将会无休止地迭代（称为发散），无法得到结果。

下面通过例子说明递归法。

【例 2-12】 Fibonacci 数列的递归算法。

Fibonacci 数列为 1 1 2 3 5 8 13 21…。其计算过程总结成公式为

$$F(n+1)=F(n)+F(n-1)$$

其中 $F(0)=F(1)=1$。

用递归的方法写这个函数：

```
int F(int n)
{
    if(n < 2)
        return   1;
    else
        return   F(n - 1) + F(n - 2);     //调用本身
}
```

在该算法中有终止条件“if(n<2)　return 1”。该递归是收敛的，其递归变量为 n，每递归一次，n 的值就会减小并且接近终止条件，直到最终达到终止条件。

类似的例子还有阶乘函数的实现，也可采用递归算法进行运算。

递归实质是从函数本身出发，逐次上溯调用其本身求解过程，直到递归的出口，然后再从里向外倒推回来，得到最终的值。

4. 递推法

递推法的数学公式也是递归的。只是在实现计算时迭代方向与递归相反，它从给定边界出发逐步迭代到达指定的计算参数。其优点是不需要反复调用自己（节省了很多调用参数匹配开销），效率较高。下面仍以 Fibonacci 数列为例，说明其递推的过程。

【例 2-13】 用递推法求 Fibonacci 数列。

```
int F(int n)
{
    if(n < 2)
        return   1;
    int   f0 = 1,   f1 = 1,   f;    //给定边界条件值
    for(int i = 0; i < n - 1; i++ ) {
        f = f0 + f1;
        f0 = f1;
        f1 = f;    }
     return f;
    }
```

从上述过程可以看出，递推法就是把迭代法用于递归公式，迭代方向正好和递归算法过程相反。

5. 分治法

分治法是“分而治之”的含义，其基本思想是把一个规模较大的问题分解成若干个规模较小的子问题，然后再求解子问题并最终将其合成为原问题的解。

算法分析研究表明，运算对象的多少（大小）是一个重要指标，算法的复杂性（运算次数）随 n 的增长呈线性增长、指数增长、阶乘增长。由此可得到如下启示，把一个大的计算分成两个小的计算可以很快地减少计算量。

线性阶：$n=2(n/2)$ //$6=2\times3$

指数阶：$2^n>2(2^{n/2})$ //$2^6=64>2\times2^3=16$

阶乘阶：$n! \gg 2(n/2)!$ //$6!=720\gg2\times3!=12$

从上述计算中可以看出，在指数阶和阶乘阶中，采用分治的思想，可以大大减少复杂度，这就是分治法的思想基础。常见的矩阵运算、排序、查找算法中，线性阶复杂度的运算并不多，只要分小就会降低复杂度。

快速排序就是这种分治思想的连续运用。假设有 N 个元素的数组 num，利用快速排序完成从小到大顺序排列的基本思想是：任意取出一个元素 num(P)和数组其他元素比较，凡大于它的放在右边，不大于它的放在左边。num(P)的位置确定后，留下左右两个待排序的子数组。接着按同样的方法对两个子数组进行快速排序，依此类推，直到子数组中仅剩一个元素为止。

【例 2-14】 假设有 6 个元素：23、46、0、8、11、18，利用快速排序实现从小到大的排序。

快速排序的基本过程如图 2-7 所示，具体描述如下。

不妨设数组 num 的第一个元素 23 为基准元素，并用临时变量 temp 存放该值，即有 temp＝23。分别从数组的两端对数组进行扫描，设置指示标志 low 指向起始位置，high 指向

结束位置。

首先从位置 high 开始扫描，若 high 所指的值大于基准元素，即 num[high]>temp，就将 high 的值减 1，即 high－－。否则，将 high 所指的值赋值给 low 所指位置，即 num[low]＝num[high]。

然后从位置 low 开始扫描，若 low 所指的值小于等于基准元素，即 num[low]<＝temp，就将 low 的值加 1，即 low＋＋。否则，将 low 所指的值赋值给 high 所指位置，即 num[high]＝num[low]。

接着重复前述两步，直到位置标志相等即 high＝low，结束循环。

这样下来，将 temp 的值放到正确位置 num[high]，即可实现在位置 high 右边的是大于 temp 的数，而在位置 high 左边的是不大于 temp 的数。

最后采用递归的方式分别对前半部分和后半部分排序，当前半部分和后半部分均有序时，该数组就自然有序了。

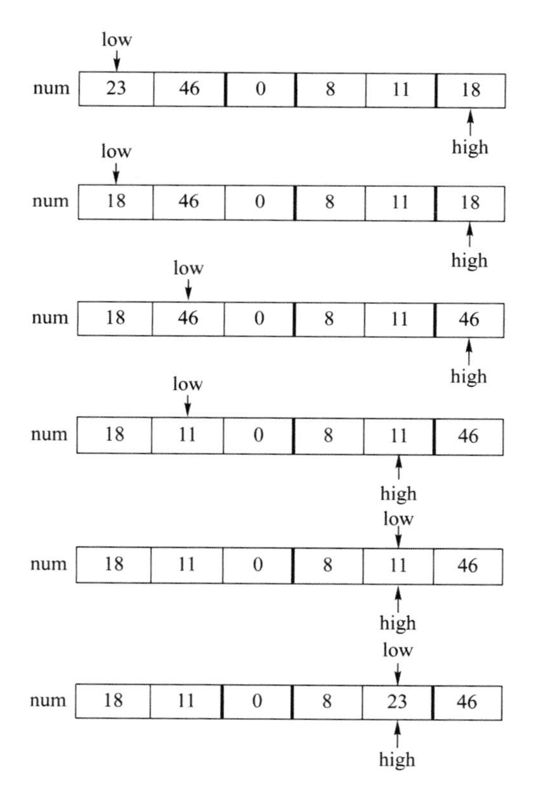

图 2-7 快速排序的实现过程

写成函数，代码如下：

```
void quickSort(int low,int high){
    int i,j;
    i = low;
    j = high;
    if(i > j){
        return;
    }
```

```
        num[0] = num[low];        //将第一个数据作为监视哨
        while(i < j){
            //先从右向左找到一个比监视哨小的数据
            while(i < j && num[j]> = num[0]){
                -- j;
            }
            //找到一个比监视哨小的数据后,将这个数据搬到num[i]位置
            num[i] = num[j];
                    //然后从左向右找一个比监视哨大的数据
            while(i < j && num[i]< = num[0]){
                ++ i;
            }
            //找到一个比监视哨大的数据后,将这个数据搬到num[j]位置
            num[j] = num[i];
        }
        //找到当前监视哨合适的位置后,将其搬到该位置
        num[i] = num[0];
        //使用递归,将所有的数据排好位置
        quickSort(low,i - 1);     //继续将前半段进行排序
        quickSort(i + 1,high);    //将后半段进行排序
    }
```

上述代码中,num 为定义的整型数组。结合上述函数,可形成完整的快速排序代码,如下所示:

```
#include < iostream >
#include < stdio.h >
using namespace std;
//定义全局变量
int num[101],n;
void quickSort(int low,int high);
int main(){
    //输入 n,表示数组的长度。n 为全局变量
    cin >> n;
    //输入数据,从下标为 1 的位置输入,下标为 0 的位置作为监视哨
    for(int i = 1;i <= n;i ++ ){
        cin >> num[i];
    }
    //调用快速排序函数
    quickSort(1,n);
    cout <<"排序后的结果为:"< < endl;
    for(i = 1;i <= n;i ++ ){
        cout << num[i]<<" ";
    }
    return 0;
}
```

扫描二维码,可获得"快速排序"电子版代码。

快速排序

可以证明，其平均的时间复杂度为 $O(n\log_2 n)$，在最坏的情况下为 $O(n^2)$。这句话可以这样理解：假设被排序的数列中有 n 个数，遍历一次的时间复杂度是 $O(n)$，需要遍历多少次呢？最少 $\log_2(n+1)$ 次，最多 n 次。

为什么最少是 $\log_2(n+1)$ 次？快速排序采用分治法进行遍历，我们将它看作一棵二叉树，它需要遍历的次数就是二叉树的深度。而根据完全二叉树的定义，它的深度至少是 $\log_2(n+1)$。因此，快速排序的遍历次数最少是 $\log_2(n+1)$ 次。

为什么最多是 n 次？这个应该非常简单，还是将快速排序看作一棵二叉树，它的深度最大是 n。因此，快速排序的遍历次数最多是 n 次。

6. 回溯法

算法过程如同下棋，每一步都会对结果状态产生影响，每一步都正确，结果自然正确。反过来，算法设计就是为了最终能得出正确的结果而设计每一步的约束。有时一下子规定不了必然正确的全过程，只能根据当下情况决策，试着来，若发现不对再反悔（如同悔棋）。这就是回溯法的基本思想，下面通过例子说明其基本过程。

【例 2-15】 骑士周游算法的设计。

在国际象棋的棋盘中，将马随机放在如图 2-8 所示的 8×8 棋盘 Board[0～7][0～7]的某个方格中，马按走棋规则进行移动。要求每个方格只进入一次，走遍棋盘上全部 64 个方格。

图 2-8　国际象棋的布局

用一个二维数组来存放棋盘，假设马的坐标为 (x,y)，那么可供选择的下一个位置共有 8 种可能。从 0 号位置开始，依次判断新的马位置是否可用。不可用的话（即马已经走过该位置），则遍历下一个可能的 1 号位置，直到 7 号位置为止。如果没有可用位置，则进行回溯。如果回溯到了起始位置，则表示此路不通，即无法从该位置开始遍历整个棋盘。如果在遍历0～7 号位置的过程中，发现有可用位置，则将该位置坐标赋予 (x,y)。之后，利用递归，再次寻找马的新的跳跃位置。直到马跳了 64 次时停止。此时，马就已经将整个棋盘走过了。

根据上述过程，写出其对应的回溯算法如下：

```
void backTracking()
{
    确定起始状态值，并走第一步；
```

```
    确定下一步的全部可能;
    选择其中一种可能,走下一步;
    做完新一步中应做的事;
    while(目标未达到)
        {
            确定下一步有几种可能;
            while 没有可能 and 还有上一步
            {
                回退到上一步;
                查有无下一种可能;
            }
            if 没有上一步
                return 失败;
            选一种可能走一步,并记住可能及本步的特征;
            做完新一步应该做的事;
        }
        return 成功;
}
```

骑士周游

根据该描述,可以完成骑士周游算法的详细设计及具体程序实现。

扫描二维码,可获得“骑士周游”电子版代码。

下面给出使用C语言编写的代码,供读者参考。

```
#include <stdio.h>
#include <stdlib.h>
#include <time.h>

#define X 5   //定义棋盘。为测试方便,用5格棋盘。8格棋盘的时间复杂度高
#define Y 5

void print_chess();
int next(int *x,int *y,int step);
int traverse(int x,int y,int count);
int traverse_chess(int x,int y,int tag);

int chess[X][Y]; //棋盘

//主函数
int main()
{
    clock_t start,end; //记录一下程序耗时
    int i,j;
    //初始化棋盘
    for(i = 0;i < X;i ++ )
    {
        for(j = 0;j < Y;j ++ )
```

```
        {
            chess[i][j] = 0;
        }
    }
    start = clock();

    //方法 1
    chess[4][2] = 1;
    int result = traverse(4,2,2);

    //方法 2
    //int result = traverse_chess(2,0,1); //也可以使用这个方法

    end = clock();
    if(1 == result)
    {
        printf("ok\n");
        print_chess();
        printf("共耗时：%f\n",(double)(end - start)/CLOCKS_PER_SEC);
    }
    else
    {
        printf("此路不通,马无法踏遍所有棋格！\n");
    }
    return 0;
}

/*
判断下一个结点位置是否可用
当前结点位置(x,y)
step:下一个结点位置编号
*/
int next(int *x,int *y,int step)
{
  //printf("%d\n",step);
    switch(step)
    {
        case 0:
            if(*y + 2 <= Y - 1 && *x - 1 >= 0 && chess[*x - 1][*y + 2] == 0)
            {
                *y += 2;
                *x -= 1;
                return 1;
            }
```

```
        break;
    case 1:
        if( * y + 2 <= Y - 1 && * x + 1 <= X - 1 && chess[ * x + 1][ * y + 2] == 0)
        {
            * y += 2;
            * x += 1;
            return 1;
        }
        break;
    case 2:
        if( * y + 1 <= Y - 1 && * x + 2 <= X - 1 && chess[ * x + 2][ * y + 1] == 0)
        {
            * y += 1;
            * x += 2;
            return 1;
        }
        break;
    case 3:
        if( * y - 1 >= 0 && * x + 2 <= X - 1 && chess[ * x + 2][ * y - 1] == 0)
        {
            * y -= 1;
            * x += 2;
            return 1;
        }
        break;
    case 4:
        if( * y - 2 >= 0 && * x + 1 <= X - 1 && chess[ * x + 1][ * y - 2] == 0)
        {
            * y -= 2;
            * x += 1;
            return 1;
        }
        break;
    case 5:
        if( * y - 2 >= 0 && * x - 1 >= 0 && chess[ * x - 1][ * y - 2] == 0)
        {
            * y -= 2;
            * x -= 1;
            return 1;
        }
        break;
    case 6:
        if( * y - 1 >= 0 && * x - 2 >= 0 && chess[ * x - 2][ * y - 1] == 0)
        {
```

```
                *y-=1;
                *x-=2;
                return 1;
            }
            break;
        case 7:
            if(*y+1<=Y-1 && *x-2>=0 && chess[*x-2][*y+1]==0)
            {
                *y+=1;
                *x-=2;
                return 1;
            }
            break;
        default:
            break;
    }
    return 0;
}

/*
遍历整个棋盘-方法 1
(x,y)为坐标位置
count 为遍历次数
*/
int traverse(int x,int y,int count)
{
    int x1=x,y1=y; //新结点位置
    if(count>X*Y) //已全部遍历且可用,则返回。
        return 1;
    int flag,result,i;
    for(i=0;i<8;i++)
    {
        flag=next(&x1,&y1,i); //寻找下一个可用位置
        if(1==flag)
        {
            chess[x1][y1]=count; //新找到的结点标识可用
            result=traverse(x1,y1,count+1); //以新结点为根据,再次递归下一可用结点
            if(result) //当前棋盘已全部可用
            {
                return 1;
            }
            else //新找到的结点无下一个可用位置,进行回溯
            {
                chess[x1][y1]=0;
```

```
                x1 = x; //结点位置也要回溯
                y1 = y;
            }
        }
    }
    return 0;
}

/*
遍历整个棋盘-方法 2
(x,y)为坐标位置
tag 为遍历次数
*/
int traverse_chess(int x,int y,int tag)
{
    int x1 = x,y1 = y,flag = 0,count = 0;
    chess[x][y] = tag;
    if(X * Y == tag)
    {
        return 1;
    }
    flag = next(&x1,&y1,count);
    while(0 == flag && count <= 7)
    {
        count ++ ;
        flag = next(&x1,&y1,count);
    }
    while(flag)
    {
        if(traverse_chess(x1,y1,tag + 1)) //如果全部遍历完毕,则返回
        {
            return 1;
        }
        //没有找到下一个可用结点,则回溯
        x1 = x;
        y1 = y;
        count ++ ;
        flag = next(&x1,&y1,count);
        while(0 == flag && count <= 7)
        {
            count ++ ;
            flag = next(&x1,&y1,count);
        }
    }
```

```
    if(flag == 0)
    {
        chess[x][y] = 0;
    }
    return 0;
}

/*
打印棋盘
*/
void print_chess()
{
    int i,j;
    for(i = 0;i < X;i ++ )
    {
        for(j = 0;j < Y;j ++ )
        {
            printf("%d\t",chess[i][j]);
        }
        printf("\n");
    }
}
```

2.2　数据结构的基本概念

2.2.1　数据

程序中的另一个重要部分是数据结构。数据结构通常用二元组表示，其形式如下：

Data_Struct = (D,R)

其中，D 为数据元素的集合，R 为数据元素之间关系的集合。

数据是一些可以输入到计算机中的描述客观事物的符号，即信息的载体。这些符号可以是数值、字符、图像等。在计算机领域，人们把能够被计算机加工的对象，或者说能够被计算机输入、存储、处理、输出的一切信息都叫作数据。

数据的单位用数据元素表示，数据元素是计算机可以处理的最小数据单位，是一个数据整体中相对独立的单位。数据和数据元素是相对而言的，是整体和个体之间的关系。例如，对一个字符串来说，每个字符就是它的数据元素；对一个数组来说，每个数组元素就是它的数据元素。

数据元素也用记录（或结点、结构体等）来表示，它是数据处理领域组织数据的基本单位。记录是数据的基本组织单位，数据元素经常表示为记录的形式，所以记录（结点、结构体）和数据元素这几个术语往往不加区别地使用。

数据元素又由更小的单位组成，即数据项，一个记录一般包含一个或多个数据项。

数据对象是性质相同的数据元素的集合，是数据的一个子集。例如，整数数据对象是集合

$D=\{0,\pm 1,\pm 2,\cdots\}$。

2.2.2 数据的逻辑结构

数据的逻辑结构是指数据元素之间的逻辑关系。它可以用一个数据元素的集合和定义在这个集合上的若干关系来表示，通常有如图 2-9 所示的 4 种逻辑关系。

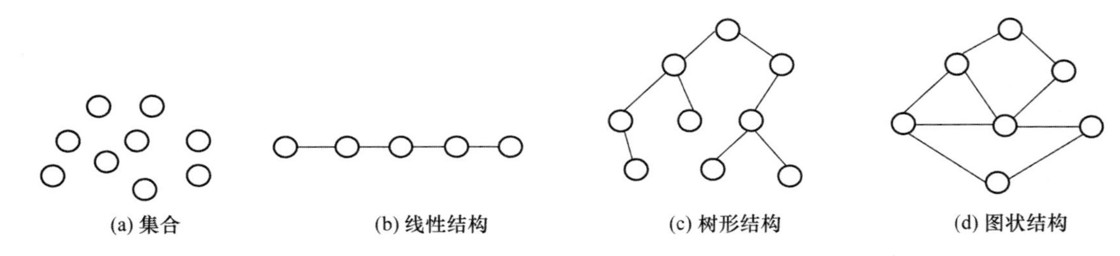

图 2-9 数据元素之间的 4 种逻辑关系

(1) 集合

集合中任何两个结点之间都没有逻辑关系，组织形式松散。

(2) 线性结构

元素之间存在着一对一的关系。依次排列形成一条“锁链”。

(3) 树形结构

数据元素之间存在着一对多的关系，具有分支、层次特性。

(4) 图状结构

数据元素之间存在着多对多的关系，元素之间互相缠绕，没有分支、层次特性。

2.2.3 数据的存储结构

上述的逻辑结构与数据的存储无关，是独立于计算机的，而数据最终是要在计算机上运行的。数据在计算机中的表示方法，称为数据的存储结构，包括数据元素的表示和元素之间关系的表示。其中，数据元素间的关系在计算机内的表示方法通常有以下 4 种。

(1) 顺序存储方式

借助元素在存储器中的相对位置来表示数据元素之间的逻辑关系。

(2) 链式存储方式

借助指示元素存储位置的指针来表示数据元素之间的逻辑关系。

(3) 索引存储方式

通过建立索引表来指示元素间的关系，索引表中的索引项包含了元素的起始存储位置。

(4) 散列存储方式

根据某种计算方法，直接计算出元素的存储位置。

2.2.4 数据结构

数据结构是指相互之间具有特定逻辑关系的数据集合。这一概念要求这些数据能够按一定的存储方式映射到计算机的存储器中，并对这些数据定义一个运算集合，运算的结果仍保持原来的逻辑结构。

简单地说，数据结构就是研究数据与数据之间关系的一门学科，其主要的研究内容包括数据的逻辑结构、数据的存储结构及数据的运算。这里的运算是指对数据结构中数据元素进行的操作处理，这些操作与数据的逻辑结构和存储结构有直接关系，结构不同，实现方式也不同。运算种类很多，常用的有以下几种。

(1) 插入

在给定的数据结构中，根据某些条件，将一个元素插入合适的位置。

(2) 删除

在给定的数据结构中，根据某些条件，将一个元素删除。

(3) 修改

修改数据结构中某些元素的值。

(4) 查找

在给定的数据结构中，找出满足一定条件的元素。

(5) 排序

根据给定的条件，将数据元素重新排列顺序。

在数据结构中进行哪一种或哪几种运算，往往取决于要解决的实际问题。完成一种运算，当然要选择最好的算法。对一个具体的数据结构来说，完成一种运算的效率较高，而完成另一种运算的效率则可能较低。但对另外一个数据结构来说，情况可能正好相反。因此，要解决实际问题，数据结构的设计和运算算法的选择要结合起来考虑，反复比较各种情况，最终选择一个较好的数据结构和高效的运算算法。

获取阅读材料《算法＋数据结构＝程序》请扫描二维码。

算法＋数据结构＝程序

习题二

1. 请简述算法的特点及描述方法。

2. 请选择一种熟悉的编程语言，根据分治法的基本思想，利用快速排序方法实现对序列5、65、43、22、15进行从大到小排序。

3. 请参考回溯法的基本思想，画出“骑士周游”程序的流程图。

4. 数据的逻辑结构有哪几种？

5. 什么是数据结构？

第3章　线性与非线性结构

3.1　顺序存储线性结构

3.1.1　线性表

1. 线性表的逻辑结构

线性表是0个或多个元素的有穷序列，通常可表示成 $a_1, a_2, a_3, \cdots, a_i, \cdots, a_n (n \geqslant 0)$。其中，$n$ 为线性表的表长，$n=0$ 时称为空表。$n \geqslant 1$ 时，a_1 称为第一个元素，a_n 称为最后一个元素。a_i 称为 a_{i+1} 的前驱，a_{i+1} 称为 a_i 的后继，i 称为序号或索引。

线性表的逻辑结构为线性结构，具有如下基本特点。

- 当 $1<i<n$ 时，a_i 的直接前驱为 a_{i-1}，a_i 的直接后继为 a_{i+1}，元素之间有明确的位置关系。
- 除了第一个元素与最后一个元素，序列中任何一个元素有且仅有一个直接前驱元素，有且仅有一个直接后继元素。

一个线性表中的数据元素具有相同的特性，属于同一数据对象。线性表中的一个数据元素也叫一个结点，其代表的含义可以是各种各样的。

例如，一副扑克牌中同一花色的13张牌组成一个线性表：(A,2,3,4,5,6,7,8,9,10,J,Q,K)；人民币面值的所有种类组成一个线性表：(1角,2角,5角,1元,2元,5元,10元,20元,50元,100元)；一本书可以看成一个线性表，每一页是一个数据元素。

2. 线性表的顺序存储结构及其运算

(1) 线性表的顺序存储结构

线性表的顺序存储结构是线性表的一种最简单的存储结构，其存储方法是取内存中一块地址连续的存储空间，在其中的存储单元依次存放线性表中的数据元素，数据元素之间的逻辑关系通过元素的存储位置直接反映，该存储空间中所包含的存储单元数要大于等于线性表的长度。

因为数组在内存中占据一段连续的存储单元，所以这里借助数组表示线性表的顺序存储空间，如图3-1所示。

用 $\mathrm{Loc}(a_1)$ 表示线性表的第1个元素 a_1 的存储地址，c 为每个元素所占的存储单元的个数，max表示地址空间能够容纳的最大的元素个数。顺序存储线性表的寻址公式为

$$\mathrm{Loc}(a_i)=\mathrm{Loc}(a_1)+(i-1)\times c \quad (1 \leqslant i \leqslant n)$$

在上述定义的顺序存储结构中，可以看到逻辑上相邻的两个元素在物理位置上也相邻。因此，可以随机存储表中的任一元素，它的存储位置可以用一个简单、直观的公式来表示。采

用顺序存储的优点包括：随机存储（等概率）、存储空间利用率高和结构简单。

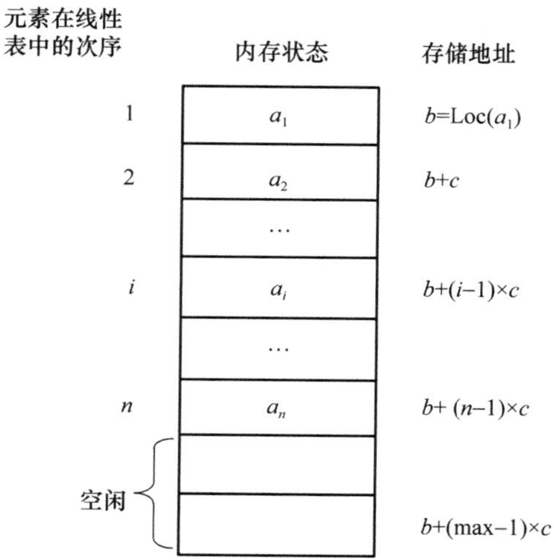

图 3-1　线性表的顺序存储结构示意图

（2）插入运算

假设一个长度为 n 的线性表 L：a_1，a_2，a_3，…，a_i，…，a_n，插入运算是在第 i 个位置插入一个新的元素 x。因原来线性表的元素是连续排列的，并未在中间给待插入元素留有空间。故插入 x 后，实际上占用了原来的第 i 个元素的位置，而第 i 个元素以前的各个元素保持不变，第 i 个元素及其后面的所有元素都需要向后移动一个位置，且线性表的长度由 n 变为 $n+1$。该过程的操作示意图如图 3-2 所示。

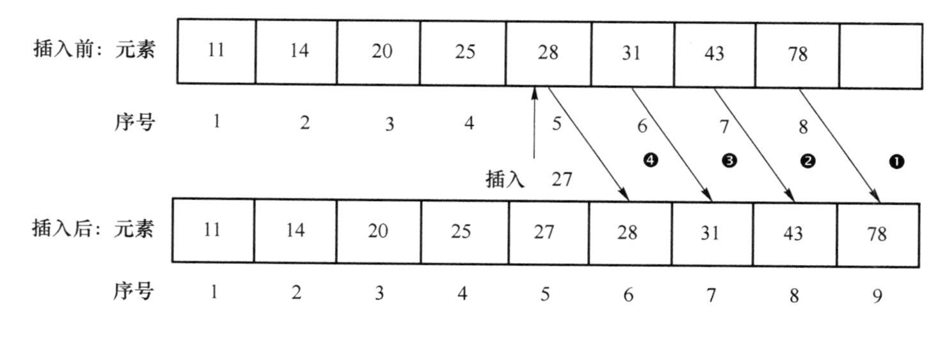

图 3-2　线性表插入运算过程

上述过程包含的主要操作有：

① 将第 i 到 n 个元素依次后移一个位置；

② 将新元素 e 放到线性表的第 i 个位置上；

③ 将线性表的表长由 n 修改为 $n+1$。

需要注意的是，插入新元素的位置应该是一个合法的位置。

将上述操作写成用伪代码描述的算法，如下所示。

```
void Insert(Linear_list &L, int i, ElemType e)
//在线性表 L 中 L.length 表示当前线性表的长度，
//并假设存储空间足够大，即新插入元素的空间存在。
//参数 L 前面加 & 表示引用参数类型，其他未加 & 的参数表示值参数类型
```

```
{ int n = L.length;
  if ( (i<1) || (i>n+1) )      //对于给定起始地址的线性表,新插入元素的序号只能从 1 开始,
    error("插入的位置非法");   //到 n+1 结束
  else{
      for(j = n; j >= i; j--)
        L[j+1] = L[j];         //数据元素依次向后移动一个位置
      L[i] = e;
      ++L.length;}             //长度加 1,假设未超过最大长度
}
```

(3) 删除运算

若要删除第 i 个元素,由于线性表中的各个元素必须连续排列,中间不允许出现空单元,故当元素删除后,其后面的所有元素都需要向前移动一个位置,且表的长度需要由 n 变为 $n-1$。其操作过程示意图如图 3-3 所示。

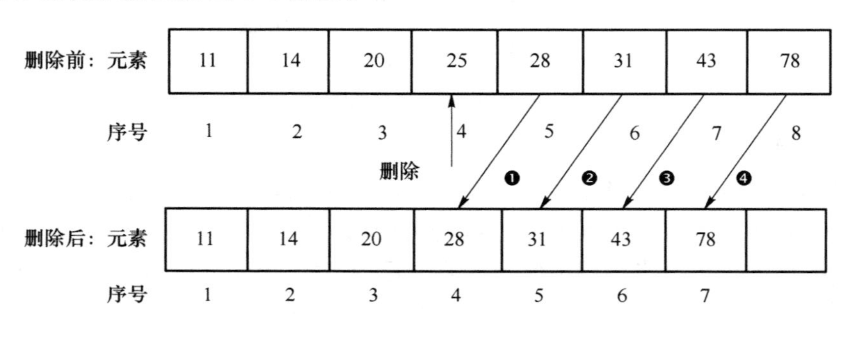

图 3-3 线性表删除运算过程

上述删除运算包含的主要操作有:

① 将第 $i+1$ 到 n 个元素依次前移一个位置;

② 将线性表的表长由 n 修改为 $n-1$。

同样需要注意的是,待删除元素的位置应是一个合法的位置。

采用伪语言描述该删除算法,具体如下。

```
void Delete(Linear_list &L, int i, ElemType e)
//e 用于返回被删除元素的值
{ int n = L.length;
  if  ( (i<1)  || (i>n) )
        error('没有这个元素!');
  else
    {e = L[i];              //将待删除的元素保存到 e
    for  (j = i+1;j<= n; j++  )
         L[j-1] = L[j];     //元素依次向前移动一个位置
   --L.length;              //线性表的长度减 1
}
```

(4) 检索(查找)运算

在线性表 L 中查找值为 e 的元素,检索的方法很多,有顺序、折半、分块、散列法等。下面仅介绍顺序查找的方法,依次从第一个元素开始与值 e 进行比较,直到找到或查完所有元素也

未找到为止。算法如下：

```
int SearchList(Linear_list &L, ElemType e)
   //e为待查找元素的值
{ int n = L.length;
  for  (i = 1; i <=  n && L[i]! = e; i ++ );
  if (i == n + 1)
     {printf("not found\n");
  return  - 1;}     //没找到
  else
      return i;    //找到
}
```

(5) 算法复杂度分析

从以上的插入和删除算法中可见，在顺序结构的线性表中的某个位置上插入或删除一个数据元素时，其时间主要耗费在移动元素上。也可以说，移动元素的操作可以作为预估算法时间复杂度的基本操作，而移动元素的个数取决于插入或删除的位置。

根据概率论知识，假设 p_i 是在线性表第 i 个位置插入一个元素的概率，则在长度为 n 的线性表中插入一个元素时所需移动元素的期望值(平均次数)为

$$E_{\text{is}} = \sum_{i=1}^{n+1} p_i(n-i+1)$$

假设 q_i 是删除第 i 个元素的概率，则在长度为 n 的线性表中删除一个元素时所需移动元素的期望值(平均次数)为

$$E_{\text{dl}} = \sum_{i=1}^{n} q_i(n-i)$$

基于线性表的随机存取特点，假定在线性表的任何位置上插入或删除元素是等概率的，而插入时的合法位置有 $n+1$ 个：即 $1,2,\cdots,n,n+1$，删除时的合法位置有 $1,2,\cdots,n$，共 n 个，则有

$$p_i = \frac{1}{n+1}, \quad q_i = \frac{1}{n}$$

则将其代入上式并化简后，可得

$$E_{\text{is}} = \frac{1}{n+1}\sum_{i=1}^{n+1}(n-i+1) = \frac{n}{2}, \quad E_{\text{dl}} = \frac{1}{n}\sum_{i=1}^{n}(n-i) = \frac{n-1}{2}$$

由此可见，在顺序表第 i 个位置插入一个元素，最好的情况是不移动元素，即在最后一个位置插入；最坏的情况是移动所有的元素，即在第一个位置插入；平均情况是移动表中的一半元素，在最坏和平均情况下，算法的时间复杂度为 $O(n)$。而在第 i 个位置删除一个元素时，最好的情况是不移动元素，即在最后一个位置删除；最坏的情况是在第一个位置删除，需要移动所有后面的元素；平均情况是移动表中的一半元素，在最坏和平均情况下，算法的时间复杂度也为 $O(n)$。

总之，插入和删除操作的平均时间复杂度是 $O(n)$。

3.1.2　栈

1. 栈的逻辑结构

栈又称堆栈，是在程序设计中广泛应用的一种数据结构。其逻辑结构是线性结构，可看成

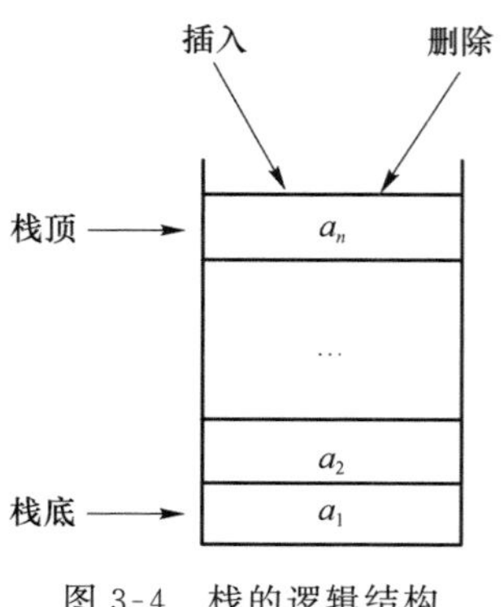

图 3-4　栈的逻辑结构

特殊的线性表。栈是仅在表的一端进行插入和删除操作的线性表。允许进行插入和删除操作的一端叫栈顶，不允许进行插入和删除操作的一端叫栈底。没有元素的栈叫空栈。

若给定栈 $S=(a_1,a_2,\cdots,a_n)$，则 a_1 是栈底元素，a_n 是栈顶元素，表中元素按 $a_1,a_2,\cdots,a_n$ 顺序进栈，按 $a_n,\cdots,a_2,a_1$ 顺序出栈，其结构如图 3-4 所示。通常把栈称为先进后出的线性表，因此栈中数据元素的逻辑关系是先进后出(FILO，First In Last Out)或后进先出(LIFO，Last In First Out)。

设有 3 个元素，入栈序列为 a、b、c，则可能的出栈序列有以下 5 种，如表 3-1 所示。

表 3-1　3 个元素对应的可能出栈序列

出栈序列	操作序列
$a\ b\ c$	s p s p s p
$a\ c\ b$	s p s s p p
$b\ a\ c$	s s p p s p
$b\ c\ a$	s s p s p p
$c\ b\ a$	s s s p p p

其中：s 表示入栈，p 表示出栈。不可能的出栈序列为 $c\ a\ b$。

2. 栈的顺序存储结构及运算

(1) 栈的顺序存储结构

栈的顺序存储结构即利用一块地址连续的存储单元依次存储栈中的元素，在栈 S 中，需要增设一个 top 指针指向当前栈顶位置，这时 S[top]表示栈顶元素。S[1]表示第 1 个进栈的元素，S[2]表示第 2 个进栈的元素，S[i]表示第 i 个进栈的元素。用 m 表示栈的最大容量，则当 top＝m 时，表示栈满；当 top＝0 时，表示栈空。其顺序存储结构如图 3-5 所示。

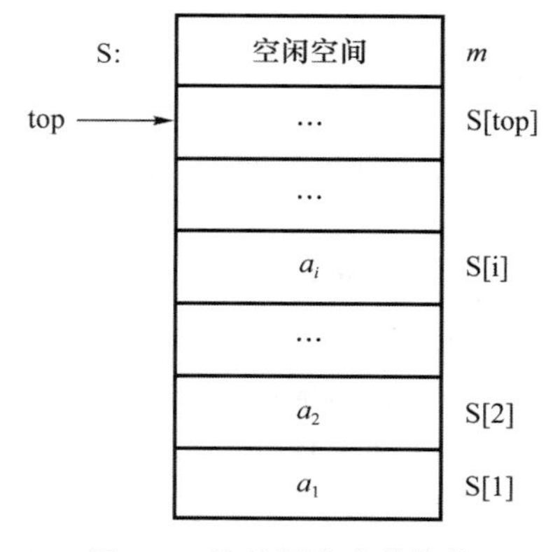

图 3-5　栈的顺序存储结构

栈常用的基本运算有入栈和出栈，当入栈达到栈满时，再进行插入运算，则将出现“上溢”。当栈为空时，再进行删除运算，则会出现“下溢”。

(2) 进栈

进栈的主要操作是，首先判断栈是否已满，若满则转出错处理，否则修改栈顶指针 top 的值为 top＝top＋1，再将入栈元素放到新的栈顶位置。具体进栈算法如下：

```
void PushStack(Stack S,  Elem x)
{ //m 表示栈的最大空间
  if (top == m)
      error("上溢");
  else
```

```
    {
    top = top + 1;
    S[top] = x;}
}
```

由于进栈时不需要移动元素，所以进栈算法的时间复杂度为常数阶，即 $O(1)$。图 3-6 描述了元素 A、B、C 进栈的过程。

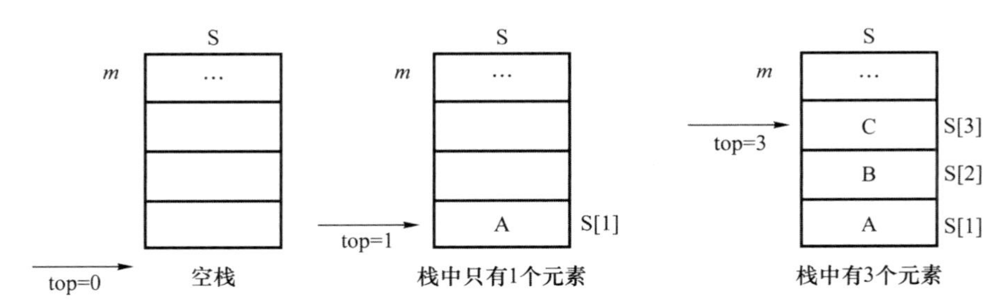

图 3-6　元素进栈的过程

(3) 出栈

出栈的主要操作是，先判断栈是否为空，若栈为空即 top＝0，则应转“下溢”处理。否则，修改栈顶指针的值为 top＝top－1。具体出栈算法如下：

```
void PopStack(Stack S)
{
    if (top == 0)
        error("下溢");
    else
      {
        y = S[top];          //待删除的栈顶元素保存到变量 y 中
        top = top - 1; }
}
```

出栈算法的时间复杂度同进栈操作，也是 $O(1)$。在图 3-6 所示栈中，元素 C、B 出栈后元素 D、E 再进栈的示意图如图 3-7 所示。

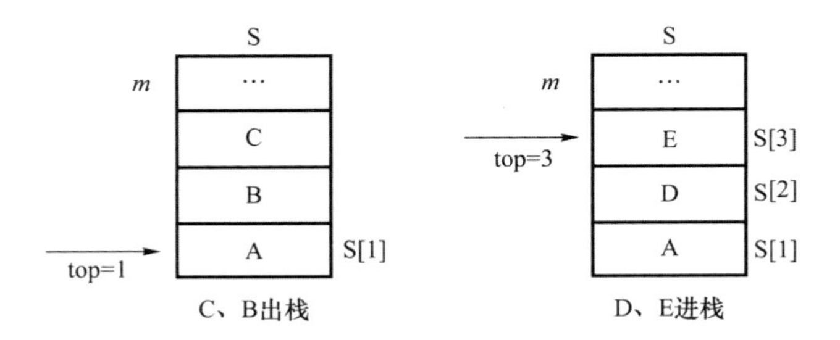

图 3-7　元素出栈后新元素进栈示意图

3.1.3　队列

1. 队列的逻辑结构

队列也是一种操作受限的线性表，它只允许在线性的一端进行插入而在另一端进行删除操作，其逻辑结构同样是线性结构。允许进行插入的一端叫队尾，允许进行删除的一端叫队头。没有元素的队列叫空队列。

若给定队列 $Q=(a_1,a_2,\cdots,a_n)$，则 a_1 是队头元素，a_n 是队尾元素，队列中的元素按 a_1，a_2，…，a_n 顺序进入队列，而退出队列同样按 a_1，a_2，…，a_n 顺序，因此队列通常称为先进先出(FIFO，First In First Out)的线性表。队列的结构如图 3-8 所示。

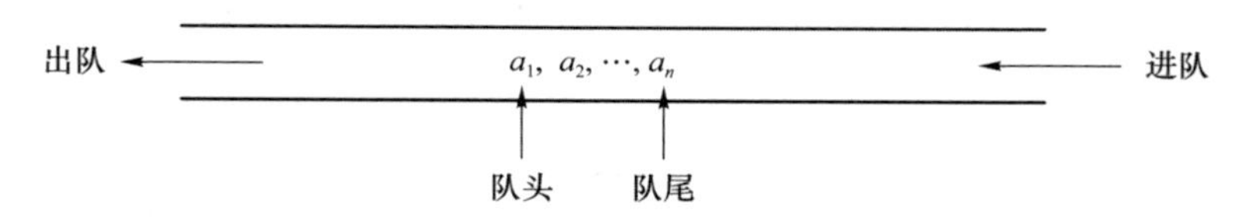

图 3-8　队列结构示意图

日常生活中的队列例子比比皆是，如购物排队、等车排队等。在计算机操作系统中，队列的应用也非常广泛，如操作系统中的作业排列、进程排列等。在允许多个程序运行的计算机系统中，同时有几个作业在运行，如果运行的结果都需要通过通道输出，则要按请求的先后次序排队。

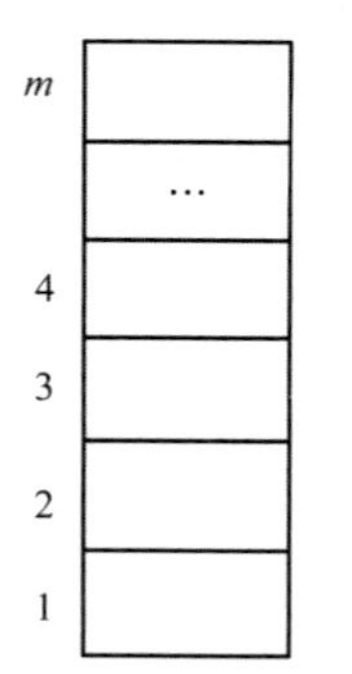

图 3-9　队列的顺序存储结构

2. 队列的顺序存储结构及运算

(1) 队列的顺序存储结构

队列的顺序存储结构可以由一个一维数组及两个分别指示队头和队尾的指针组成，并约定用向量 Q[1..m]存储队列中的元素，队列所允许的最大容量是 m，如图 3-9 所示。

头指针 front 总是指向队头的前一个位置，尾指针 rear 总是指向队列的最后一个元素。队空的条件为 front=rear，也叫下溢；队满的条件为 rear=m，也叫上溢。若 $m=5$，则图 3-10 分别说明了队列的初始状态、加入各个元素、删除各个元素和队满状态。

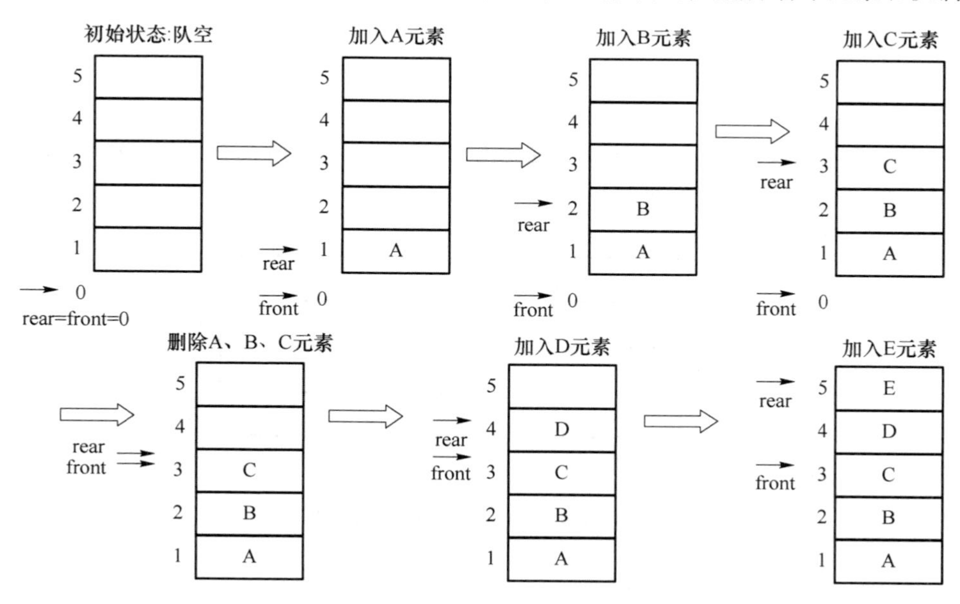

图 3-10　队列的各个状态变化示意图

值得考虑的是，当队列加入 E 元素后，尽管目前队列中仅有 D、E 两个元素，但已经符合队满的条件 rear=m=5。若不做其他调整，则显然不能进行入队的操作。因为 rear+1>m，但队列中的实际容量并没有达到 m 个元素，这种现象被称为假溢出。

解决假溢出的办法有两个。第一是将队列中的所有元素向前移动，直到头指针 front=0。但这很耗费时间，特别是当需要移动的元素较多时。第二是将队列假想为一个首尾相连接的环，即 Q[1]接在 Q[m]后，称这种存储结构为循环队列。为便于算法实现，将数组的上、下界由1～m改为 0～$m-1$。则循环队列的构成及加入元素后的状态示意图如图 3-11 所示。

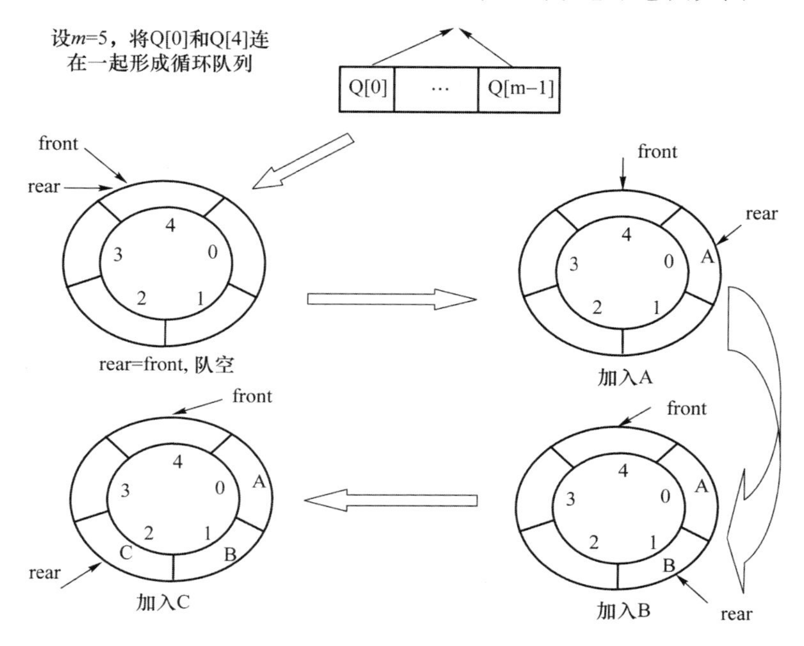

图 3-11　循环队列的构成及加入元素后的状态变化

入队和出队的操作是利用取模运算(%)来实现的，即将元素 x 加入循环队列的操作可描述为：rear=(rear+1)%m 和 Q[rear]=x，出队操作则可描述为 front=(front+1)%m。在图 3-11 中完成出队(删除元素 A、B 和 C)并继续入队(加入新元素)达到队满的操作过程如图 3-12 所示。

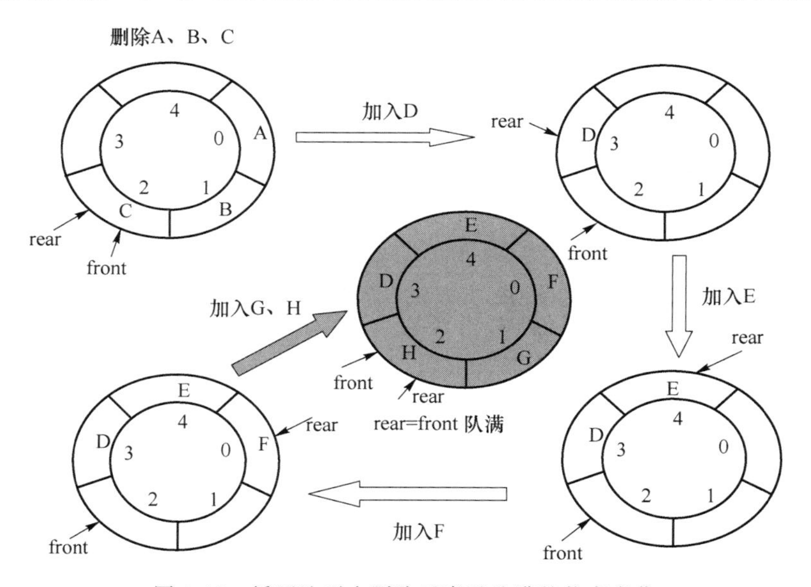

图 3-12　循环队列中删除元素及队满的状态变化

从图中可以看出，当循环队列处于队空与队满时均有 rear＝front。造成这一现象的原因有两个方面：一方面是队空时，队头指针 front 与队尾指针 rear 指向了同一位置；另一方面是队头指针 front 总是落后于循环队列中第一个元素一个位置，因此当循环队列装入第 m 个元素时(即队满时)，同样会产生队头指针 front 和队尾指针 rear 指向同一位置的情况。因此，仅凭条件 rear＝front 不足以区分循环队列是队空还是队满。

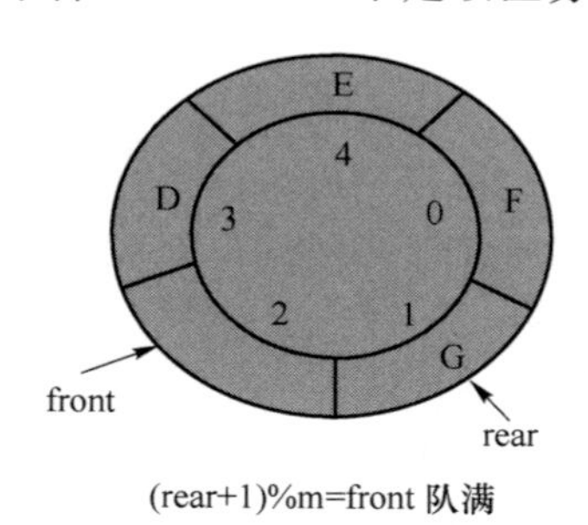

图 3-13　循环队列中队满标志

对于上述问题，可以有两种解决方法。一种方法是在算法中添加一个计数器(或标志位)，以区分是队满还是队空。这种方法需要判断循环队列中的元素个数或标志位的状态，需要花费很多时间，降低了操作效率。另外一种方法是不设计数器(或标志位)，而是在加入元素时把"队尾指针 rear 从后面赶上队头指针 front"视为队满的标志。也就是说，rear 加 1 取模后等于 front，即(rear＋1)％m＝front，如图 3-13 所示。由于队列中实际上还有一个位置，所以这种方法会导致损失一个存储空间，但却避免了第一种方法中由于判别标志而损失的时间，降低了算法的时间复杂性，以空间换时间仍不失为一种良策。

综上分析可知，循环队列的队空条件为 rear＝front，而队满条件则为(rear＋1)％m＝front。

(2) 入队

入队操作包括判断当前的循环队列是否已经处于队满状态，若不满则修改队尾指针并加入新的元素。入队的参考代码如下：

```
bool InQueue(ElemType Q[], Elem x)        //在循环队列 Q 中插入元素 x
{
    if((rear + 1) % m == front)           //m 为循环队列的最大容量，队列满，上溢
            return(False);                //入队失败
    else {
            rear = (rear + 1) % m;        //修改队尾指针
            Q[rear] = x;                  //加入新元素 x
            return(True);                 //入队成功
        }
}
```

入队时不需要移动元素，因此入队运算的时间复杂性为常量阶，即 $O(1)$。

(3) 出队

出队操作是在队列不空的前提下，将队头元素删除。具体操作为：若队头等于队尾，则返回队空。否则队头指针加 1 并进行取模运算，然后将队头所指的元素(即删除的元素)送往 y 单元保存。出队的参考代码如下：

```
void OutQueue(ElemType Q[])               //在循环队列 Q 中删除队头元素
{
  if  (front == rear)                     //队列空，下溢
        Error('队列空返回');              //出错处理
  else
        {
            front = (front + 1) % m;      //修改队头指针
```

```
    y = Q[front];              //将待删除元素保存到变量 y 中
}
```

出队时不需要移动元素，因此出队运算的时间复杂性为常量阶，即 $O(1)$。

3.2　链　　表

3.2.1　链式存储结构

尽管前述的顺序存储结构有结构简单、可以随机访问等优点，但它也存在以下三方面缺点。一是当用数组存放数据时，必须事先定义固定的长度(即元素个数)。例如有的班级有100人，而有的班级只有30人，如果要用同一个数组先后存放不同班级的学生数据，则必须定义长度为100的数组。其次，如果事先难以确定一个班最多有多少人，则必须把数组定得足够大，以便能存放任何班级的学生数据，显然这将浪费内存。最后，以数组实现线性表，插入或删除元素时，都不可避免地要做元素的移动，每进行一次插入或删除，都要移动将近一半的元素，时间复杂度高。而采用链式存储可以避免上述不足，链式存储可根据需要开辟内存单元，采用动态的方式进行存储空间的分配，不要求大片的连续地址空间。

假定图3-14所示为当前内存的使用情况，阴影部分为已用内存。现有一线性表 $L=(a_1, a_2, a_3, a_4, a_5, a_6, a_7, a_8)$，假若采用顺序存储的话，则在当前内存中不能分配一块长度为8的连续的存储空间。但实际上，系统的可用内存远大于该线性表所要求的内存空间，这时便可采用链式存储结构。

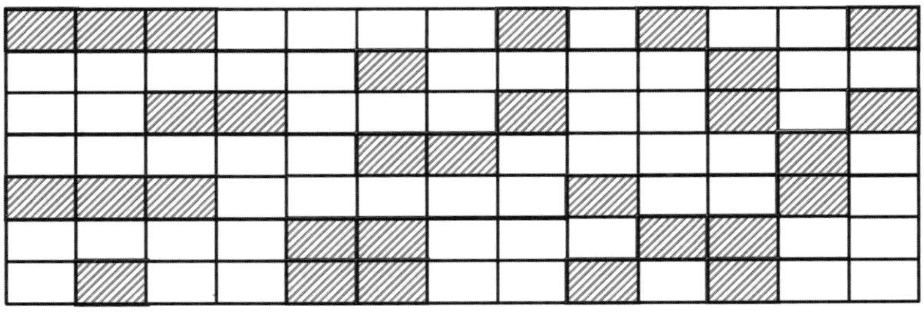

图 3-14　当前内存的使用情况示意图

链式存储结构可由若干结点构成，每一个结点除了有自己的地址外，通常占用两个存储单元。其中一个用来存放数据元素的值，另外一个存放下一个数据元素存储单元的地址即指针，这种结构称为链式存储结构，如图3-15所示。

Head

地址	数据	指针
6	a_2	21
4	a_1	6
21	a_3	49
27	a_7	90
43	a_6	27
49	a_4	59
59	a_5	43
90	a_8	^

图 3-15　链式存储结构中结点的构成

起始位置则由Head结点指出，图3-15中的Head指向4表示地址为4的结点是第一个结点，而该结点中的指针6则指明下一个结点的地址，依此类推，直至找到最后一个结点的位置90。其中的符号“^”代表空指针，表示 L 的结尾，有时也记作NULL，表示指针域为空。在这种结构中，数据元素存放是不连续的，它们在内存的具体位置如图3-16所示。不妨设每个存储单元的地址按从左至右、自上而下进行编址，箭头所指仅表示其逻辑关系。

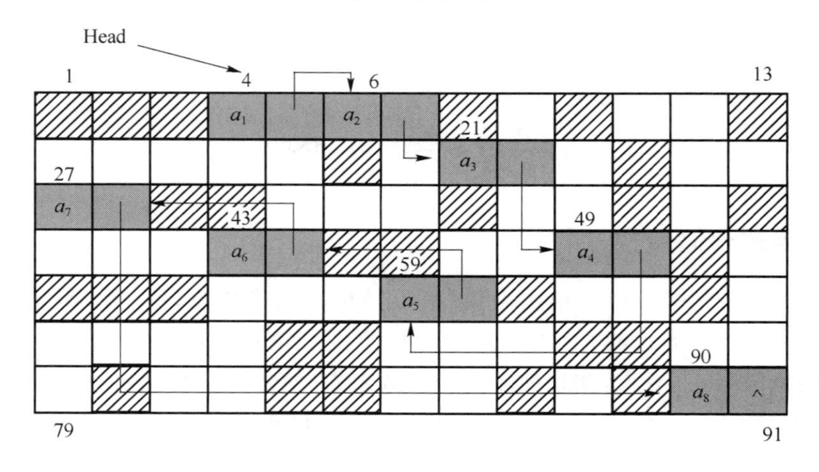

图 3-16　结点在内存中的不连续分布

3.2.2　单链表

1. 结点的构造

采用链式存储结构存储线性表，首先需要构造结点的两个部分：数据域和指针域。这里采用 C 语言中的结构体定义结点：

```
typedef struct node{
    ElemType     data;
    struct node   * next;
} Node, * LinkList;
```

其中，struct 是定义结构体类型的关键字，使用其定义结构体的一般方法为

```
struct     结构体名
{成员表列};
```

如下面的代码定义了一个结构体类型 student，其中包含 3 个成员 num、name 和 sex。

```
struct student
 {int num;
  char name[20];
  char sex;};
```

根据定义的结构体类型 student 可进一步定义结构体变量，常用的方法有以下 4 种：

```
① struct student st1,st2;      //定义 student 结构体类型变量 st1 和 st2
② student st3, st4;            //定义 student 结构体类型变量 st3 和 st4
③ struct 结构体名
   {成员表列} 变量名表列;       //在定义结构体的同时，直接定义结构体变量
④ struct                       //省略结构体名称
   {成员表列} 变量名表列;
```

typedef 是用于定义新类型的关键字，即声明新的类型名来代替已有的类型名。如 typedef int INTEGER，则有语句 INTEGER a 与 int a 等效，均可实现定义一个整型变量 a。结合上述结构体的概念，可定义如下 DATE 结构体类型，并声明两个结构体变量 birthday 和 p。

```
typedef struct        //利用 typedef 将结构体定义为一个新的类型 DATE
 {int month;
  int day;
  int year;
} DATE;
DATE birthday, *p; //利用 DATE 定义 birthday 变量和指针变量 p
```

对结构体成员变量的引用方法为:结构体变量名.成员名。如对 birthday 中的成员赋值的代码如下:

```
birthday.month = 10;
birthday.day = 10;
birthday.year = 2014;
```

若使用指针变量 p,则参考代码为

```
(*p).month = 10;
(*p).day = 10;
(*p).year = 2014;
```

为方便使用,指针类型变量成员的引用可使用->。如上述三行代码可等效为

```
p->month = 10;
p->day = 10;
p->year = 2014;
```

需要注意的是,使用指针之前应给指针赋值,否则会出现"非法访问内存"的错误。

前面定义的 Node 是结构体类型 node 的一个新类型名,而 LinkList 则是一个指向 Node 结构体的指针类型。Node 结构体类型包括两个成员变量:data 和 next。其中,data 是结点的数据域,next 是结点的指针域。data 的类型可以是某一种数据类型,而 next 本身又和 Node 具有相同类型,它保存的是作为该结点直接后继结点的地址。在上述 Node 结点中,仅包含一个指针域,故称由其构成的线性表为单链表。

在一个单链表中,用于存放线性表中各个数据元素的结点称为表结点,其中的第一个数据元素结点通常称为首元结点。为了便于实现各种运算,在首元结点之前增设一个类型相同的结点,其数据域不存放结点信息,而是存放线性链表的长度等附加信息,其指针域指向首元结点。而指向头结点的指针称为头指针,常用 Head 表示。上述各个结点在具有 8 个结点的单链表中的对应关系如图 3-17 所示,其中 ^ 表示"空"。

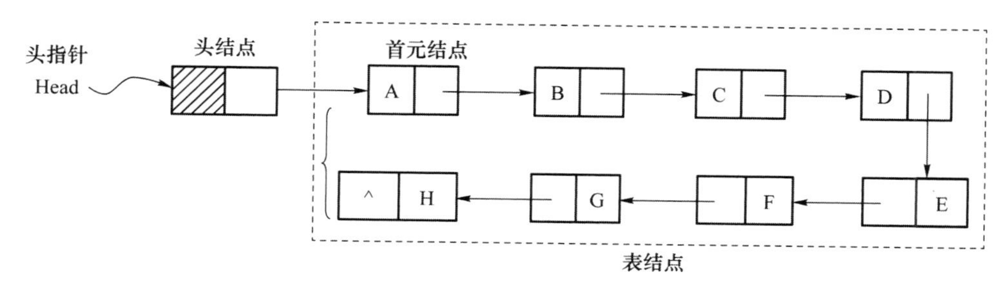

图 3-17　带有头结点的单链表

2. 查找运算

在线性表中使用数组存放时,其元素的序号位置和数组的下标一一对应。而在单链表中则是通过结点存放,元素之间通过指针指示位置关系,其序号位置和存放位置之间并无直接关

系。这使得在进行数据插入与删除时,其操作方式存在一定区别。在线性表中,通过序号直接对应数组下标进行操作。而在单链表中,需要先根据序号得到其所处位置,才能进行操作。即先查找结点,再执行操作。

在 Head 所指单链表中查找第 i 个结点(从 1 开始编号,即 1 表示第 1 个结点,表长为 n),若找到则回传指向该结点的指针,否则回传 NULL。具体参考代码如下:

```
LinkList Find(LinkList Head, int i)
{     p = Head->next;                    //指针变量初始化,p 指向第一个结点
      j =1;            //若使 p 指向头结点:p=Head,则 j 应从 0 开始,即 j=0;
      while ((p->next!=NULL)&& (j<i) )
      {     p = p->next;
            j++ ; }
     if (i==j)
         return(p);
     else
         return(NULL);
}
```

上述代码中的基本操作是 while 语句中比较 j 和 i 并后移指针,若被查结点 i 的位置满足条件 $1 \leqslant i \leqslant n$,则 while 语句的频度为 $i-1$。若 $i>n$,则频度为 n。因而,时间复杂度为 $O(n)$。

3. 插入运算

插入运算是指在单链表 Head 的第 i 个结点之前插入一个值为 x 的新结点。以一个具有 4 个元素的单链表为例,在第 3 个结点之前插入一个值为"F"的结点,其插入过程如图 3-18 所示。

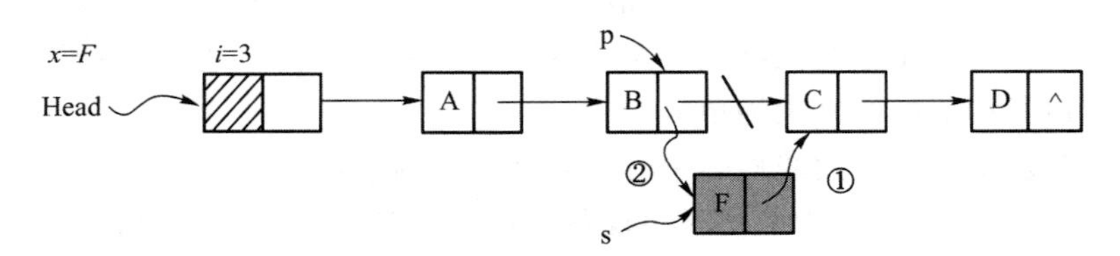

图 3-18 单链表插入结点的过程

首先找到第 2 个位置并使用指针 p 指向它,然后申请一个新的结点并使用指针 s 指向该结点,同时将其数据域设置为"F"。为了将该结点链入链表中,需要分两步完成:

① 将结点 s 的指针域指向第 3 个结点(数据元素 C 所在的结点),即 s—>next=p—>next;

② 将结点 s 接入第 2 个结点的后面,即 p—>next=s。

经过上述步骤,可以将新结点 S 插入单链表 Head 的第 3 个位置。其中,找到第 2 个位置可以使用前面的查找运算 Find(Head, 2)实现。注意,在第 i 个位置插入一个新的元素,需要找到第 $i-1$ 个位置,并按上述步骤完成插入运算,参考代码如下:

```
void Insert (LinkList Head, int i, Elem x )
{     p=Find(Head, i-1);                 // 查找第 i-1 个位置
      if(!p)                             // 若 p=NULL,即 p=0,则 i-1 的位置不存在
            error("without");            // 参数不合法,i<1 或 i>n+1
      else                               // 得到第 i-1 个结点的指针 p
```

```
        {   s = new Node;
            if (!s)
                exit(1);              // 存储空间分配失败
            s->data = x;              // 创建新元素的结点
            s->next = p->next;        // 第①步
            p->next = s;              // 第②步
        }
}
```

上述代码中的主要操作是查找运算中的比较操作，因此其时间复杂度同查找运算，为$O(n)$。

4. 删除运算

删除运算是将单链表 Head 中的第 i 个结点从链表中删除。以一个具有 4 个元素的单链表为例，将第 3 个结点删除，其删除过程如图 3-19 所示。

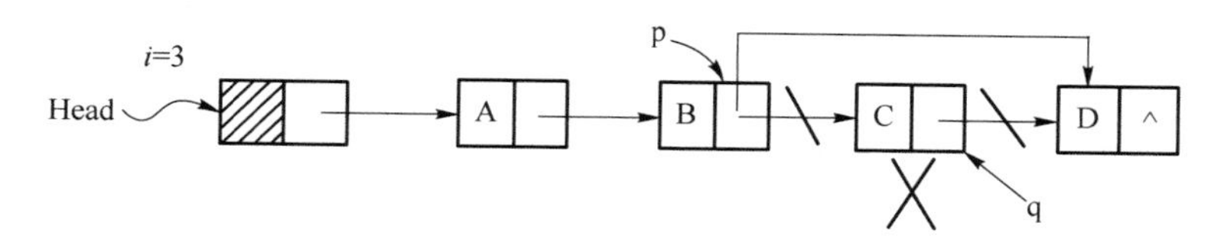

图 3-19　单链表删除结点的过程

首先找到第 2 个结点并使用指针 p 指向该结点，然后通过语句 p->next = q->next 实现指针的修改，从而将第 3 个结点从单链表中删除。其中，找到第 2 个结点的位置需要使用 Find(Head, 2)运算，参考代码如下：

```
void Delete ( LinkList Head, int i, Elem x )
{
        p = Find(Head, i - 1);        // 查找第 i-1 个位置,若找到则用 p 指向第 i-1 个结点
        if (!(p->next))
            return ERROR              // 删除位置不合理
        else {   q = p->next;         // 指针 q 指向待删除结点
            p->next = q->next;        // 修改指针
            x = q->data;              // 将待删除结点中的数据保存到变量 x 中
            delete(q);                // 释放结点空间
        }
}
```

删除运算的时间复杂度为 $O(n)$。

5. 单链表的应用

【例 3-1】 建立一个有 3 个学生数据结点的简单链表并输出。

利用结构体构造学生结点，包括两个数据变量 num(表示学号)和 score(表示成绩)、一个指针变量。使用 C 语言建立学生链表的完整代码如下：

```
#include<stdio.h>
#define NULL 0
struct student                //定义 student 结构体
{long num;
```

```
    float score;
    struct student  * next;
   } a,b,c, * head, * p;
   void main()
   {  a.num = 99101; a.score = 89.5;
      b.num = 99103; b.score = 90;
      c.num = 99107; c.score = 85;         //对结点的 num 和 score 成员赋值
      head = &a;                           //将结点 a 的起始地址赋给头指针 head
      a.next = &b;                         //将结点 b 的起始地址赋给 a 结点的 next 成员
      b.next = &c;                         //将结点 c 的起始地址赋给 b 结点的 next 成员
      c.next = NULL;                       //c 结点的 next 成员不存放其他结点地址
      p = head;                            //使 p 指针指向 a 结点
      do
      {printf(" % ld % 5.1f\n",p->num,p->score); //格式化输出 num 和 score
        p = p->next;}                      //使 p 指向下一结点
      while(p!= NULL); }                   //输出完 c 结点后 p 的值为 NULL
```

建成后的单链表,如图 3-20 所示。

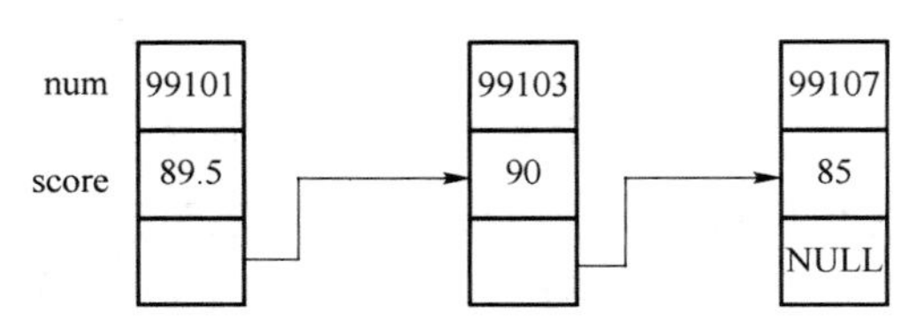

图 3-20　建成后的单链表

在上述例子中,单链表的结点个数是在代码中固定下来的,若要增加结点还需要修改代码,灵活性较差。为了实现动态增加或删除结点,需要用到以下几个函数。

(1) malloc 函数

```
void * malloc(unsigned int size);
```

该函数的作用是在内存中分配一个长度为 size 的连续空间。

(2) calloc 函数

```
void * calloc(unsigned n,unsigned size);
```

该函数的作用是在内存中分配 n 个长度为 size 的连续空间。

(3) free 函数

```
void free(void * p);
```

该函数的作用是释放由 p 指向的内存区。

【例 3-2】 要求使用动态创建结点的方法建立单链表,实现结点的查找、指定位置的插入和删除操作,完成结点的计数与输出。

使用动态创建结点的方法可分为头插法和尾插法两种,因其每次插入新结点的位置不同而得名。根据定义的结点,创建一个带头结点的链表(尾插法)的参考代码如下:

```
//包含必要的头文件
#include < stdio.h >
#include < malloc.h >
#define NULL 0
```

```
//定义结点结构体
typedef struct List_Node
{int info;
 struct List_Node * next;
}node;
//使用尾插法建立单链表的函数
node * Create_Node()                          //尾插法创建单链表
{
  node * head, * pre, * p;
  int x;
  head = (node * )malloc(sizeof(node));      //动态法申请头结点空间
  head -> next = NULL;
  pre = head;
  printf("输入各结点的值,以 0 结束:");
  scanf(" % d",&x);
  while(x! = 0)
  {
    p = (node * )malloc(sizeof(node));       //动态法创建新的结点空间
    p -> info = x;
    p -> next = pre -> next;                 //利用尾插法修改指针
    pre -> next = p;
    pre = pre -> next;
    scanf(" % d",&x);
  }
 return head;
}
```

另一种使用头插法建立单链表的参考代码如下：

```
node * Create_Node()                          //头插法创建单链表
{
  node * head, * p;
  int x;
  head = (node * )malloc(sizeof(node));
  head -> next = NULL;
  printf("输入各结点的值,以 0 结束:");
  scanf(" % d",&x);
  while(x! = 0)
  {
    p = (node * )malloc(sizeof(node));
    p -> info = x;
    p -> next = head -> next;                //利用尾插法修改指针
    head -> next = p;
    scanf(" % d",&x);
  }
 return head;
```

```
}
```

头插法和尾插法的区别仅在于新结点插入时,修改指针的方法不同。

结合前述的查找运算、插入运算和删除运算,以函数的形式可写出不同操作的参考代码:

```
//查找运算
node * Find_i_Node(node * head, int i)
{
 node * p = head->next;
 int j = 1;
 while((p->next!= NULL)&&(j<i))
 {
   p = p->next;
   j++;
 }
 if (i == j)
   return(p);
 else
   return(NULL);}
//插入运算
node * Insert_i_Node(node * head,int i)
{
 node * p = Find_i_Node(head,i-1);
 if(!p)
  {
    printf("插入位置不合法");
    return NULL;
  }
else
  {
   node * s = (node *)malloc(sizeof(node));
   printf("请输入新结点的值");
   int x;
   scanf("%d",&x);
   s->info = x;
   s->next = p->next;
   p->next = s;
   return head;
  }
}
//删除运算
node * Delete_i_Node(node * head,int i)
{
 node * p = Find_i_Node(head,i-1);
 if ((p!= NULL)&&(p->next!= NULL))
 {
```

```
        node  * q = (node * )malloc(sizeof(node));
        q = p -> next;
        p -> next = q -> next;
        free(q);
    }
    else
        printf("位置不合法");
    return head;
}
```

对单链表中的结点的计数与输出，可采用以下参考代码：

```
//结点的计算
int Count_Node(node  * head)
{
    node  * p = head -> next;
    int num = 0;
    while(p! = NULL)
    {
        num ++ ;
        p = p -> next;
    }
    return num;
}
//结点的输出
void Print_Node(node  * head)
{
    node  * p = head -> next;
    printf("输出该链表:");
    while(p)
    {
        printf(" % - 5d --- >",p -> info);   //格式化输出结点的信息
        p = p -> next;
    }
    if(p == NULL)
        printf("^\n\n\n");
}
```

结合上述函数，可写出 main 函数的参考代码如下：

```
int main()
{
    node  * head;int i;
    head = Create_Node();
    Print_Node(head);
    printf("结点个数为：% d\n",Count_Node(head));
    printf("请输入要查找的 i 的值:");
    scanf(" % d",&i);
```

```
    printf(" %x\n",Find_i_Node(head,i));
    printf("请输入要插入的 i 的值:");
    scanf(" %d",&i);
    head = Insert_i_Node(head,i);
    Print_Node(head);
    printf("请输入要删除的 i 的值:");
    scanf(" %d",&i);
    head = Delete_i_Node(head,i);
    Print_Node(head);
    return 0;
}
```

单链表

扫描二维码,可获得"单链表"电子版代码。

从上述示例可以看出,使用链表具有以下优点:

- 存储空间动态分配,可以按需使用;
- 插入/删除结点操作时,只需要修改指针,不必移动数据元素。

同时,由于链表中结点结构的特性,又产生了以下不足:

- 每个结点需加一指针域,存储密度降低;
- 非随机存储结构,查找定位操作需要从头指针出发顺着链表扫描。

3.2.3 循环链表

在单链表中,从某一已知结点出发,只能访问到该结点及其后续结点,无法找到该结点之前的其他结点。为此,将单链表中最后那个结点的指针域存为头结点的指针,整个链表形成一个环,这就构成了一个循环链表。其优点在于,从表中任一结点出发均可找到表中的其他结点,如图 3-21 所示。

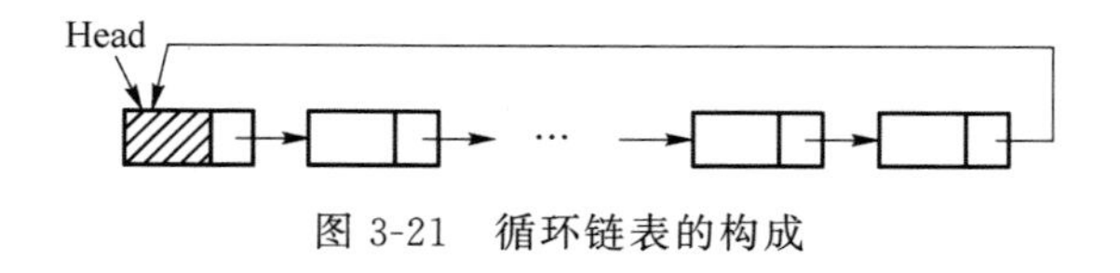

图 3-21 循环链表的构成

双向链表

(1) 双向链表的构造

前面所讨论的链式存储结构中,结点只有一个指示直接后继的指针域。因此,从某个结点出发只能顺着指针往后寻找其他结点。若要查找某结点的直接前驱,对非循环链表则需要从表头指针出发,而对循环链表则需要遍历所有结点。

为了弥补上述不足,可以给每一个结点设置两个或两个以上的指针域,这样就可以构成双向链表或多重链表。多重链表的具体构造过程类似于双向链表,故这里仅介绍双向链表结点的构造。

双向链表中的每一个结点中除了数据域外,还需要设置两个指针域。其中之一指向结点的直接前驱结点,另一个指向结点的直接后继结点。结点的实际构造可以形象地描述为图 3-22(a)。其中,data 表示数据域,Llink 表示左链域并指向直接前驱结点,Rlink 表示右链域并指向直接后继结点。而由该结点可构成一个带有头结点的双向循环链表,如图 3-22(b)所示。

双向循环链表中结点的类型定义如下:

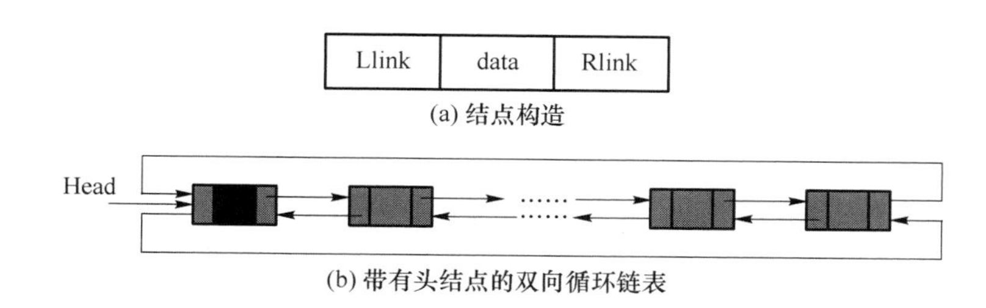

(a) 结点构造

(b) 带有头结点的双向循环链表

图 3-22 双向链表结点

```
typedef struct node {
    ElemType     data;
    struct node  * Rlink;
    struct node  * Llink;
} * DLink;
```

由于在双向循环链表中，对任意给定结点可以立即确定它的前驱和后继，因此，若 t 是指向表中任一结点的指针，则有(t－>Rlink)－>Llink=(t－>Llink)－>Rlink=t。这是双向循环链表的一个重要特性，利用该特性可以方便地在这种表中进行插入和删除操作。

(2) 双向链表的插入运算

在以 Head 为头指针的双向循环链表中，查找第一个数据域的内容为 x 的结点，并在该结点右边插入一个数据信息为 item 的新结点。实现该运算，首先需要查找到满足条件的结点，然后新申请一个结点，并将该结点链入指定的结点后面。其操作过程和对应的关键语句如图 3-23所示。

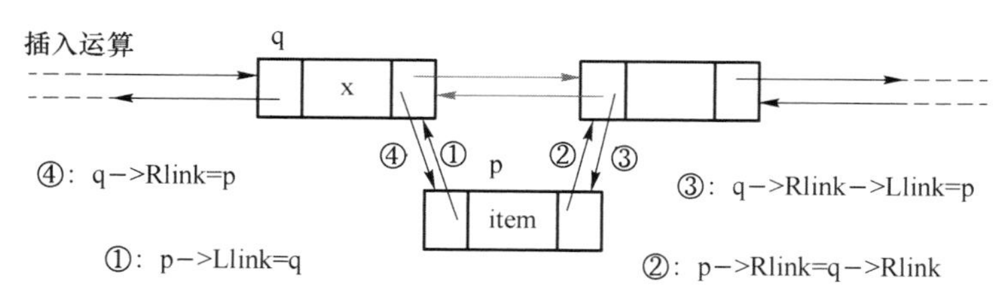

图 3-23 双向链表的插入过程

参考代码如下：

```
void InsertDoubleLink (Dlink Head, ElemType x,ElemType item )
 { //在以 Head 为头结点的双向链表中,查找第一个数据域为 x 的结点,并在该结点后插入一个新结点
    q= Head->Rlink;                  //q 指向第一个结点
    while((q!=Head) && (q->data != x))
        q=q->Rlink;                  //查找结点 x
    if(q==Head)
        Error("No node x");          //没有找到
    else
    {
        p= new  node;                //生成新结点
        p->data = item;              //给结点的数据域赋值
        p->Llink = q;                //按顺序修改指针,语句①
        p->Rlink =q->Rlink;          //语句②,语句①和②可互换顺序
        (q->Rlink)->Llink=p;         //语句③
```

```
            q->Rlink = p;                //语句④,语句③和④可互换顺序
        }
    }
```

(3) 双向链表的删除运算

在以 Head 为头指针的双向循环链表中,删除第一个数据域内容为 x 的结点,需要首先找到满足条件的结点,若找到,删除并释放该结点。其操作过程和关键语句如图 3-24 所示。

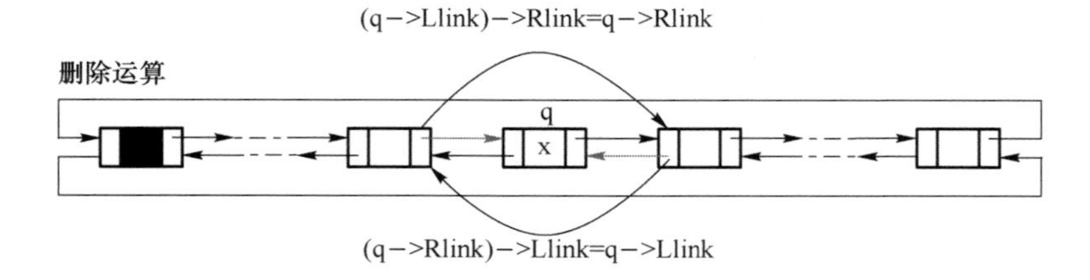

图 3-24　双向链表的删除过程

参考代码如下:

```
void DeleteDoubleLink (Dlink Head, ElemType x )
{  //在以 Head 为头结点的双向链表中,删除第一个数据域为 x 的结点
   q= Head->Rlink;                              //q 指向第一个结点
   while((q!=Head) && (q->data != x))
        q=q->Rlink;                             //查找结点 x
   if(q==Head)
        Error("No node x");                     //没有找到
   else
   {
        (q->Llink)->Rlink = q->Rlink;           //修改前驱结点的右链域
        (q->Rlink)->Llink =q->Llink;            //修改后继结点的左链域
        delete(q);                              //释放空间
   }
}
```

3.2.4　链栈

1. 链栈的构造

链栈通过链式存储结构实现堆栈,是仅允许在表头进行插入和删除的单链表。表头指针 Ls 可作为栈顶指针,栈中的结点由 data 和 next 构成,各结点通过 next 域连接。链栈结点的类型定义如下:

```
typedef struct node {
    ElemType      data;
    struct node    * next;
} * Stack;
```

栈底结点的 next 域为空。若栈为空时,通常表示为 Ls==NULL。因为链栈本身没有容量限制,故在用户内存空间范围内不存在栈满的情况。图 3-25 所示为依次插入 A、B、C 和 D 后的链栈,其栈顶结点的数据元素为 D,而栈底结点的数据元素为 A。

2. 链栈的基本运算

(1) 插入(进栈)运算

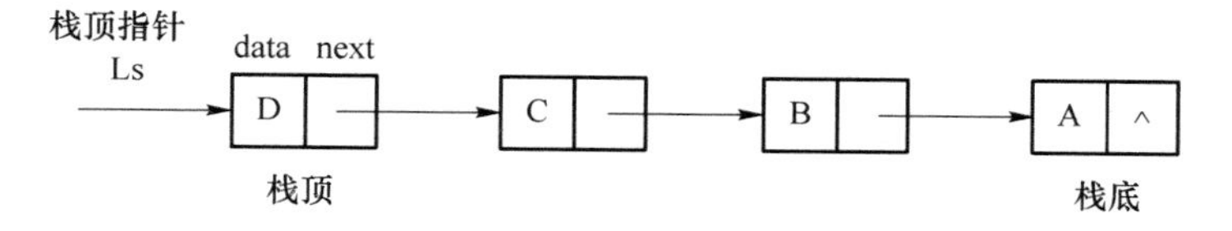

图 3-25 链栈的构造

进栈运算的基本过程包括：申请一个新的结点 p，并将指定的值 x 送入结点的 data 域；将该结点链入栈中并使之成为栈顶结点。参考代码如下：

```
void PushStack (Stack Ls, ElemType x)        //将元素 x 压入栈 Ls 中
  {
      p = new node;                          //生成新结点
      p->data = x;                           //给结点的数据域赋值 x
      p->next = Ls;                          //链入栈中
      Ls = p;                                //修改栈顶指针
  }
```

(2) 删除(退栈)运算

退栈即删除栈顶结点，基本步骤包括：若栈顶指针为空，则给出错误信息；否则，删除栈顶结点并将栈顶指针后移，使它的下一个结点成为新的栈顶。参考代码如下：

```
void PopStack(Stack Ls)            //若栈空给出错误信息；否则删除栈顶结点
{
    if (Ls == NULL)
        error("栈空");             //栈空错误信息
    else
    {   p = Ls;
        Ls = Ls->next;             //修改栈顶结点
        delete(p);                 //释放空间
    }
}
```

3.2.5 链队

1. 链队的构造

链队利用带有头结点的单链表存储队列，并利用 front 指针指向单链表的头结点，rear 指针指向单链表的尾结点。front 指针又称队头指针，rear 指针又称队尾指针。链队结点的类型定义如下：

```
typedef struct node {
    ElemType      data;
    struct node    * next;
} * Queue;
Queue front, rear;
```

在一个初始为空的链队中，依次插入数据元素 A、B、C、D 后状态如图 3-26(a)所示。

空队对应的链表为空链表，空队的标志为 front = rear，并均指向头结点，如图 3-26(b)所示。

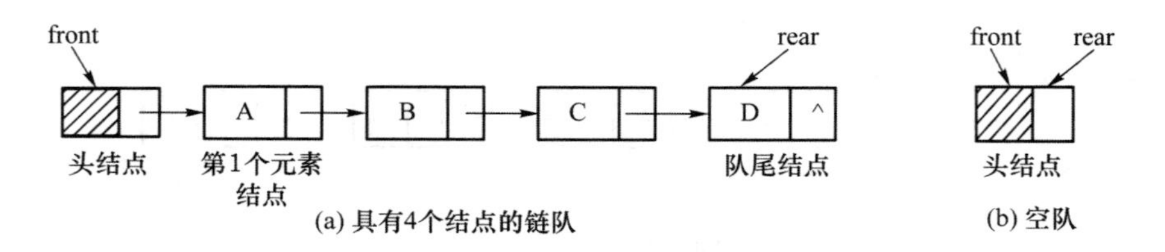

图 3-26 链队的构造

2. 链队的基本运算

(1) 插入(入队)运算

将值为 x 的结点插入链表,首先需要申请一个结点,并对其成员进行赋值。然后,再将该结点链入队尾。参考代码如下:

```
void InQueue (Queue front, rear, ElemType x)        //将 x 加入链队
{
    p = new  node;                                  //申请结点
    p->data = x;                                    //对成员赋值
    p->next = NULL;
    rear->next = p;                                 //修改指针
    rear = p;
}
```

(2) 删除(出队)运算

若删除时为空队,则应给出错误信息。否则,在链队表结点个数大于 1 时,需要修改队头指针指向下一个结点;若仅有一个表结点,删除后为空队,则需要将队尾指针指向队头指针。参考代码如下:

```
void OutQueue (Queue front, rear)    //若链队为空给出错误信息;否则删除队头元素
{
    if (rear == front)
        error("队空");
    else
      {
        q = front->next;             //被删除元素存放在 q 中
        front->next = q->next;       //修改队头指针指向下一个结点
        if (q->next == NULL)         //若仅有一个表结点
            rear = front;            //修改队尾指针,成为空队
         delete(q);                  //释放空间
      }
}
```

3.3 非线性结构

3.3.1 树

1. 树的基本概念

树是一种重要的非线性数据结构,树中元素具有的主要特征是,数据元素之间有明显的分

支和层次关系。该结构广泛存在于客观世界中，如家族关系中的家谱、各单位的组织机构、计算机操作系统中的多级文件目录结构等。

树是$n(n\geqslant 0)$个结点的有限集。当$n=0$时为空树，否则为非空树。在任意一棵非空树中：①有且仅有一个特定的称为根的结点；②当$n>1$时，其余结点可分为$m(m>0)$个互不相交的有限集$T_1, T_2, \cdots, T_m$，其中每一个集合本身又是一棵树，称根的子树。显然，树的定义是递归的，树是一种递归结构。

图 3-27 为树形结构示意图。它由根结点 A 和 3 棵子树构成，3 棵子树的根结点分别为 B、C 和 D，这 3 棵子树本身也是树。

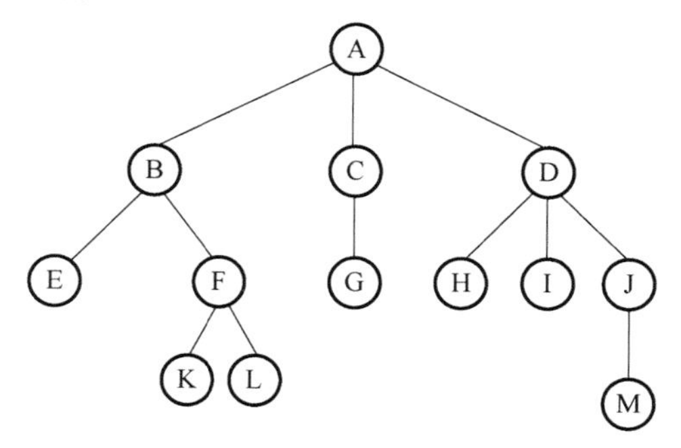

图 3-27　树形结构

树的二元组表示为 Tree=(D_t, R_t)。其中D_t为树中所有结点的集合，R_t为树中存在连线的结点对。例如，图 3-27 的二元组表示为D_t={A,B,C,D,E,F,G,H,I,J,K,L,M}，R_t={<A,B>,<A,C>,<A,D>, <B,E>,<B,F>,<C,G>,<D,H>,<D,I>,<D,J>,<F,K>,<F,L>,<J,M>}。

树的集合图表示则利用若干集合的集体表示，且对于任何一对集合，它们或者互不相交或者一个包含另一个。图 3-27 的集合图表示如图 3-28 所示。

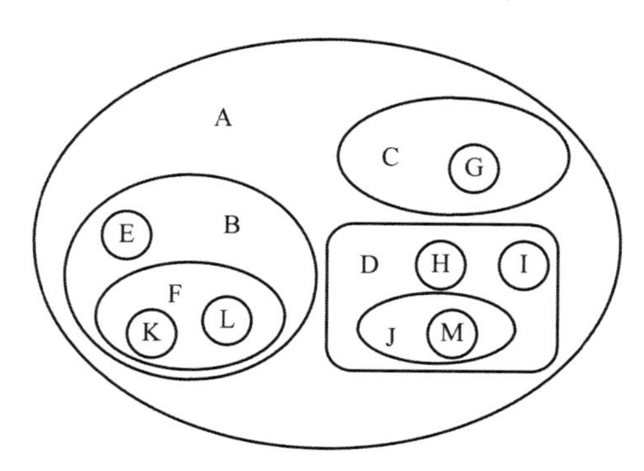

图 3-28　树的集合图表示

树的广义表表示法利用括号表示数据元素之间的分支和层次关系，图 3-27 的广义表表示为 A(B(E,F(K,L)),C(G),D(H,I,J(M)))。

树还有凹入表示法等，树的多种表示方法也说明了树形结构在日常生活中及计算机软件设计中的重要性。为了后面方便讨论，结合图 3-27 简要给出树的一些基本术语。

结点的度：一个结点的子树的个数，如结点 B 的度为 2。

树的度：结点度的最大值，结点 A 和 D 的度均为最大值 3，都可作为树的度。

根结点:无前驱的结点,如结点 A 为树的根结点。

叶子结点:无后继或度为 0 的结点,如结点 E 和 G 等。

分支结点:有前驱和后继的结点,如结点 B。

父结点:具有直接后继的结点,称为其后继结点的父结点或双亲结点,如 B 为 E 和 F 的父结点。

子结点:父结点的直接后继结点称为父结点的子结点或孩子结点,如 G 为 C 的子结点。

兄弟结点:具有同一双亲结点的孩子结点互为兄弟结点,如结点 E 和 F 互为兄弟结点。

堂兄弟结点:结点的双亲结点互为兄弟结点,如结点 F 和 G 互为堂兄弟结点。

结点的层次:父结点层数加 1(根结点层数为 1),如 B 的层次为 2。

树的深度:结点最大层数,如当前树的深度为 4。

森林:0 棵或多棵不相交的树的集合称为森林。可通过删除根结点形成森林,如去掉结点 A,则剩下的 3 棵子树的集合便构成森林。

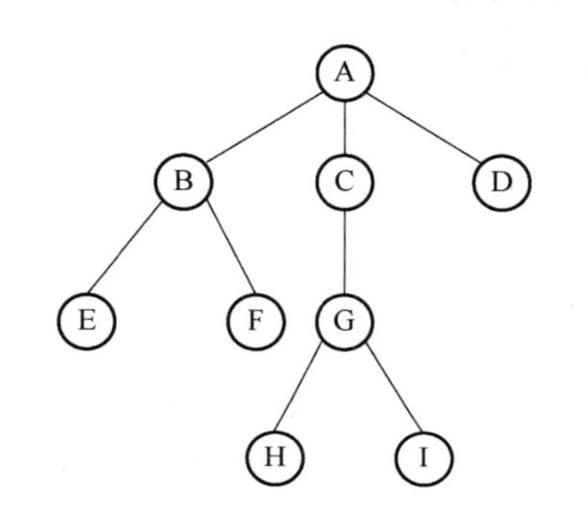

图 3-29　树的示例

2. 树的存储结构

树的存储结构可以有多种形式,可采用顺序存储,也可采用链式存储。由于树的多分支及非线性结构特点,所以通常采用链式存储。下面结合图 3-29 介绍几种常用的存储结构。

(1) 双亲表示法

以一个数组连续地存储树的各个结点,数组从下标 0 开始。结点包括数据域和指针域,数据域存储元素本身,指针域指示其双亲结点对应的下标位置,其中根结点的双亲为－1。图 3-29所示的树的双亲表示法如表 3-2 所示。

表 3-2　树的双亲表示法

下标	元素	双亲
0	A	－1
1	B	0
2	C	0
3	D	0
4	E	1
5	F	1
6	G	2
7	H	6
8	I	6

这种存储方法的特点是寻找双亲结点很容易。但求结点的孩子时需要遍历整个结构。

(2) 孩子表示法

该方法主要描述的是结点的孩子关系。由于每个结点的孩子个数不定,所以更加适合用链式结构存储。每个结点除了包括数据域外,还包括一个指针域指向该结点的孩子结点链表。可以把每个结点的孩子结点排列起来构成一个单链表,则非叶子结点都对应一个孩子结点链表。图 3-29 所示的树的孩子表示法如图 3-30 所示。

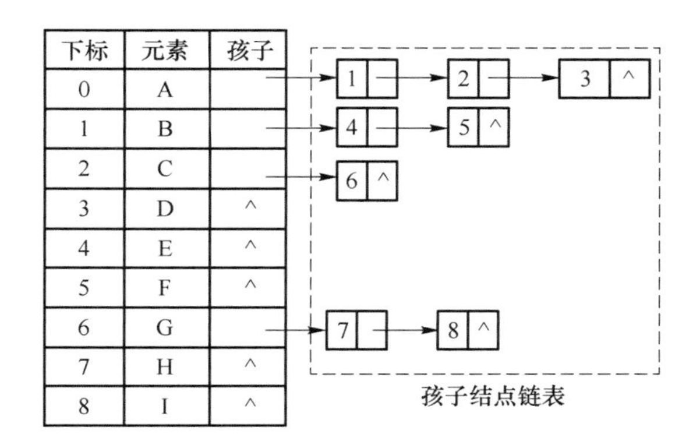

图 3-30 孩子表示法

这种存储结构的特点是寻找某个结点的孩子比较容易，但寻找双亲结点比较麻烦。所以在必要的时候，可以将双亲表示法和孩子表示法结合起来，即在一维数组元素结点中增加一个表示双亲结点的域，用来指示结点的双亲在一维数组中的位置。双亲表示法和孩子表示法的结合如图 3-31 所示。

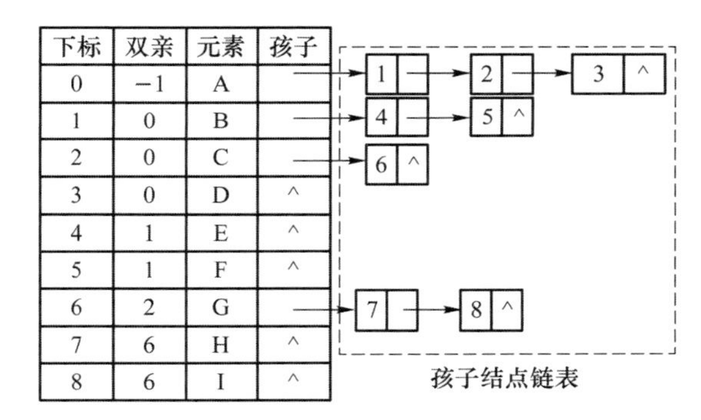

图 3-31 双亲表示法和孩子表示法的结合

(3) 孩子兄弟表示法

孩子兄弟表示法也是一种链式存储结构。它通过描述每个结点的第一个孩子和下一个兄弟信息来反映结点之间的层次关系，其结点结构如图 3-32 所示。

firstChild	data	nextSibling

图 3-32 孩子兄弟表示法的结点结构

其中，data 为数据域，firstChild 为指向该结点第一个孩子结点的指针域，nextSibling 为指向该结点下一个兄弟结点的指针域。

因为该方法将结点可能出现的多个分支转换为最多只有两个分支，所以又称二叉树表示法或二叉链表表示法。图 3-29 所示的树的二叉树表示法如图 3-33 所示。

3. 树的基本运算

树的主要运算有以下几种：

➢ 构造一棵树 CreateTree (T)；

➢ 清空以 T 为根的树 ClearTree(T)；

➢ 判断树是否为空 TreeEmpty(T)；

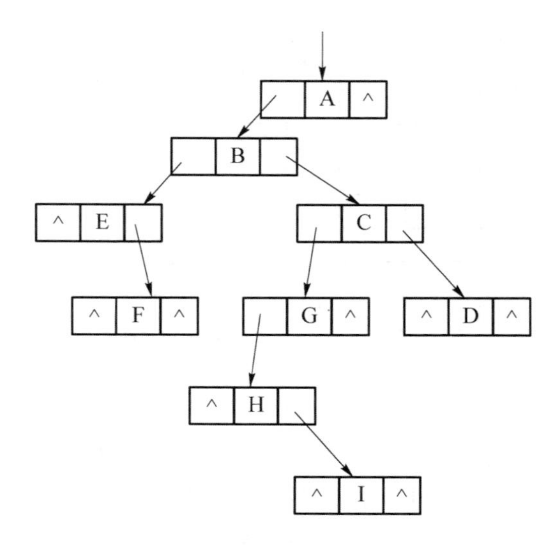

图 3-33　孩子兄弟表示法

- 在树 T 上获取给定结点 x 的第 i 个孩子 Child(T, x, i)；
- 在树 T 上获取给定结点 x 的双亲 Parent(T, x)；
- 在树 T 上删除给定结点 x 的第 i 棵子树 Delete(T, x, i)；
- 遍历树 Traverse(T)。

还有其他一些运算，在此不再一一列举。在上述运算中，较为特殊的是遍历运算。遍历即按某个次序依次访问树中的各个结点，并使每个结点仅被访问一次。对树遍历的主要目的是将非线性结构通过遍历过程完成线性化，即获得一个线性序列，便于利用相关线性特征处理树的非线性结构。树的遍历顺序有两种，一种是先根（次序）遍历，即先访问根结点，然后再依次先根遍历每棵子树；另一种是后根（次序）遍历，即先依次后根遍历每棵子树，然后访问根结点。

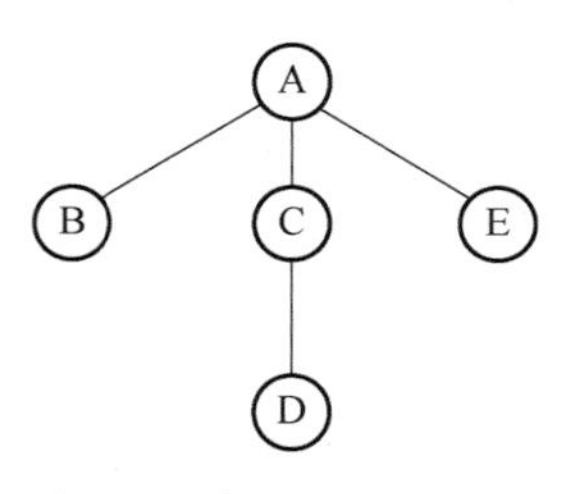

图 3-34　树的遍历示例图

图 3-34 所示的树，其先根遍历运算的结果为 A、B、C、D 和 E，而其后根遍历的运算结果为 B、D、C、E 和 A。

3.3.2　二叉树

1. 二叉树的定义

二叉树是 $n(n\geqslant 0)$ 个结点的有限集，它或为空树（$n=0$），或由一个根结点和两棵分别称为根的左子树和右子树的互不相交的二叉树组成。二叉树的逻辑结构在于每个结点的子树要严格区分左子树和右子树，即使在结点只有一棵子树，也要明确指出该子树是左子树还是右子树。因此，二叉树具有如图 3-35所示的基本形态。

以具有 3 个结点元素的二叉树为例，其具有以下 5 种基本形态。

2. 二叉树的基本性质

二叉树的一些重要性质如下。

性质 1：一棵非空二叉树的第 i 层最多有 2^{i-1} 个结点（$i\geqslant 1$）。

证明（采用归纳法）：

① 当 $i=1$ 时，结论显然正确。非空二叉树的第 1 层有且仅有一个结点，即树的根结点。

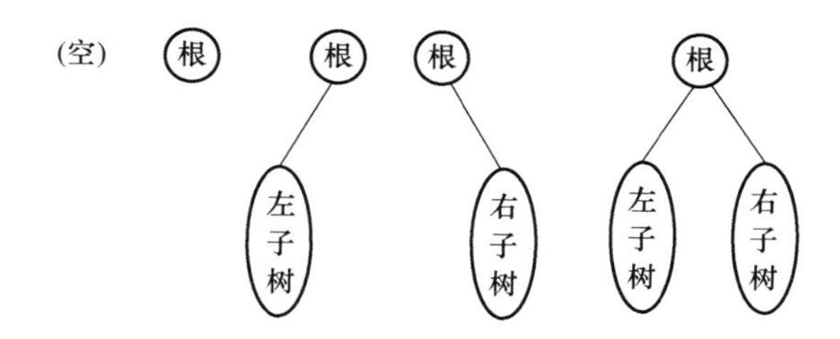

图 3-35　二叉树的 5 种基本形态

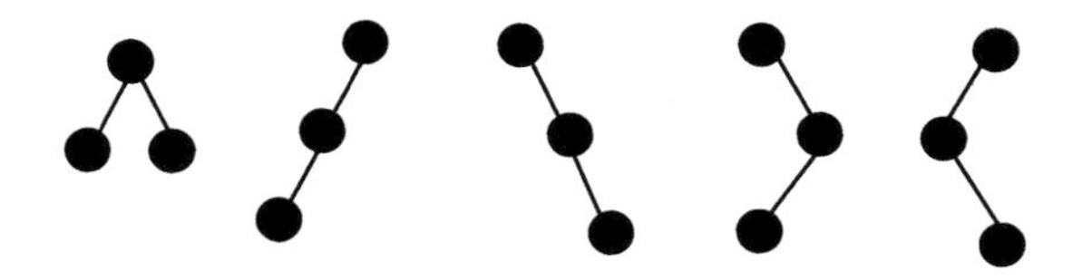

图 3-36　具有 3 个结点元素的二叉树的 5 种基本形态

② 假设对于第 j 层($1\leqslant j\leqslant i-1$)结论也正确，即第 j 层最多有 2^{j-1}个结点。

③ 由定义可知，二叉树中每个结点最多只能有两个孩子结点。若第 j 层的每个结点都有两棵非空子树，则第 $j+1$ 层的结点数目达到最大。而第 j 层最多有 2^{j-1}个结点已由假设证明，于是，第 $j+1$ 层应有 $2\times 2^{j-1}=2^{j}=2^{(j+1)-1}$个结点。

证毕。

性质 2:深度为 h 的非空二叉树最多有 $2^{h}-1$ 个结点。

证明:由性质 1 可知，若深度为 h 的二叉树的每一层的结点数目都达到各自所在层的最大值，则二叉树的结点总数一定达到最大，即有 $2^{0}+2^{1}+2^{2}+\cdots+2^{i-1}+\cdots+2^{h-1}=2^{h}-1$ 个结点。证毕。

性质 3:若非空二叉树有 n_0 个叶结点，有 n_2 个度为 2 的结点，则 $n_0=n_2+1$。

证明:设该二叉树有 n_1 个度为 1 的结点，结点总数为 n，有 $n=n_0+n_1+n_2$。设二叉树的分支数目为 B，有 $B=n-1$。这些分支来自度为 1 的结点与度为 2 的结点，即 $B=n_1+2n_2$。由前述等式联立化简可得 $n_0=n_2+1$。证毕。

一棵深度为 k 的满二叉树，是具有 $2^{k}-1$ 个节点的深度为 k 的二叉树。根据性质 2，$2^{k}-1$ 个节点是这种二叉树所能具有的最大节点数。例如，图 3-37 是一棵深度为 4 的满二叉树。

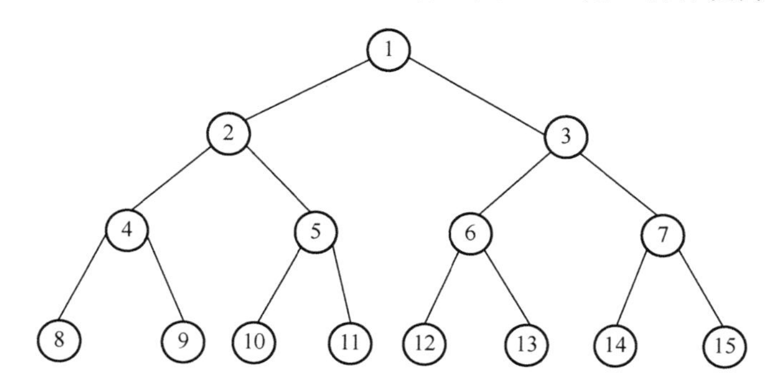

图 3-37　深度为 4 的满二叉树

如果对图 3-37 所示的这种满二叉树，将其节点从第一层开始自上而下，同一层则自左而右连续地进行编号，这样就给出了满二叉树的一种顺序表示方法。这种顺序表示同时还提供了一种完全二叉树的定义:一棵有 n 个节点，深度为 k 的二叉树，当且仅当它的所有节点对应

深度为 k 的满二叉树中编号为 1 到 n 的那些节点时，该二叉树便是一棵完全二叉树。

例如，具有 12 个节点的完全二叉树如图 3-38 所示。

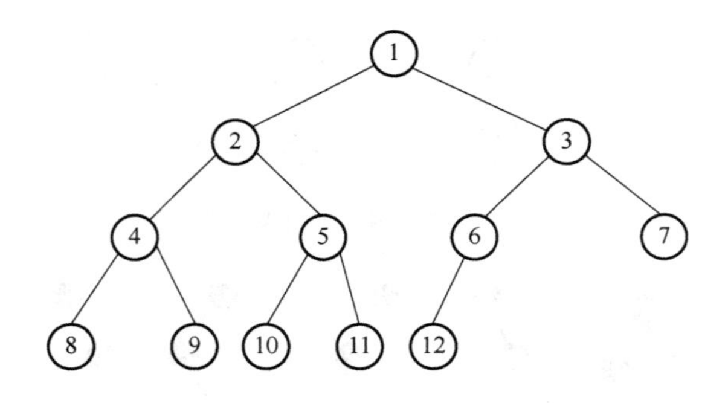

图 3-38　结点为 12 的完全二叉树

而图 3-39 所示为两种非完全二叉树的例子。

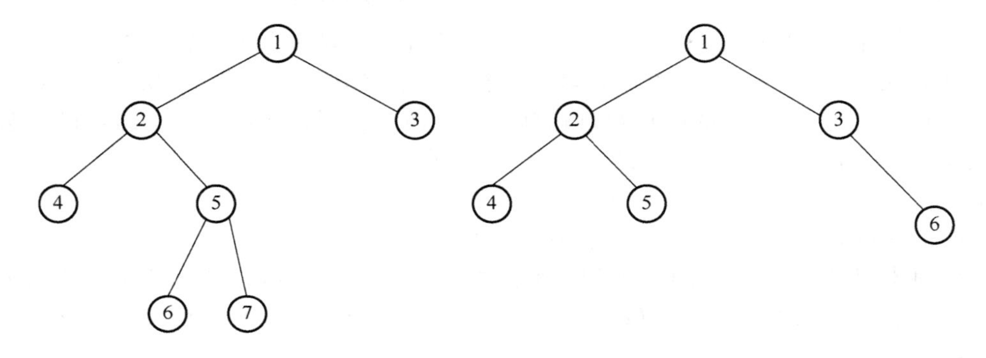

图 3-39　两种非完全二叉树

这样可以把完全二叉树的各个结点存储在一个一维数组 t 中，其编号为 i 的结点存储在 t[i]中。并且，利用下面的性质很容易确定完全二叉树中任一结点的双亲和左、右孩子的位置编号。

性质 4：具有 n 个节点的完全二叉树的深度为$\lfloor \log_2 n \rfloor+1$。其中$\lfloor x \rfloor$表示不大于 x 的最大整数。

证明：设深度为 k，根据性质 2 和完全二叉树的定义有 $2^{k-1}-1< n \leqslant 2k -1$。由于 n 为整数，也可表示为 $2^{k-1}\leqslant n < 2^k$。两边取对数，则有 $k>\log_2 n, k\leqslant\log_2 n + 1$。$k$ 为整数，根据 $\log_2 n$ 取值为整数和小数分别进行讨论即可得证。

性质 5：若一棵有 n 个节点（即深度为$\lfloor \log_2 n \rfloor+1$）的完全二叉树是按层序编号（从第一层到第$\lfloor \mathrm{lon}_2 n \rfloor+1$ 层，每层从左到右），则对任一节点 $i(1\leqslant i\leqslant n)$，

① 如果 $i=1$，则节点 i 是二叉树的根，无双亲；若 $i>1$，则其双亲节点 parent(i)是结点$\lfloor i/2 \rfloor$。

② 如果 $2i\leqslant n$，则其左孩子 Lchild(i)是 $2i$；若 $2i>n$，则 i 无左孩子（结点 i 为叶子结点）。

③ 如果 $2i+1\leqslant n$，则其右孩子 Rchild(i)是 $2i+1$；若 $2i+1>n$，则 i 无右孩子。

证明：对上述性质，只要先证明②和③，便可以由②和③导出①。下面对 i 用归纳法来证明②与③。

对 $i=1$，显然，根据完全二叉树的定义可知，其左孩子必是节点 2，除非 $n<2$。此时因不存

在第 2 个节点，1 当然没有左孩子。而其右孩子，若有，必为节点 3(即 $2\times1+1$)，若 $n<3$ 则 3 号节点不存在，即没有右孩子。②与③得证。

假设：对于所有的 $1\leqslant j\leqslant i$ 结论成立。即结点 j 的左孩子编号为 $2j$；右孩子编号为 $2j+1$。下面证明当 $1\leqslant j\leqslant i+1$ 时也成立，即 i 变为 $i+1$ 时也成立。

由完全二叉树的结构可以看出，结点 $i+1$ 或者与结点 i 同层且紧邻 i 结点的右侧，或者 i 位于某层的最右端，$i+1$ 位于下一层的最左端，如图 3-40 所示。

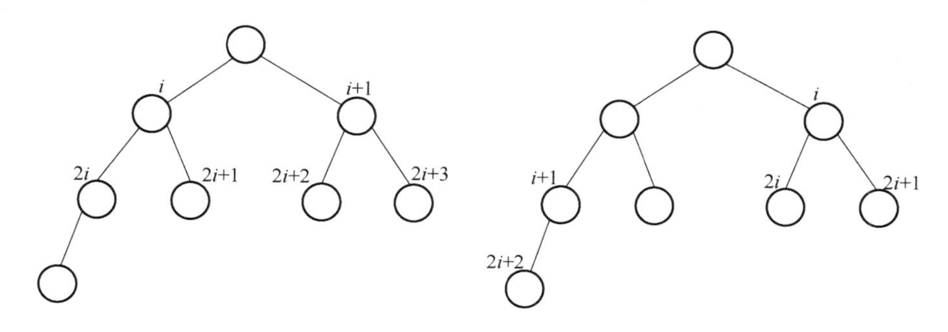

图 3-40　结点 i 和 $i+1$ 的关系

可以看出，$i+1$ 的左、右孩子紧邻在结点 i 的孩子后面。由于结点 i 的左、右孩子编号分别为 $2i$ 和 $2i+1$，所以结点 $i+1$ 的左、右孩子编号分别为 $2i+2$ 和 $2i+3$。经提取公因式可以得到 $2(i+1)$ 和 $2(i+1)+1$，即结点 $i+1$ 的左孩子编号为 $2(i+1)$；右孩子编号为 $2(i+1)+1$。

又因为二叉树由 n 个结点组成，所以当 $2(i+1)+1>n$ 且 $2(i+1)=n$ 时，结点 $i+1$ 只有左孩子而没有右孩子；当 $2(i+1)>n$ 时，结点 $i+1$ 既没有左孩子也没有右孩子。

以上证明当 i 变为 $i+1$ 时结论也成立，故②、③得证。利用上面的结论证明①。

对于任意一个结点 i，若 $2i\leqslant n$，则左孩子的编号为 $2i$，反过来结点 $2i$ 的双亲就是 i，而 $\lfloor 2i/2\rfloor=i$；若 $2i+1\leqslant n$，则右孩子的编号为 $2i+1$，反过来结点 $2i+1$ 的双亲就是 i，而 $\lfloor(2i+1)/2\rfloor=i$，由此可以得出①成立。其关系如图 3-41 所示。

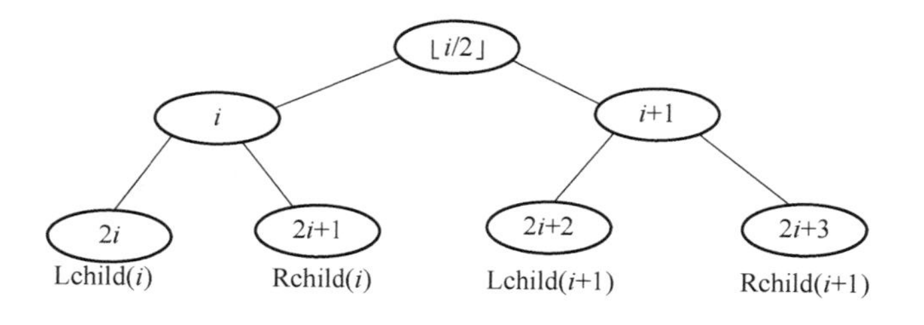

图 3-41　完全二叉树中双亲结点及其左、右孩子的关系

【例 3-3】　设一个完全二叉树共有 700 个节点，则在该二叉树中有多少个叶子节点？

对于完全二叉树，叶子结点即为无左子树的结点。根据性质 5，若 $2i\leqslant n$，则 i 的左孩子节点为 $2i$；若 $2i>n$，则 i 无左孩子节点，即 i 为叶子结点。所以由 $2\times350=700$，可知结点 350 有左孩子结点，且左孩子节点编号为 700，而 $2\times351=702>700$，所以节点 351 及其以后的节点均无左孩子节点，即为叶子结点。

【例 3-4】　设树 T 的度为 4，其中度为 1、2、3、4 的结点个数分别为 4、2、1、1，其中 T 的叶子结点数是多少？

设树的总结点数为 n，叶子结点数为 n_0，度为 1 的结点数为 n_1，度为 2 的结点数为 n_2，度为 3 的结点数为 n_3，度为 4 的结点数为 n_4，有 $n=n_0+n_1+n_2+n_3+n_4$。设所有射入分支为 m，则 $n=m+1$；设所有射出分支为 k，则 $k=n_1+2\times n_2+3\times n_3+4\times n_4$。因为一棵树的所有射入分支与射出分支相等，所以 $m=n_1+2\times n_2+3\times n_3+4\times n_4$。代入整理可得 $n_0=n_2+2\times n_3+3\times n_4+1=2+2+3+1=8$。

3. 二叉树的存储结构

（1）顺序存储结构

这种存储结构适用于完全二叉树。其存储形式为：用一组连续的存储单元按照完全二叉树的每个结点编号的顺序存放结点内容。图 3-42 所示是一棵二叉树及其相应的顺序存储结构。

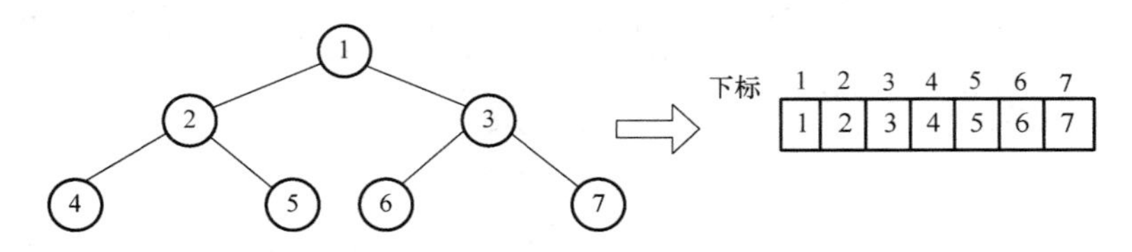

图 3-42　完全二叉树的顺序存储

顺序存储结构的特点是空间利用率高、寻找孩子和双亲利用相关性质比较容易。

对于一般二叉树，只需在二叉树中“添加”一些实际上在二叉树中并不存在的“虚结点”(可以认为这些结点的数据信息为空)，使其在形式上成为一棵“完全二叉树”，然后按照完全二叉树的顺序存储结构的构造方法，将所有结点的数据信息依次存放于数组中。

一般的二叉树可以按照上述方法实现顺序存储，图 3-43 中添加了编号为 9、11 和 12 的“虚结点”，将各个结点存储到数组 T 中。

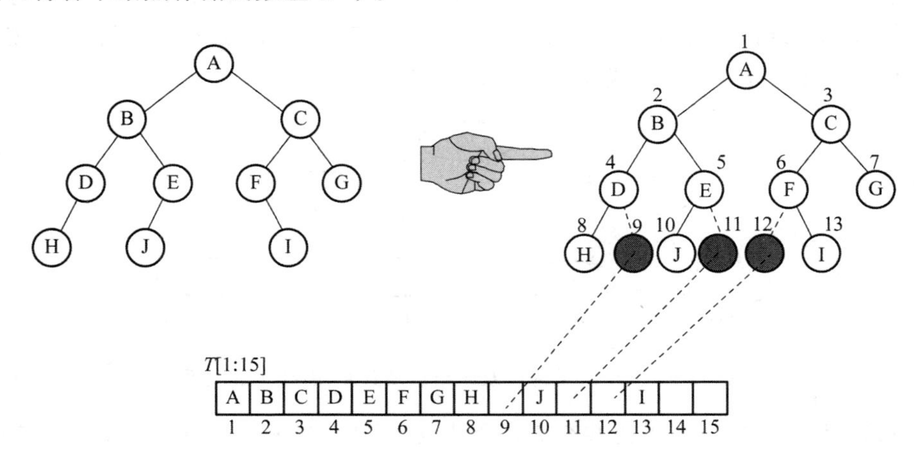

图 3-43　一般二叉树的顺序存储

而对于一些称为“退化二叉树”的二叉树，若采用顺序存储结构，则其空间开销大的缺点比较突出，如图 3-44 所示，数组 T 中“虚结点”所占比例较高。

在顺序存储结构中，利用编号表示元素的位置及元素之间孩子或双亲的关系。因此对于非完全二叉树，需要将空缺的位置用特定的符号填补，若空缺结点较多，势必造成空间利用率的下降。在这种情况下，就应该考虑使用链式存储结构。

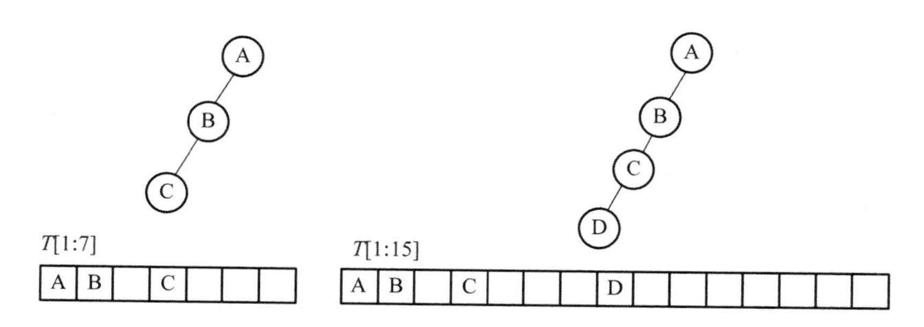

图 3-44　退化二叉树的顺序存储

(2) 链式存储结构

常见的二叉树结点结构如图 3-45 所示。

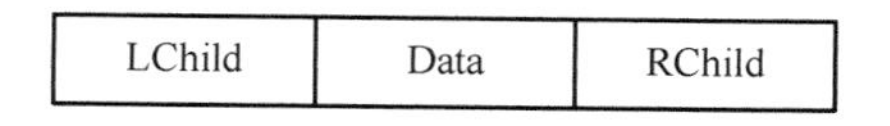

图 3-45　二叉树结点结构

其中，LChild 和 RChild 是分别指向该结点左孩子和右孩子的指针，Data 是数据元素的内容。图 3-46 是一棵二叉树及对应的链式存储结构。

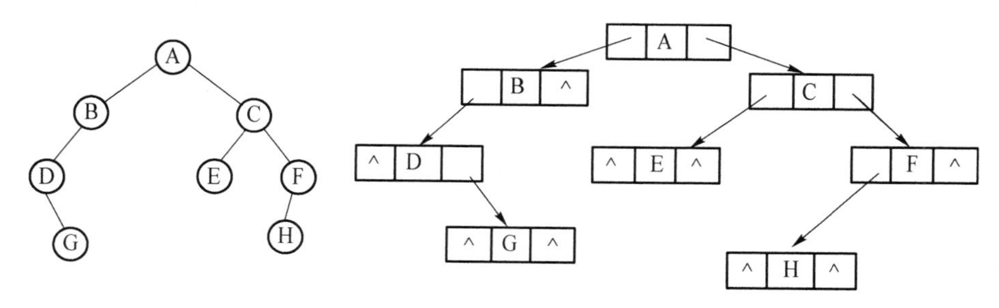

图 3-46　二叉树的链式存储

这种存储结构的特点是寻找孩子结点容易，寻找双亲结点比较困难。因此，若需要频繁地寻找双亲结点，可以给每个结点添加一个指向双亲结点的指针域 Parent，其结点结构如图 3-47所示。

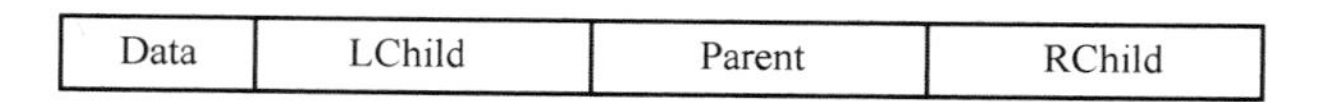

图 3-47　具有双亲指针域的结点结构

由此结点构成的二叉树链式存储如图 3-48 所示。

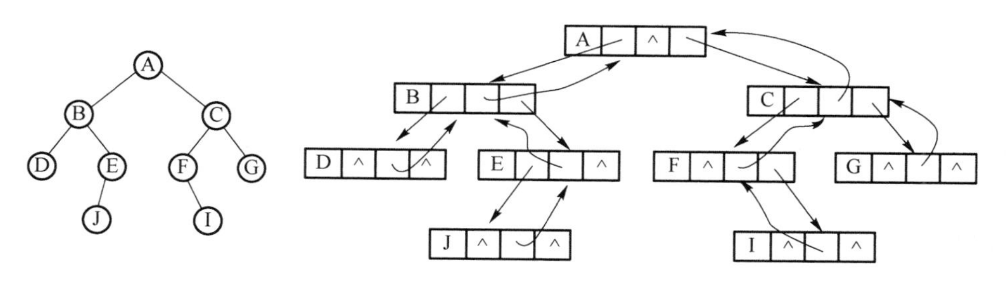

图 3-48　具有双亲指针域的二叉树链式存储

4. 二叉树的遍历

假设二叉树不为空，其主要的操作即遍历。分别以 LChild、Data、RChild 的首字母表示遍历左子树、访问根结点和遍历右子树，则根据访问根结点的先后次序可形成 3 种遍历。

先序遍历(DLR)：首先访问根结点，然后遍历其左子树，最后遍历其右子树。在遍历左子树时，也按照先序遍历规则先根再左后右依此类推，直到左子树中全部结点被访问完毕；再以同样规则访问右子树的所有结点。

中序遍历(LDR)：首先访问其左子树，再访问根结点，最后遍历其右子树。在访问左、右子树时，同样按照中序遍历的方法访问各子树，直到子树中的所有结点被访问。

后序遍历(LRD)：首先遍历其左子树，然后遍历其右子树，最后访问树的根结点。在访问左、右子树时，同样按照后序遍历的方法访问各子树，直到子树中的所有结点被访问。

以图 3-49 所示的二叉树为例，说明二叉树 3 种遍历的算法。

先序遍历二叉树的算法：若二叉树不空，则 a) 访问根结点；b) 先序遍历左子树；c) 先序遍历右子树。得到对应的先序遍历结果为 ABDGECFH。

中序遍历二叉树的算法：若二叉树不空，则 a) 中序遍历左子树；b) 访问根结点；c) 中序遍历右子树。得到对应的中序遍历结果为 DGBEAFHC。

后序遍历二叉树的算法：若二叉树不空，则 a) 后序遍历左子树；b) 后序遍历右子树；c) 访问根结点。得到对应的后序遍历结果为 GDEBHFCA。

【例 3-5】 设一棵二叉树的中序遍历结果为 DBEAFC，先序遍历结果为 ABDECF，请给出该二叉树后序遍历的结果。

因先序遍历结果中的第 1 个结点为 A，所以 A 是根结点，则中序遍历中 A 之前的结点(DBE)都是 A 的左子树，A 之后的结点(FC)都是 A 的右子树。同理，B 为 A 的左子树的根，B 之前的结点(D)为 B 的左子树，B 之后的结点(E)为 B 的右子树。C 为 A 的右子树的根，F 为 C 的左子树。根据上述分析，可以画出其对应的二叉树图形，如图 3-50 所示。利用后序遍历算法，可以得到后序遍历的结果是 DEBFCA。

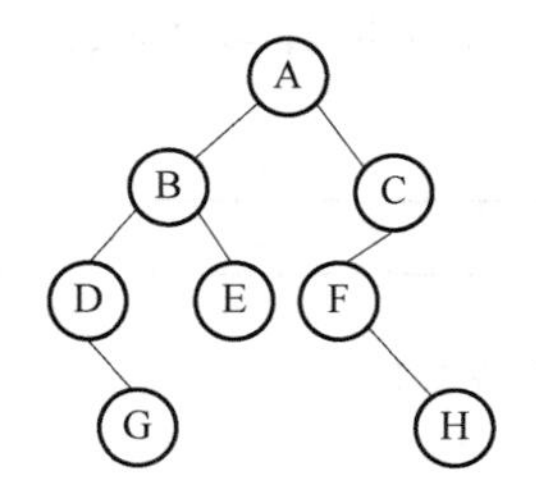

图 3-49　二叉树遍历示例

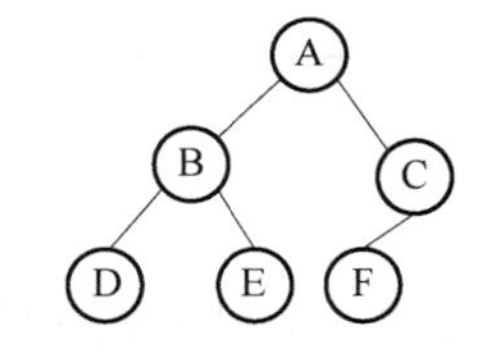

图 3-50　分析结果对应的二叉树

结合上述思想可利用 C 语言编写二叉树的遍历程序。

【例 3-6】 请利用递归方法实现二叉树的创建并实现 3 种遍历操作。

利用 C 语言实现的参考代码如下：

```
#include< stdio.h>
#include< stdlib.h>
struct BNode
{ char data;
```

```
    struct BNode * lchild;
    struct BNode * rchild;
};
typedef BNode * BinTree;
void CreateBinTree(BinTree * root)
{ char ch;
   if((ch = getchar()) == '')
   * root = NULL; //建立空二叉树
   else
   {
   * root = (BNode * )malloc(sizeof(BNode));
     ( * root) -> data = ch;
     CreateBinTree(&(( * root) -> lchild));
     CreateBinTree(&(( * root) -> rchild)); }
   }
void PreOrder(BinTree root)//先序遍历
{ if(root! = NULL)
   {  printf(" % c",root -> data);
      PreOrder(root -> lchild);
      PreOrder(root -> rchild); }}
void InOrder(BinTree root)//中序遍历
{ if(root! = NULL)
  {   InOrder(root -> lchild);
      printf(" % c",root -> data);
      InOrder(root -> rchild); }}
void PostOrder(BinTree root)//后序遍历
{ if(root! = NULL)
  {  PostOrder(root -> lchild);
     PostOrder(root -> rchild);
     printf(" % c",root -> data); }}
void main()
{    BinTree root;
     CreateBinTree(&root);
     printf("先序:"); PreOrder(root); printf("\n");
     printf("中序:"); InOrder(root); printf("\n");
     printf("后序:"); PostOrder(root); printf("\n");
}
```

递归创建二叉树

扫描二维码,可获得“递归创建二叉树”电子版代码。

【例 3-7】 利用非递归的方法实现二叉树的创建并完成遍历操作。

利用 C 语言实现的参考代码如下：

```
# include < stdio. h >
# include < stdlib. h >
```

```
struct BNode
{ char data;
  struct BNode * lchild;
  struct BNode * rchild;
};
typedef BNode * BinTree;
void CreateBinTree(BinTree * root)
{ char ch;
  if((ch = getchar()) == '')
   * root = NULL; //建立空二叉树
  else
  {   * root = (BNode * )malloc(sizeof(BNode));
    ( * root) -> data = ch;
    CreateBinTree(&(( * root) -> lchild));
    CreateBinTree(&(( * root) -> rchild)); }
  }
void PreOrderStackTraverse(BinTree root)
{
  int k = 0;
  BNode * stack[50];
  BNode * p = root;
  while(p||k >= 0)
  { if(p)
    {   stack[k ++ ] = p;
        printf(" %c",p -> data);
        p = p -> lchild ;
    }
    else if( -- k >=  0)
        p = stack[k] -> rchild ;
  }
}
void main()
{   BinTree root;
    CreateBinTree(&root);
    PreOrderStackTraverse(root);
}
```

非递归创建二叉树

扫描二维码，可获得“非递归创建二叉树”电子版代码。

5. 树与二叉树间的转换

由于二叉树的众多优点，所以将树转换为所对应的二叉树会便于应用。其转换方法为：凡是兄弟就用线连接起来，对每个非终端(即非叶子)结点，除其最左孩子结点外，删去该结点与其他孩子结点的连线，再以根结点为轴心，顺时针旋转 45°。图 3-51 所示为树转换为二叉树的例子。

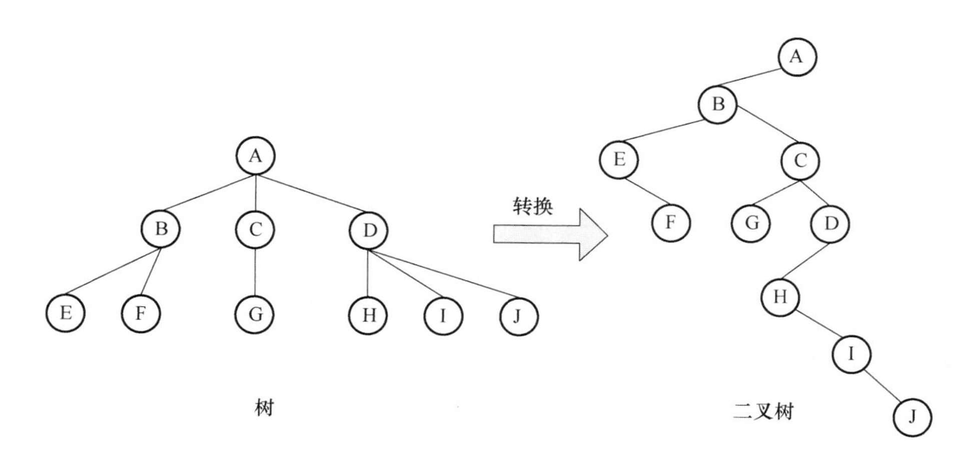

图 3-51 树转换为二叉树

3.3.3 图

1. 图的基本概念

图是一种比树更复杂的非线性数据结构。在图中,结点之间的联系是任意的,任何一个结点都可能和其他结点相联结。图的应用范围非常广泛,诸如电网络分析、交通、管道线路、集成电路布线图、工程进度安排等实际问题的处理都可以归纳为图的问题。

常用 $G=(V,E)$代表一个图,V 代表 Vertex,是结点的有穷集合(非空),E 代表 Edge,是边的有穷集合(E 可为空集)。通常也将图 G 的顶点集和边集分别记为 $V(G)$和 $E(G)$。按习惯说法,图是一种对结点的前驱和后继个数不加限制的数据结构,图又分为无向图和有向图。

若图 G 中的每条边都是没有方向的,则这种图称为无向图。图中的边均是顶点的无序对,用圆括号表示。如(V_i,V_j)和(V_j,V_i)相同。图 3-52 所示为一个具有 5 个顶点的无向图 $G_1=(V,E)$,其中顶点集和边集的构成分别如下:

$V(G_1)=\{1,2,3,4,5\}$

$E(G_1)=\{(1,2),(1,3),(2,3),(3,4),(4,5)\}$

在有 n 个顶点的无向图中,边的最大数目是 $n(n-1)/2$。

若图 G 中的每条边都是有方向的,则这种图称为有向图。有向图中的边是由顶点组成的有序对,用尖括号表示。如$<V_i,V_j>$和$<V_j,V_i>$不相同。图 3-53 所示为一个具有 6 个顶点的有向图 $G_2=(V,E)$,其中顶点集和边集的构成分别如下:

$V(G_2)=\{1,2,3,4,5,6\}$

$E(G_2)=\{<1,2>,<2,1>,<2,3>,<2,4>,<3,5>,<5,6>,<6,3>\}$

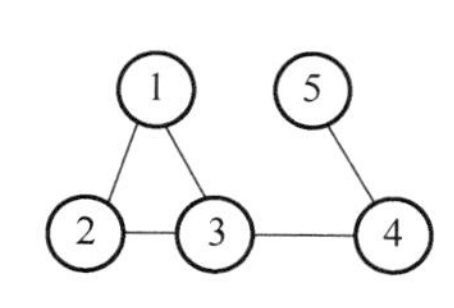

图 3-52 无向图 G_1

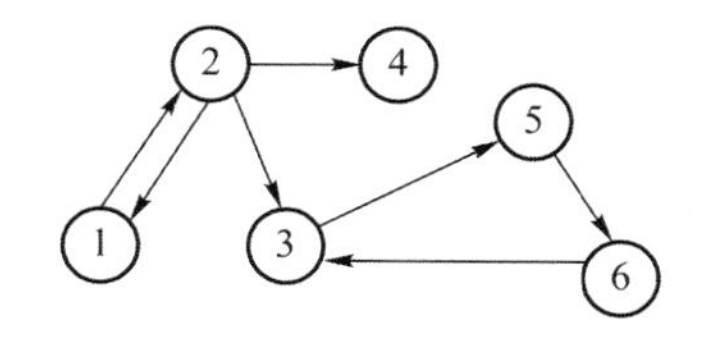

图 3-53 有向图 G_2

n 个顶点的有向图边的最大数目为 n^2,其中的边包括自环。

邻结点指明结点之间是否存在边。对于无向图,如果边 $(V_i, V_j) \in E$,则 V_i, V_j 互为邻结点;对于有向图,如果边 $<V_i, V_j> \in E$,则 V_j 邻结自 V_i,V_i 邻结到 V_j。

结点的度指与结点相连的边的个数。对于无向图,指与该结点相关联的边的数目。对于有向图,则把以结点 V_i 为终点的边的数目称结点 V_i 的入度;把以结点 V_i 为始点的边的数目称为结点 V_i 的出度。出度为 0 的结点称为终端结点。

如果图 $G(V,E)$ 中的每条边都赋有反映这条边的某种特性的数据,则称此图是一个网络,其中与边相关的数据称为该边的权。

2. 图的存储结构

(1) 邻接矩阵表示法

从图的定义可知,图由顶点和边两个集合构成。在存储时,用一维数组存储顶点信息,用二维数组存储边的信息,此二维数组叫邻接矩阵。若 G 是一个具有 n 个结点的图,则 G 的邻接矩阵是一个 $n \times n$ 阶的方阵 $\mathbf{A}$,其中的元素定义为

$$a_{ij} = \begin{cases} 1 & \text{对无向图,}(V_i,V_j)\text{或}(V_j,V_i)\text{存在;对有向图,}<V_i,V_j>\text{存在} \\ 0 & \text{反之} \end{cases}$$

则由此可以给出图 3-54 中 G_3 和 G_4 对应的邻接矩阵,分别如图 3-55 中的(a)和(b)所示。

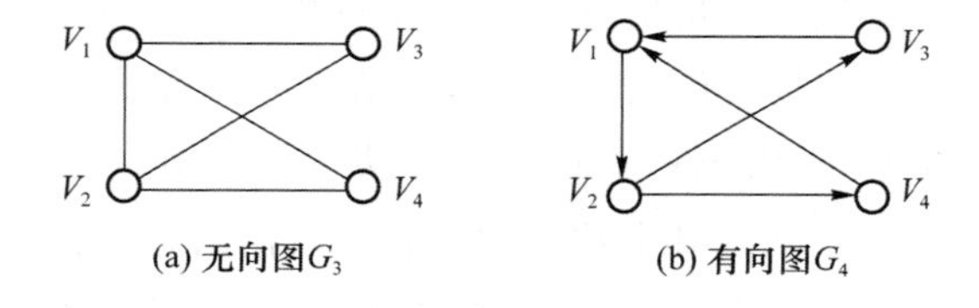

图 3-54　无向图 G_3 和有向图 G_4

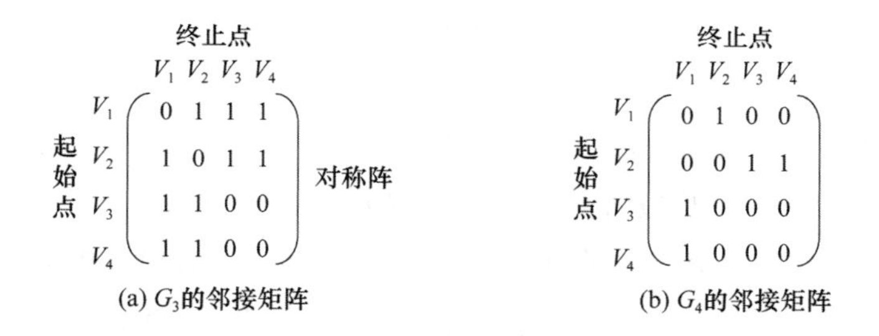

图 3-55　G_3 和 G_4 的邻接矩阵

其中,无向图对应的邻接矩阵是一个对称矩阵;而有向图由于边的不对称性,其对应的邻接矩阵未必一定是对称矩阵。

(2) 邻接表表示法

邻接表是图的一种链式存储结构。在邻接表中,对图中每个顶点建立一个单链表,第 i 个单链表中的结点表示依附于顶点 V_i 的边(对有向图是以顶点 V_i 为尾的弧)。则图 3-54 中的 G_3 和 G_4 的每个顶点可建立一个单链表,对应的邻接表如图 3-56 中的(a)和(b)所示。

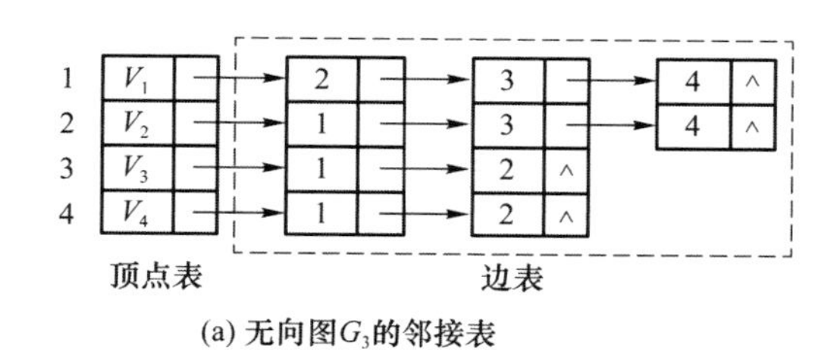

(a) 无向图G_3的邻接表

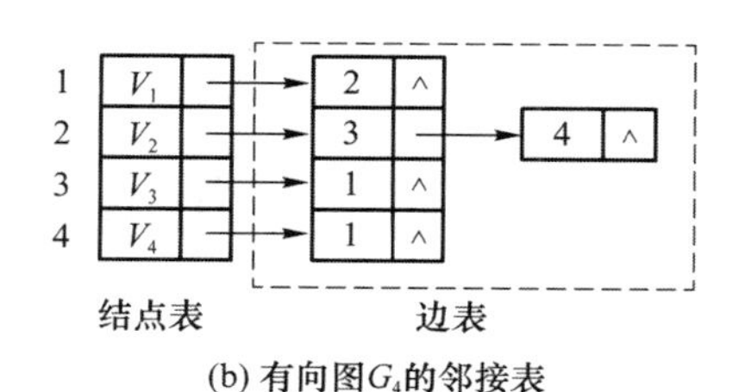

(b) 有向图G_4的邻接表

图 3-56　G_3 和 G_4 的邻接表

3. 图的遍历

图的遍历是指从图中某一顶点出发访问图中其余顶点，使每个顶点都被访问且仅被访问一次的过程。遍历图的方法一般有两种：深度优先遍历和广度优先遍历。

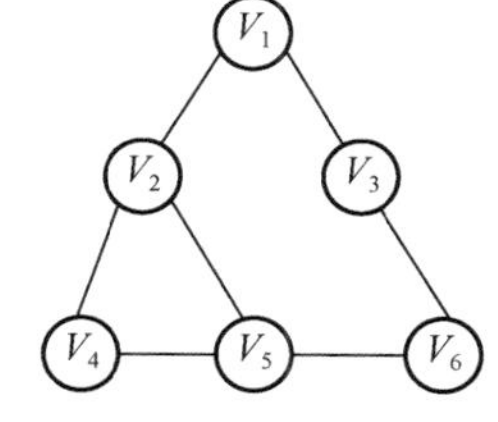

图 3-57　遍历操作示例图

深度优先遍历类似于树的先序遍历，其基本思想为：从图中某个 V_i 出发，访问此结点并标记为已访问过。然后依次搜索 V_i 的每一个邻结点 V_j，若 V_j 未访问过，则以 V_j 为新的出发点继续进行深度优先搜索。完成后再另选图中一个未被访问的结点作为始点，重复上述过程，直至图中所有结点都被访问为止。图 3-57 的深度优先遍历的一种结果为：V_1，V_2，V_4，V_5，V_6，V_3。

广度优先遍历，类似于树的按层次遍历。其基本思想为：从图中某个 V_i 出发，接着依次访问 V_i 的所有邻结点 W_1，W_2，W_3，…，W_t，然后再依次访问与 W_1，W_2，W_3，…，W_t 邻接的所有未曾访问过的顶点，直至图中所有和初始出发点 V_i 有路径相通的顶点都已访问为止。图 3-57的广度优先遍历的一种结果为：V_1，V_2，V_3，V_4，V_5，V_6。

获取阅读材料《散列及散列函数》请扫描二维码。

散列及散列函数

习 题 三

1. 线性表分别可以采用顺序和链式进行存储，这两种存储方式各自的优点、缺点分别是什么？

2. 给定进栈序列为 1、2、3、4，假定在进栈的过程中可以出栈，则可能的出栈序列有几个？分别是什么？不可能的出栈序列有几个？分别是什么？

3. 请解释“假溢出”现象并阐明解决方法。

4. 请参照单链表的建立过程，编写循环双向链表的建立、插入、删除和查找代码过程。

5. 具有 4 个节点的二叉树的基本形态有多少种？请画出其对应的形态。

6. 已知二叉树的后序遍历为 fedbgca，中序遍历为 dfebagc，请画出其对应的二叉树，该二叉树对应先序遍历的结果是什么？

7. 请选择一种熟悉的语言，根据图的深度遍历搜索思想编写相应的程序代码。

第4章　内　排　序

4.1　基本概念

4.1.1　排序

排序就是将一组数据元素按照某个关键字的值进行递增或递减排列的过程。设含有 n 个记录的序列$\{R_1,R_2,\cdots,R_n\}$，其相应的关键字为$\{K_1,K_2,\cdots,K_n\}$，需确定 $1,2,\cdots,n$ 的一种排列 $P(1),P(2),\cdots,P(n)$，使其相应的关键字满足以下的非递减（或非递增）关系：$K_{P(1)}\leqslant K_{P(2)}\leqslant K_{P(3)}\leqslant\cdots\leqslant K_{P(n)}$，使上述记录的序列成为一个按其关键字线性有序的序列$\{R_{P(1)},R_{P(2)},\cdots,R_{P(n)}\}$，这样一种运算称为排序。

在排序过程中，数据都在内存中进行的排序称为内排序。序列很大以至于内存不足以存放全部记录，在排序过程中需要对外存进行存取访问的排序称为外排序。

4.1.2　稳定性

如果在排序期间具有相同关键字的记录的相对位置不变，则称此方法是稳定的。即不妨按 $K_{(i)}\leqslant K_{(i+1)}(1\leqslant i\leqslant n-1)$排序，若在输入序列中 $i<j$ 且 $K_i=K_j$（即 R_i 先于 R_j），则在经过排序后的文件中仍 R_i 先于 R_j。反之，为不稳定。如给定一组关键字{43,023,32,12,34,23}，其中关键字 23 有两个。为了区分将其中一个前面加数字 0，其相对位置是 023 在前，23 在后。若按某种方法进行递增排序得到{12,023,23,32,34,43}，则该方法没有改变两者的相对位置，因此为稳定的。否则，若采用某方法得到的排序结果为{12,23,023,32,34,43}，则该方法是不稳定的。

为叙述方便，定义如下数据元素的基本存储结构存放待排序数据，可根据实际情况修改。

```
#define MaxNum      //待排序记录个数的最大值
typedef struct
{
    int key;        //不妨设关键字类型为整型,实际使用中可为其他类型
    Other info;     //其他数据项
} records,List[MaxNum + 1];
```

4.2　常用排序

4.2.1　计数排序

该算法的基本思想为：对每个记录计算序列中有多少个其他记录的关键字大于该记录的

关键字值,从而找到该记录的正确排序位置。

例如,在学生某门课程成绩排序过程中,除了将学生的成绩作为关键字外,还需要设置一个 count 域,用于记录学生的正确名次。为此,设置具有 3 个域的学生记录结构如图 4-1 所示。

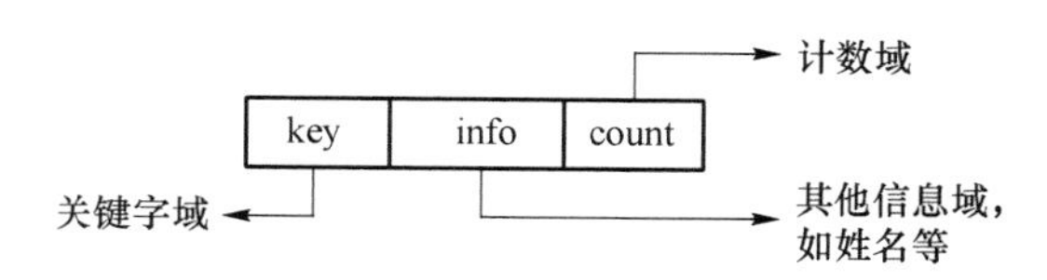

图 4-1 计数排序使用的记录结构

算法的编程语言描述如下:

```
void countSort(List r, int n)
{
      for(i = 1;i< = n;i++)
          r[i].count = 1;              //对所有元素的 count 域置 1
      for(i = 1;i<n;i++)
          for(j = i+1;j< = n;j++)
          if ( r[i].key < r[j].key )      //谁小谁加 1,实现从大到小的排序
                r[i].count =  r[i].count + 1;
            else
                r[j].count = r[j].count + 1;
}
```

【例 4-1】 将关键字序列{46,55,13,42,44,17,05,70}按从大到小排序。

根据上述算法,表 4-1 给出了具体的执行过程。

表 4-1 计数排序的执行过程

关键字	46	55	13	42	44	17	05	70
初始化	1	1	1	1	1	1	1	1
$i=1$	3	1	2	2	2	2	2	1
$i=2$	3	2	3	3	3	3	3	1
$i=3$	3	2	7	3	3	3	4	1
$i=4$	3	2	7	5	3	4	5	1
$i=5$	3	2	7	5	4	5	6	1
$i=6$	3	2	7	5	4	6	7	1
$i=7$	3	2	7	5	4	6	8	1

从以上的执行过程中可以看出,若序列有 n 个记录,对外循环:当 $i=1$ 时,内循环要做 $n-1$次比较;当 $i=2$ 时,内循环要做 $n-2$ 次比较;…;当 $i=n-1$ 时,内循环要做 1 次比较。总的比较次数为$(n-1)+(n-2)+\cdots+1=n(n-1)/2$。

所以,算法的时间复杂度为 $O(n^2)$,由于不需要记录移动和额外空间,且算法简单,当 n 较小时,可采用本算法。

在上述算法中,只是给 count 域确定了其正确的排序位置,但并没有给出正确的排序结果，因此仍需要执行下面的语句：

```
for(i = 1;i < n;i ++ )
{
    j = i;
    while (r[j].count!= i)        //查找符合名次的记录
        j ++ ;
    if(i!= j)
        exchange(r[i],r[j]);      //交换记录
}
```

4.2.2 直接插入排序

直接插入排序法是将待排序记录看成有序序列和无序序列两部分，初始状态为 n 个记录 $R_1, R_2, \cdots, R_n$。第 1 个记录 R_1 可视为初始的有序序列，然后将第 2 个记录 R_2 插入相对 R_1 的正确位置，使得前两个记录成为有序序列。如此重复将第 3 个记录插入前两个记录的正确位置，直到最后一个。其基本过程是不断扩大有序序列，同时减少无序序列，直到所有的记录都成为有序序列。

不妨将 n 个记录 R[1:n]划分为：有序序列 R[1:i−1]、R[i]，无序序列 R[i+1:n]。直接插入排序就是将 R[i]($i>1$)插入有序序列 R[1:i−1]中的正确位置，使之变为一个更长的有序序列 R[1:i]。将一个记录 R[i]放到当前正确的位置称为一趟，完成所有记录的有序排列，则需要 $n-1$ 趟。完成上述直接插入排序，通常需要分 3 步完成。

① 在 R[1:i−1]中查找 R[i]的插入位置 $j+1$。

利用顺序查找的方法实现该步骤。从 R[i−1]起向前进行顺序查找，监视哨设置在R[0]。

```
R[0] = R[i];          //设置"哨兵"
j = i - 1;
while(R[0].key < R[j].key)
    j = j - 1;        //从后往前找
Return(j + 1);        //返回 R[i]的插入位置为 j + 1
```

② 将 R[j+1:i−1]中的记录后移一个位置。

对于在查找过程中找到的那些关键字大于 R[i]. key 的记录(假设按递增排序)，在完成上述顺序查找的同时实现记录向后移动；

```
while(R[0].key < R[j].key)
    { R[j + 1] = R[j];      //向后移动
      j = j - 1;}
```

③ 将 R[i]复制到 R[j+1]的位置上。

上述过程利用编程语言描述如下：

```
void inSort(List r, int n)
{//不妨设 n 个记录:r[i],i = 1,2,…,n
        for (i = 2; i <= n; i ++ )
          {  r[0] = r[i];                  //r[0]作为标志位
             j = i - 1;
             while (r[0].key < r[j].key) //j 从 i - 1 至 0,r[j].key 与 r[i].key 进行比较
                {   r[j + 1] = r[j];        //向后移动
```

```
                j--;
            }
        r[j+1]=r[0];              //将 r[0]复制到正确位置
        }
    }
```

【例 4-2】 利用直接插入排序将关键字序列{46,55,13,42,44}进行递增排序。

表 4-2 说明了利用直接插入排序的排序过程。其中,初始状态是指每趟排序开始前的变量 i 和 j 的初始值,记录的值、比较和移动次数是指该趟结束后的值。

表 4-2　直接插入排序的执行过程

趟数	初始状态		r[0]	r[1]	r[2]	r[3]	r[4]	r[5]	比较次数	移动次数
第 1 趟	$i=2$	$j=1$	55	46	55	13	42	44	1	2
第 2 趟	$i=3$	$j=2$	13	13	46	55	42	44	3	4
第 3 趟	$i=4$	$j=3$	42	13	42	46	55	44	3	4
第 4 趟	$i=5$	$j=4$	44	13	42	44	46	55	3	4

在上述排序过程中,基本操作有两个:"比较"序列中两个关键字的大小和"移动"记录。

在最好的情况(即关键字在记录序列中顺序有序)下:"比较"的次数为 $\sum_{i=2}^{n} 1 = n-1$,"移动"的次数为 $2(n-1)$。

在最坏的情况(即关键字在记录序列中逆序有序)下:"比较"的次数为 $\sum_{i=2}^{n} i = \frac{(n+2)(n-1)}{2}$,"移动"的次数为 $\sum_{i=2}^{n}(i+1) = \frac{(n+4)(n-1)}{2}$。

因此,直接插入排序的时间复杂度为 $O(n^2)$,排序方法是稳定的。

4.2.3　冒泡排序

冒泡排序法即每趟将相邻的两个记录的关键字进行两两比较,小者上浮,大者下沉。其基本思想为:比较 k_1 和 k_2,如果这些关键字的值不符合排序顺序,就交换 k_1 和 k_2;再对 k_2 和 k_3,k_3 和 k_4 等进行相同的工作。直到 k_{n-1} 和 k_n 为止,到此在 k_n 的位置上得到一个最大(或最小)关键字值(此过程叫作一趟)。重复这个过程,就得到在位置 k_{n-1},k_{n-2} 等处的适当记录,使得所有记录最终被排好序。

【例 4-3】 将 5 个记录的关键字 7,4,8,3,9 进行冒泡排序,实现递增排列。

冒泡排序的过程如图 4-2 所示。在第①趟,7 和 4、8 和 3 进行交换,得到最大的关键字 9。在第②趟中,仅 7 和 3 进行交换,得到第 2 个关键字 8。在第③趟中,仅 4 和 3 进行交换,得到第 3 个关键字 7。在第④趟中,无须进行交换,整个排序过程结束。

若在某趟排序过程中,没有需要交换的记录,则说明已经符合排序顺序,排序过程可以结束。这里可设置一个标志变量 all 来控制循环,算法的编程语言描述代码如下:

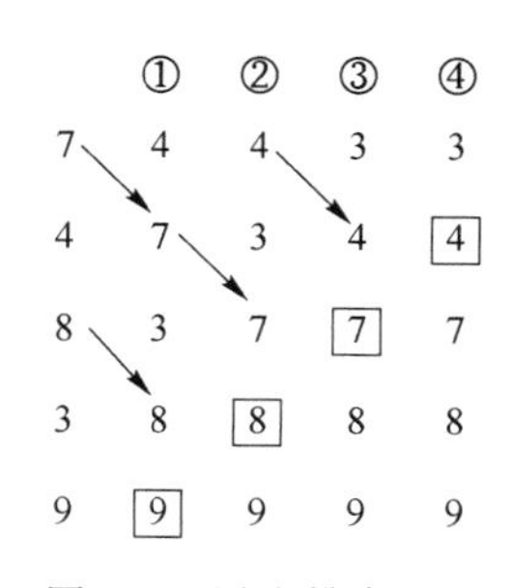

图 4-2　冒泡排序过程

```
void bubbleSort(List r,int n)
{  for (m = 1;m< = n;m + + )
        scanf(" % d",&r[m]);              //输入数据
   k = n;
   do
     {  all = "T";                         //all = T,标志没有交换的;all = F,标志有交换的
        for (m = 1;m< = k - 1;m + + )
          {  i = m + 1;
             if (r[m]> r[i])               //若符合排序要求,则进行交换
                {  max = r[m]; r[m] = r[i];  r[i] = max; all = "F";}
          }
        k - - ;
     }while( ! ( (all = = "T")||(k = = 1) ))
}
```

上述冒泡排序算法的结束条件为:最后一趟或没有进行"交换"。

在上述排序过程中,基本操作有两个:"比较"相邻两个关键字的大小和"移动"记录。

在最好的情况(即关键字在记录序列中顺序有序)下,只需进行一趟排序:关键字"比较"的次数为 $n-1$,"移动"的次数为 0。

在最坏的情况(即关键字在记录序列中逆序有序)下,需要进行 $n-1$ 趟排序:关键字"比较"的总次数为 $\sum_{i=n}^{2}(i-1)=\frac{n(n-1)}{2}$,关键字"移动"的总次数为 $3\sum_{i=n}^{2}(i-1)=\frac{3n(n-1)}{2}$。

因此,冒泡排序的时间复杂度为 $O(n^2)$,排序方法是稳定的。

4.2.4 希尔排序

希尔排序由 Donald L. Shell 于 1959 年提出,通常又称渐减增量排序。其基本思想为:对待排序记录序列先做"宏观"调整,再做"微观"调整。所谓"宏观"调整,指的是"跳跃式"地进行排序(这里选择直接插入排序)。将记录序列分成若干个子序列,每个子序列分别进行插入排序,待整个序列中的记录"基本有序"时,再对全体记录进行一次直接插入排序。

不妨将具有 n 个元素的记录 R[1:n]分成 d 个子序列,则这 d 个子序列分别为

{ R[1],R[1 + d],R[1 + 2d],…,R[1 + kd] }

{ R[2],R[2 + d],R[2 + 2d],…,R[2 + kd] }

…

{ R[d],R[2d],R[3d],…,R[kd],R[(k + 1)d] }

其中,d 称增量,它的值在排序过程中从大到小逐渐缩小,直至最后一趟排序减为 1,图 4-3所示为 d 由 5 渐变为 3、1 的过程。

由于在对子序列排序过程中,使用的是直接插入排序的思想,因此需要对直接插入算法做相应修改:前后记录位置的增量是 d 而不是 1;r[0]只是暂存单元,当 $j\leqslant 0$ 时,插入位置已找到。参考代码如下:

```
void  ShellInsert (List r,int d)
   {  for(i = d + 1;i< = n;i + + )
        if ( r[i] < r[i - d])              //需将 r[i]插入有序增量子表
```

```
        {  r[0] = r[i];                //暂存在 r[0]
           j = i - d ;
           while ((j > 0) and (r[0] < r[j]))
                { r[j + d] = r[j];     //记录后移,查找插入位置
                   j = j - d; }
           r[j + d] = r[0];            //插入
        } //endif
    }  //endfor
```

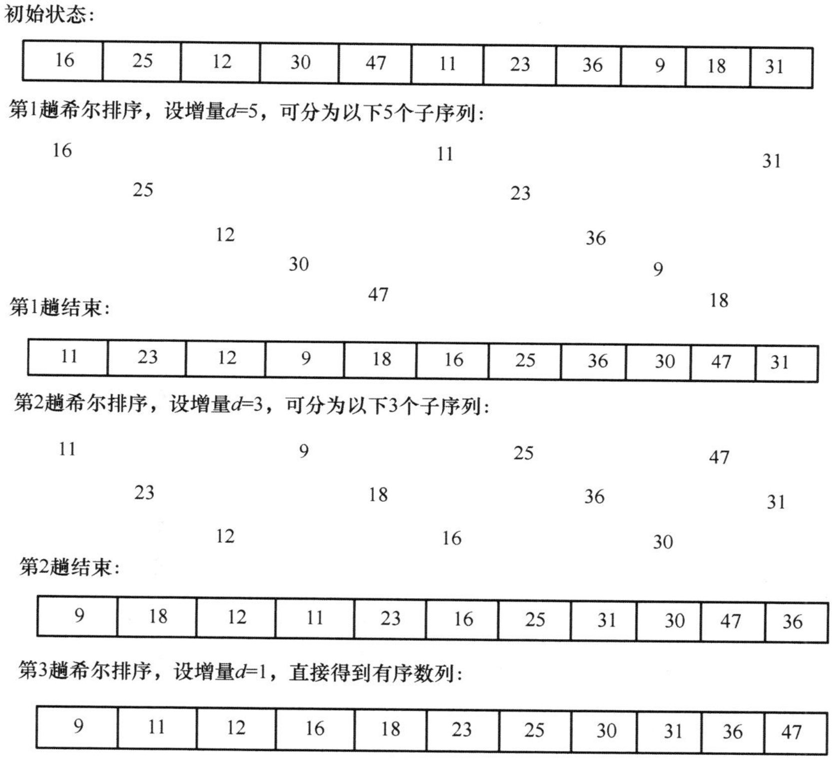

初始状态:

16	25	12	30	47	11	23	36	9	18	31

第1趟希尔排序，设增量d=5，可分为以下5个子序列:

16 11 31

25 23

12 36

30 9

47 18

第1趟结束:

11	23	12	9	18	16	25	36	30	47	31

第2趟希尔排序，设增量d=3，可分为以下3个子序列:

11 9 25 47

23 18 36 31

12 16 30

第2趟结束:

9	18	12	11	23	16	25	31	30	47	36

第3趟希尔排序，设增量d=1，直接得到有序数列:

9	11	12	16	18	23	25	30	31	36	47

图 4-3 希尔排序过程示例

由于一趟排序只是完成了一部分子序列的工作,需要进行多趟排序,因此需要利用循环实现。另外,增量 d 的存放利用 dlta[0:t—1]数组,其中存放增量如 5、3、1 或 4、2、1 等。结合上述 ShellInsert 算法,可给出希尔排序算法的参考代码:

```
void ShellSort (List r, int dlta, int t);
{
      //按增量序列 dlta[0:t - 1]对顺序表 r 做希尔排序
      for(k = 0;k <= t;k ++ )
       ShellInsert(r, dlta[k]);
}
```

需要说明的是,增量序列的选择可以有各种取法,但目前为止尚未有人求得一种最好的增量序列。

希尔排序算法的时间复杂度分析复杂,因为它的时间是所取增量序列的函数。这里采用

的是直接插入排序对子序列进行排序,其时间复杂度和直接插入排序类似。

一个完整实现希尔排序的C语言代码如下:

```
#include<stdio.h>
void shellsort(int r[],int n)
{int i,j,d,x;
 d=n/2;
 while(d>0)
 { for(i=d+1;i<n;i++)
    {j=i-d;
    while(j>0)
        if(r[j]>r[j+d])
        {
            x=r[j];r[j]=r[j+d];r[j+d]=x;
            j=j-d;
        }
        else
            j=0;
    }
 d=d/2;
 }
}
```

希尔排序

扫描二维码,可获得“希尔排序”的电子版代码。

4.2.5 选择排序

选择排序的基本思想是:首先在 n 个记录中选择一个具有最小或最大关键字的记录,将选出的记录与记录集合中的第1个记录交换位置。然后在 r[2]至 r[n]中选择一个最小或最大的值与 r[2]交换位置,…,依此类推,直至 r[n－1]和 r[n]比较完毕。

其算法描述的参考代码如下:

```
void slSort(List r,int n)
//每次从 r[j](j=i+1,…n)中选了最小值,与 r[i](i=1,2,…,n-1)交换
{   for (i=1;i<=n-1;i++)      //共进行 n-1 趟排序
      {  m=i;
      for (j=i+1;j<=n;j++)
          if (r[j].key<r[m].key)
              m=j;             //m 指示关键字最小的记录的序号
      if (m!=i)                //x 为暂存单元,完成交换
          { x=r[i];  r[i]=r[m];  r[m]=x; }
      }
}
```

【例 4-4】 利用选择排序算法对给定关键字序列{055,55,60,13,05,94,17,70}排序。其中055和55是相同关键字,通过前面加数字0区分其相对位置。

表 4-3 给出了选择排序算法的执行过程。其中，变量 i 和 m 的值是指在该趟排序时，待交换的关键字序号和选择到的最小关键字的序号。如在第 1 趟中，$i=1$，$m=5$ 表示需要将 r[1]=055 和 r[5]=05 进行交换。

表 4-3　选择排序的执行过程

趟数	变量值	r[1] 055	r[2] 55	r[3] 60	r[4] 13	r[5] 05	r[6] 94	r[7] 17	r[8] 70
第 1 趟	$i=1,m=5$	05	55	60	13	055	94	17	70
第 2 趟	$i=2,m=4$	05	13	60	55	055	94	17	70
第 3 趟	$i=3,m=7$	05	13	17	55	055	94	60	70
第 4 趟	$i=4,m=4$	05	13	17	55	055	94	60	70
第 5 趟	$i=5,m=5$	05	13	17	55	055	94	60	70
第 6 趟	$i=6,m=7$	05	13	17	55	055	60	94	70
第 7 趟	$i=7,m=8$	05	13	17	55	055	60	70	94

经过上述排序，055 排到了 55 的后面，和初始状态相比相对位置发生了改变，因此该方法是不稳定的。

选择排序的过程中涉及的基本操作有两个："比较"和"移动"。当选择第 1 个最小值时需进行 $n-1$ 次比较，选第 2 个最小值时需进行 $n-2$ 次比较，…，选第 $n-1$ 个最小值时需进行 $n-(n-1)$ 次比较，所以总的比较次数为 $(n-1)+(n-2)+\cdots+2+1=n(n-1)/2$。故排序 n 个记录时，"比较"操作的时间复杂度为 $O(n^2)$。由于执行一次交换，需移动 3 次记录，最多交换 $n-1$ 次，故最多移动次数为 $3(n-1)$，即"移动"操作的时间复杂度为 $O(n)$。

4.2.6　堆排序

堆是由 n 个记录组成的线性序列 $\{R_1,R_2,\cdots,R_n\}$，其关键字序列 $\{k_1,k_2,\cdots,k_n\}$ 满足指定特性时，称为堆；若满足 $k_i \leqslant k_{2i}$ 且 $k_i \leqslant k_{2i+1}$，则称为小根堆；若满足 $k_i \geqslant k_{2i}$ 且 $k_i \geqslant k_{2i+1}$，则称为大根堆。

若将序列看成一棵完全二叉树的顺序存储表示，则堆是空树或是满足下列特性的完全二叉树：其左、右子树分别是堆，并且当左、右子树不空时，根结点的值小于(或大于)左、右子树根结点的值。

【例 4-5】　以下两个序列为堆，可画出对应的完全二叉树，如图 4-4 所示。

{96,83,27,38,11,09}和{12,36,24,85,47,30,53,91}

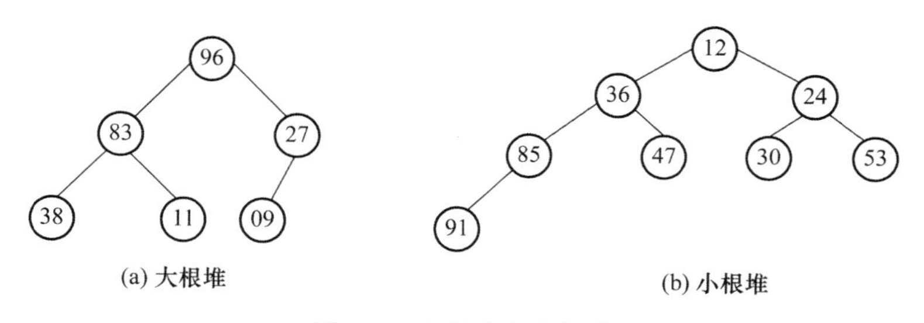

图 4-4　大根堆和小根堆

正是利用堆的这种特性，可以找出一个序列中满足要求的关键字，进而实现对序列的排序。给定一个关键字序列，利用筛选法可建立堆。

筛选法建立小根堆的基本思想如下。

① 假设集合 r 有 m 个结点，从某个结点 i（第 1 次 $i=\lfloor m/2 \rfloor$，即最后一个非终端结点）开始筛选。

② 先看第 i 个结点的左、右子树，设第 i 个结点的左子树为 k_j，右子树为 k_{j+1}。若 $k_j<k_{j+1}$ 则沿左分支筛选，否则沿右分支筛选。将 k_i 与 k_j 进行比较，若 $k_i>k_j$ 则对调，小的上来大的下去。

③ 将 k_j 作为新的根结点，再对新的根结点的左、右子树进行判断。重复上述过程，直到新的根结点为叶子结点为止。

完成上述步骤后，再对结点 $i-1,i-2,\cdots,1$ 多次使用上述筛选法即可建立一个小根堆。

不妨假设一个关键字序列：{46,55,13,42,94,17,05,70}，在建立一个小根堆时，需要首先将该序列表示为一棵完全二叉树，如图 4-5(a)所示。

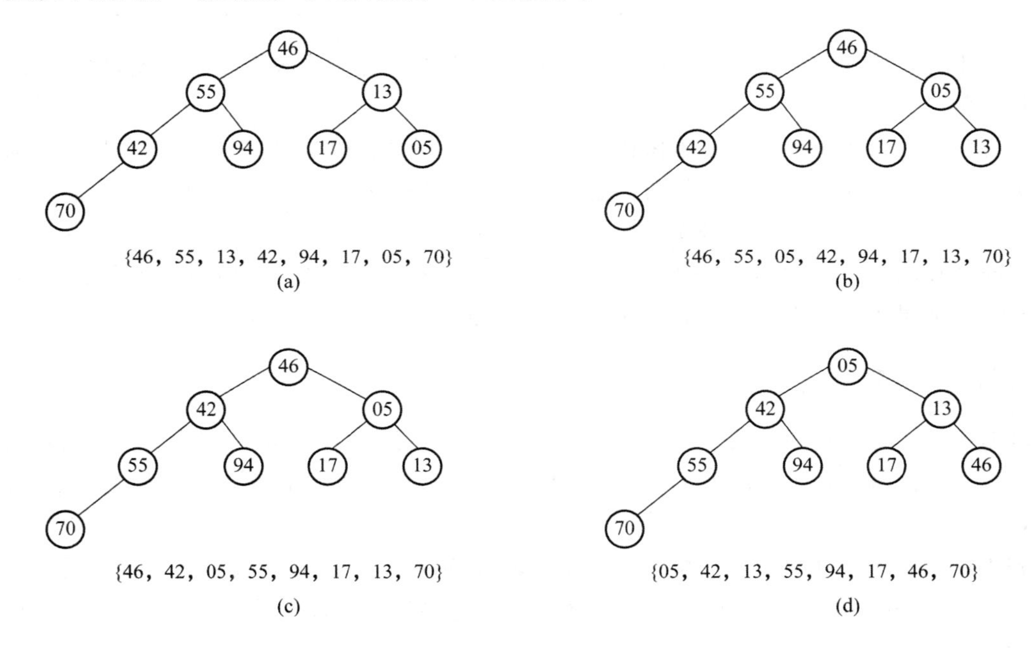

图 4-5　筛选法建立堆的过程

第 1 次调用筛选法：因为 $m=8$，取 $i=\lfloor m/2 \rfloor=4$。从 $i=4$ 开始，看 k_4 的左、右子树，仅有左子树，因此 42 与 70 比较，42<70，所以保持不变。因为 $j=i\times 2=8$，以 $k_j=70$ 为新的根结点，即令 $i=j$，再向下看，此时的 i(即 $k_i=k_8=70$)无左、右子树，所以返回，如图 4-5(a)所示。

第 2 次调用筛选法：取 $i=3$，$k_3=13$，13 的左、右子树为 17 和 05。因 17>05，故沿右子树比较，13>05，进行对调，此时 13 无左、右子树，所以返回，如图 4-5(b)所示。

第 3 次调用筛选法：取 $i=2$，$k_2=55$，因为 42<94，所以沿左子树筛选。42<55，进行对调，此时 55 还有左子树 70，因 55<70，所以不变。再向下 70 无左、右子树，所以返回，此时二叉树如图 4-5(c)所示。

第 4 次调用筛选法：取 $i=1$，$k_1=46$，因为 05<42，所以沿右子树筛选。05<46，进行对

调，此时 46 还有左、右子树 17、13，因 13<17，所以再沿右子树筛选，13<46，所以对调，46 无左、右子树，所以返回，此时二叉树如图 4-5(d)所示。

上述算法的参考代码如下：

```
void sift(List r,int k, int m)
//对 m 个结点构成的集合 r,从 i=k 开始应用筛选法
{   i=k; j=2*i; x=r[i];
    while(j<= m)
    {
      if(j<m && r[j].key>r[j+1].key)      //若左子树>右子树,沿右筛
        j++;
      if (x.key>r[j].key)
        {
            r[i]=r[j];                    //将左右子树中较小的和 r[i]进行交换
            i=j;  j=2*i;                  //并修改 i 和 j 的值,准备下一层比较
        }
      else j=m+1;                         //强制跳出 while 循环
    }
    r[i]=x;                               //将 x 放到正确的位置
}
```

经过上述 4 次调用筛选法，得到了一个小根堆，其根结点是序列中的最小值。至此，排序工作并未完成。需要将根结点输出后，把最后一个元素放到根的位置，然后再从 $i=1$ 开始调用筛选法，再重建堆，再将堆顶输出，将最后一个元素放到根的位置，再重建堆，如此反复，直到将序列排成符合要求的序列。

堆排序的算法描述如下：

```
void heapSort(List r, int n)          //对 n 个结点的集合 r 进行堆排序
{
    for (i=n/2;i>=1;i--)
        sift(r,i,n)                   //使用筛选法建立初始堆
    for(k=n;k>=2;k--)                 //利用循环输出堆顶点
        {
            t=r[k]; r[k]=r[1]; r[1]=t;
            printf("%d",r[k]);        //输出堆顶点
            sfit(r, 1, k-1)           //从 i=1 对剩余的 n-1 个元素重建堆
        }
    printf("%d",r[1]);                //输出最后一个元素即最大值
}
```

以图 4-5(d)所建的初始堆为例，说明上述完成堆排序的过程，如图 4-6 和图 4-7 所示。

堆排序的主要运行时间花费在建立初始堆和重建堆时的反复筛选上，其时间复杂度为 $O(n\log_2 n)$。感兴趣的读者可参考相关书籍进行分析，此处不再详述。

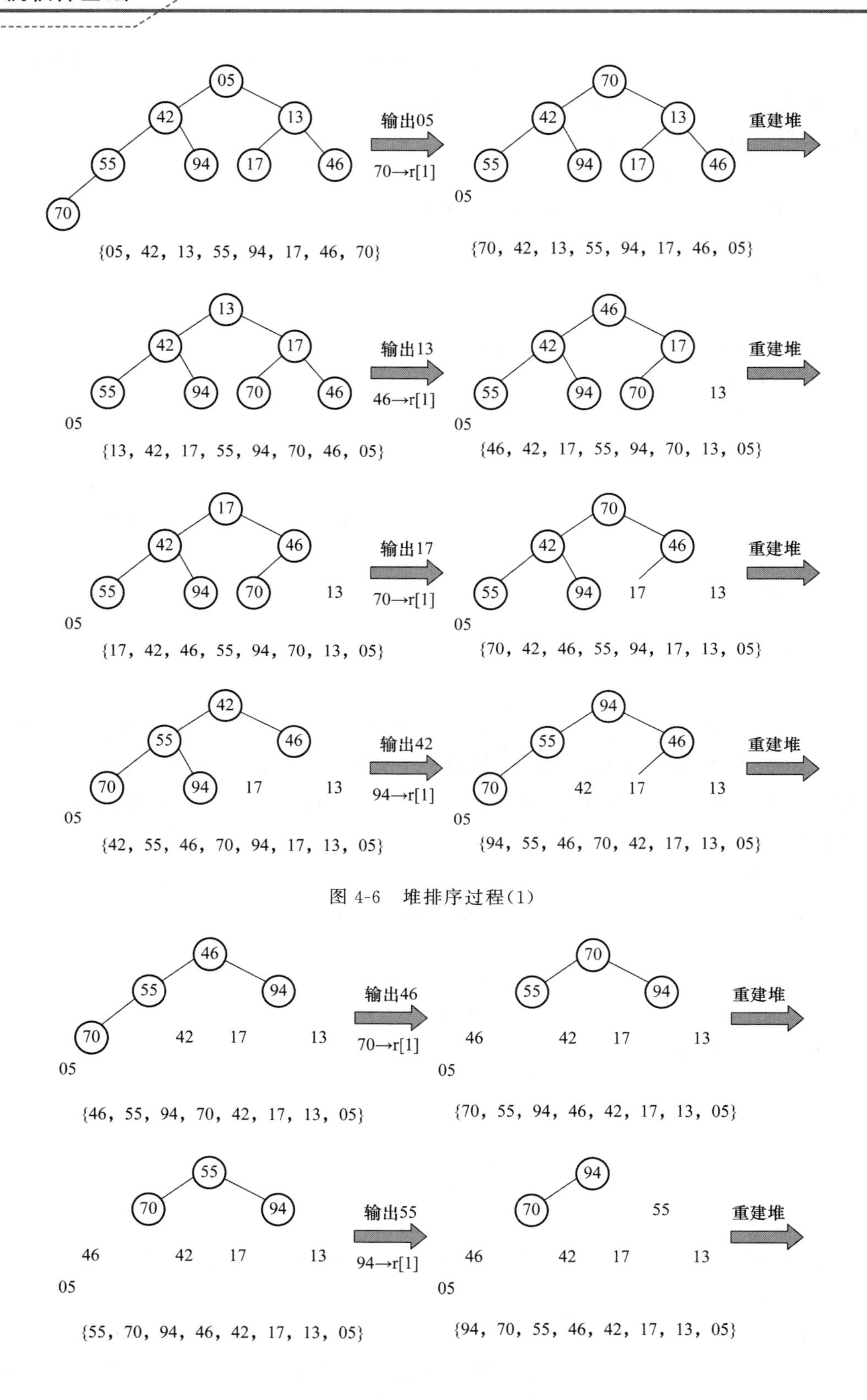
输出05
70→r[1]
重建堆
{05, 42, 13, 55, 94, 17, 46, 70}
{70, 42, 13, 55, 94, 17, 46, 05}
输出13
46→r[1]
重建堆
{13, 42, 17, 55, 94, 70, 46, 05}
{46, 42, 17, 55, 94, 70, 13, 05}
输出17
70→r[1]
重建堆
{17, 42, 46, 55, 94, 70, 13, 05}
{70, 42, 46, 55, 94, 17, 13, 05}
输出42
94→r[1]
重建堆
{42, 55, 46, 70, 94, 17, 13, 05}
{94, 55, 46, 70, 42, 17, 13, 05}
输出46
70→r[1]
重建堆
{46, 55, 94, 70, 42, 17, 13, 05}
{70, 55, 94, 46, 42, 17, 13, 05}
输出55
94→r[1]
重建堆
{55, 70, 94, 46, 42, 17, 13, 05}
{94, 70, 55, 46, 42, 17, 13, 05}

图 4-6　堆排序过程(1)

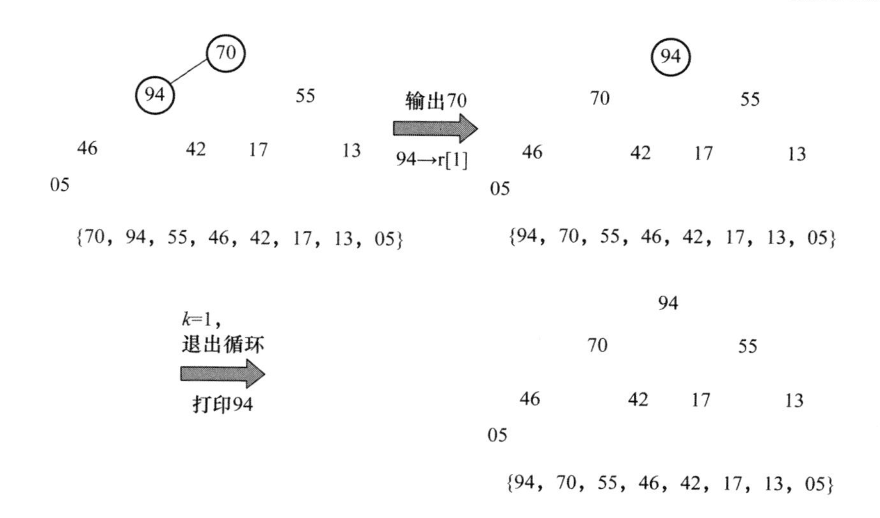

图 4-7 堆排序过程(2)

一个完整实现堆排序的C语言参考代码如下：

```
#include <stdio.h>
#include <stdlib.h>
#define MAXSIZE 20                          //排序表的最大容量
typedef struct                              //定义排序表的结构
{         int elemword[MAXSIZE];            //数据元素关键字
int length;                                 //表中当前元素的个数
}SqList;
void InitialSqList(SqList&);                //初始化排序表
void HeapSort(SqList &);                    //堆排序
void HeapAdjust(SqList &,int,int);          //堆调整
void PrintSqList(SqList);                   //显示表中的所有元素

void main()
{
        SqList L;                           //声明表 L
        char j='y';
        //------------------------ 程序说明 -----------------------------
        printf("本程序将演示堆排序的操作。\n");
        //---------------------------------------------------------------
        while(j!='n'&&j!='N')
        {
                InitialSqList(L); //待排序列初始化
                HeapSort(L);      //堆排序
                PrintSqList(L);   //显示排序结果
                printf("继续进行下一次排序吗？(Y/N)");
                scanf(" %c",&j);
        }
        printf("程序运行结束！\n按任意键关闭窗口！\n");
```

```
    getchar();getchar();

}

void InitialSqList(SqList &L)
{//表初始化
    int i;
    printf("请输入待排序的记录的个数:");
    scanf("%d",&L.length);
    printf("请输入待排序的记录的关键字(整型数):\n");
    for(i=1;i<=L.length;i++)
        scanf("%d",&L.elemword[i]);
}

void HeapSort(SqList &L)
{//对顺序表L做堆排序
    int i,j,t;
    for(i=L.length/2;i>0;--i) //把L.elemword[1..L.length]建成大顶堆
        HeapAdjust(L,i,L.length);
    for(i=L.length;i>1;--i)
    {
        t=L.elemword[1]; //将堆顶记录和当前未经排序子序列L.elemword[1..i]
        L.elemword[1]=L.elemword[i]; //中的最后一个记录相互交换
        L.elemword[i]=t;
        HeapAdjust(L,1,i-1); //将L.r[1..i-1]重新调整为大顶堆
    }
}

void HeapAdjust(SqList &H,int s,int m)
{//已知H.elemword[s..m]中除H.elemword[s]之外均满足堆的定义,本函数
    //调整H.elemword[s]使H.elemword[s..m]成为一个大顶堆
    int j,rc;

    rc=H.elemword[s];
    for(j=2*s;j<=m;j*=2) //沿关键字较大的结点向下筛选
    {
        if(j<m&&H.elemword[j]<H.elemword[j+1])
            ++j; //j为关键字较大的记录的下标
        if(rc>=H.elemword[j])
            break; //rc应插入在位置s上
        H.elemword[s]=H.elemword[j];
        s=j;
    }
    H.elemword[s]=rc; //插入
```

```
}

void PrintSqList(SqList L)
{//显示表中所有元素
        int i;
        printf("已排好序的序列如下:\n");
        for(i = 1;i <= L.length;i ++ )
                printf(" %4d",L.elemword[i]);
        printf("\n");
}
```

堆排序

扫描二维码,可获得"堆排序"电子版代码。

在掌握了各种排序以后,为加深对各个排序的进一步理解,可编写对各个排序的综合比较程序,C 语言参考代码如下:

```
#include <stdio.h>
#include <time.h>
#include <stdlib.h>
#include <malloc.h>
#include <conio.h>
//include <conio.h>
//#include "BubbleSort.h"
//#include "QuickSort.h"
//#include "HeapSort.h"
//********************************** BubbleSort.h 文件

void BubbleSort(int a[],int N)
{
        int i,j,k;
        for (i = 1;i < N - 1;i ++ )
        {
                k = i;
                for (j = i + 1;j < N - 1;j ++ )
                {
                        if (a[k] > a[j])
                        {
                                k = j;
                        }
                }
                int temp = a[k];
                a[k] = a[i];
                a[i] = temp;
        }
}

//************************************* QuickSort.h 文件
int Partion(int a[],int low,int high) //找出分割位置
```

```
{
        int key;
        key = a[low];
        while(low < high)
        {
                while(low < high&&a[high]> = key)
                        high -- ;
                a[low] = a[high];
                while(low < high&&a[low]< = key)
                        low ++ ;
                a[high] = a[low];
        }
        a[low] = key;
        return low;
}

void QuickSort(int a[],int low,int high)
{
        int po;
        if(low < high)
        {
                po = Partion(a,low,high);
                QuickSort(a,low,po - 1); //递归调用
                QuickSort(a,po + 1,high);
        }

        else return ;
}

//*************************************** HeapSort.h 文件
void swap(int &a,int &b)
{
        a = a + b;
        b = a - b;
        a = a - b;
}

void Heapify(int a[],int k,int m)//整理堆
{
        int k1 = 2 * k;
        int k2 = 2 * k + 1;
        if(k2 < = m)
        {
                if((a[k1]> a[k2]&&a[k2]> a[k])||(a[k1]> a[k]&&a[k2]< a[k]))
```

```
                {
                        swap(a[k1],a[k]);
                        Heapify(a,k1,m);
                }
                else    if((a[k1]< a[k2]&&a[k1]> a[k])||(a[k2]> a[k]&&a[k]> a[k1]))
                {
                        swap(a[k2],a[k]);
                        Heapify(a,k2,m);
                }
        }
        else if(k1 <= m)
        {
                if(a[k1]> a[k])
                {
                        swap(a[k1],a[k]);
                        Heapify(a,k1,m);
                }
        }
        else return ;
}

void HeapSort(int a[],int m)
{
        int i;
        for(i = m/2;i >= 1;i-- )
                Heapify(a,i,m);
        for(i = m;i > 1;i-- )
        {
                swap(a[i],a[1]);
                Heapify(a,1,i - 1);
        }
}
int main()
{
        int N;
        int * a;
        time_t start,end;
        double usetime;
        int i,j;
        i = 1;

        while(i <= 3)
        {
                if(i == 1)
```

```
                printf("----------------冒 泡 排 序---------------\n");
            else if(i == 2)
                printf("----------------快 速 排 序----------------\n");
            else if(i == 3)
                printf("----------------- 堆 排 序 ----------------\n");
            printf("输入数组元素 N 的值：");
            scanf("%d",&N);
            if(i == 3)
                a = (int *)malloc((N + 1) * sizeof(int));
            else
                a = (int *)malloc(N * sizeof(int));

            if(!a)
                exit(1);
            srand(time(NULL));
            if(i == 3)
                for(j = 1;j <= N;j ++ )
                    a[j] = rand() % 1000;
            else
                for(j = 0;j < N;j ++ )
                    a[j] = rand() % 1000;
            start = clock();
            if(i == 1)
                BubbleSort(a,N);
            else if(i == 2)
                QuickSort(a,0,N - 1);

            else if(i == 3)
                HeapSort(a,N);
            end = clock();
            usetime = (end - start) * 1.0/CLOCKS_PER_SEC;
            printf("该排序所花的时间为：");
            printf("%lf 秒\n",usetime);
            free(a);
            i ++ ;
        }
        getch();
        return 0;
}
```

扫描二维码，可获得“排序比较”电子版代码。

获取阅读材料《托尼·霍尔》请扫描二维码。

排序比较

托尼·霍尔

习题四

1. 编写代码，实现利用直接插入排序对自定义的10个关键字进行升序排序。

2. 给定关键字序列17,70,05,30,5,33，利用选择排序给出升序排序过程中的每一趟结果。

3. 参考堆排序的基本思想及过程，选择一种熟悉的编程语言实现对关键字的降序排序。

第5章 软件开发与维护

5.1 软件危机与软件工程概述

5.1.1 软件危机

1. 软件危机的表现

随着计算机技术的迅猛发展，计算机软件在计算机系统中占有越来越重要的地位。在软件需求量迅速增加，规模日益增大的情况下，技术人员会经常遇到各种问题，如软件开发复杂度的大大上升，导致大型软件的开发费用经常超出预算，完成时间也常常超出预期；同时，软件可靠性随规模的增大而下降，质量保证也越来越困难。在计算机软件的开发和维护过程中遇到的一系列严重问题便是“软件危机”。

软件危机不仅仅是不能正常运行的软件才具有的，事实上，几乎所有软件都不同程度地存在“软件危机”，主要表现在以下几个方面：

- 不能准确估计软件开发的成本与进度；
- 用户对“已完成的”软件系统经常不满意；
- 软件产品质量往往靠不住；
- 软件难以维护；
- 软件无完整的文档，无法用以管理和控制软件的开发和维护；
- 软件费用急剧上升；
- 软件生产效率低，供不应求。

除上述列举的软件危机的明显表现外，还存在一些不可预知的因素，这些都严重影响和制约着软件产业的发展。20世纪60年代IBM公司为了开发OS/360操作系统，使用了千人左右的程序员，历时数十年，花费数百万美元，这个项目却变成了一个极度复杂甚至产生了一套不包括原始设计方案的项目，最终导致项目的失败，这成为软件危机的一个典型案例。

2. 软件危机产生的原因

软件危机的出现和日益严重的趋势充分暴露了软件在早期发展过程中存在的各种各样的问题，这些问题产生的原因是多方面的。一方面与软件本身的特点有关，另一方面也和软件开发与维护的方法有关。究其本质原因，是由人们对软件产品认识的不足及对软件开发的内在规律存在理解偏差造成的。具体来讲，产生软件危机的原因有以下几个方面：

- 忽视软件开发前期的需求分析；
- 软件开发过程缺乏统一的、规范化的方法论指导；
- 文档资料不齐全或不准确；

- 忽视开发人员与最终用户之间的有效交流；
- 开发人员之间缺乏有效的沟通和交流；
- 不重视软件测试；
- 不重视软件维护工作的困难；
- 软件开发人员缺乏经验，对产业认识不充分；
- 缺乏完善的质量保障体系。

3. 软件危机的启示及解决

软件危机带来的最大启示是，要更加深刻地认识到软件的特性及软件产品开发的内在规律，主要包括以下几个方面。

- 软件产品是一个复杂的人造系统，具有复杂性、不可见性和易变性，难以处理。
- 在开发小型软件系统时个人或小组使用的编程技术和开发方法，在开发大型和复杂系统时往往难以奏效。
- 计算机和软件技术的快速发展，提高了用户对软件的期望，促进了软件产品的演化，为软件产品提出了新的、更多的要求，难以在可接受的开发进度内保证软件质量。
- 几乎所有的软件项目都是新的，而且不断变化。在软件开发过程中，会发生很多原来意想不到的问题，对软件的设计与实现进行适度调整是不可避免的。

为了消除软件危机，应该对计算机软件本身有一个正确的认识。同时，要推广应用经过实践检验的软件开发技术和方法，并且研究探索更好、更有效的技术和方法。应该尽快消除在计算机系统早期发展阶段形成的一些错误观念和做法，积极开发和使用更好的软件工具。

总之，解决软件危机，既需要采用一些包括方法和工具的技术措施，也有必要借鉴特定的组织管理措施。人们从技术和管理两方面探究如何更好地开发和维护计算机软件，于是一门交叉学科——软件工程诞生了。

5.1.2　软件工程概述

1. 软件工程的基本概念

(1) 软件工程的定义及特点

软件工程是指导计算机软件开发和维护的一门工程学科，它采用工程的概念、原理、技术和方法来开发和维护软件。1968年，“软件工程”这个名称被正式提出并使用，其定义为：为了经济地获得可靠的且能在实际机器上高效运行的软件，而建立和使用的完善的工程原理。这个定义不仅指出其目标是经济地开发出高质量的软件，而且强调了软件工程是一门工程学科，应该建立并使用完善的工程原理。

随着软件工程的不断发展，软件工程已经成为一门独立的学科，人们对软件工程也有了更全面和更科学的认识。1993年，电气与电子工程师协会(IEEE，Institute of Electrical and Electronics Engineers)将软件工程定义为：①把系统的、规范的、可量化的方法应用于软件开发、运行和维护过程，即将工程化应用于软件；②研究①中提到的途径。

无论哪种定义，尽管强调的重点存在差异，但基本思想都是把软件当作一种工业产品，采用工程化的原理和方法对软件进行计划、开发和维护。这样做不仅是为了实现按预期进度和经费完成软件生产计划，也是为了提高软件的生产率和可靠性。

作为一门交叉学科，软件工程以计算机科学为核心，涉及管理科学、工程学和数学等多个学科，着重于具体软件系统的研制和建立，具有以下特点：

➢ 用管理学的原理、方法来进行软件生产管理；

➢ 用工程学的观点来进行费用估算，制定进度和方案；

➢ 用数学的方法来建立软件可靠性模型以及分析各种算法和性质。

(2) 软件工程的研究内容及要素

软件工程研究的对象是大型软件系统的开发过程，它研究的内容是生产流程，各生产步骤的目的、任务、方法、技术、工具、文档以及产品规格。概括来说，软件工程是技术和管理紧密结合所形成的工程学科，主要包括技术和管理两方面的内容，而每一部分又包括多个分支内容，如图 5-1 所示。

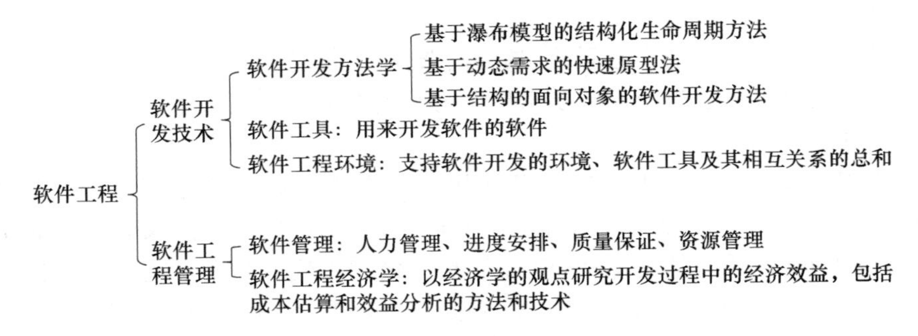

图 5-1　软件工程的主要内容

需要强调的是，随着人们对软件系统研究的逐渐深入，软件工程所研究的内容也在不断更新和发展。

软件工程包括 3 个要素：方法、工具和过程。

方法：为软件开发提供“如何做”的技术，包括项目计划与估算、软件系统需求分析、数据结构设计、系统总体设计、算法过程设计以及编码、测试和维护等。

工具：为软件工程方法提供自动的或半自动的软件支撑环境。通过软件工具集成，建立一个计算机辅助软件工程(CASE，Computer Aided Software Engineering)的软件开发支撑系统。

过程：指将软件工程的方法和工具综合起来，以达到合理地、及时地进行计算机软件开发的目的。ISO 9000 将软件工程过程定义为将输入转化为输出的一组彼此相关的资源和活动，包括 P、D、C 和 A 4 种基本活动。P(Plan)指软件规格说明，规定软件功能及运行限制；D(Do)指软件开发，产生满足规格说明的软件；C(Check)指软件确认，确认软件满足客户要求；A(Action)指软件演进，以满足客户的变更要求。

2. 软件工程的目的和原则

(1) 软件工程的研究目的

软件工程的研究目的是成功地建造一个大型软件系统，需要达成以下几个方面的目标：

➢ 付出较低的开发成本；

➢ 达到所要求的软件功能和性能；

➢ 需要较低的维护费用；

➢ 开发的软件可靠性高；

➢ 按时完成开发任务，及时交付费用；

➢ 开发的软件易于移植。

(2) 软件工程的原则

为了达到上述研究目的，在软件工程设计、工程支持以及工程管理方面必须遵守以下一些基本原则。

- 用分阶段的生命周期计划进行严格的管理。将软件的生命周期划分为多个阶段，对各个阶段实行严格的项目管理，并为每个阶段制定计划及验收标准，这样有益于对整个软件开发过程进行管理。软件开发的过程漫长，软件开发的生命周期可以根据不同的阶段分为可行性研究、需求分析、软件设计、软件实现、软件测试、产品验收和交付等。
- 实施阶段评审。严格贯彻与实施阶段评审制度可以帮助软件开发人员及时发现错误，错误发现得越晚，修复的代价越大。本阶段评审通过后，才能进入下一阶段。
- 实行严格的产品控制。在软件的开发过程中，用户需求很可能经常发生变化。即使用户需求没有改变，开发人员由于缺乏经验或与客户交流不充分也会导致需求发生变化。可见，需求分析贯穿软件开发的整个生命周期，且需求改变是不可避免的。当需求更新时，为了保证软件的各个配置项的一致性，实施严格的版本控制就变得非常必要。
- 采用现代程序设计技术。例如采用面向对象技术，可以开发出更易维护和修改的产品，同时还能缩短开发时间，更符合人们的思维逻辑。
- 软件工程的结果应能清楚地审查。从功能和质量出发，对软件产品进行准确的审查和度量，有利于项目的有效管理。软件产品一般包括可以执行的源代码、一系列相关文档和数据等。
- 开发人员应该少而精。开发小组成员的人数少有利于成员间充分地交流，这是高效团队管理的一个重要因素，而高素质的开发小组成员是影响软件产品质量和开发效率的另一个重要因素。
- 承认不断改进软件工程实践的必要性。随着相关技术的不断发展，相关人员应该不断地总结经验并且主动学习相关技术，才能实现与时俱进。

遵循上述的基本原则，不仅可以保证软件产品的工程化生产，而且可以使软件开发人员积极主动地采纳新技术，不断提高软件产品的生产效率。

5.1.3 软件的生存周期

软件生存周期是借用工程中产品生存周期的概念而得来的。产品的生存周期即一种产品从订货开始，经过设计、制造、调试、使用维护，直到该产品淘汰为止。而软件生存周期即某一个软件项目从被提出并着手实现开始，直到该软件报废或停止使用为止。生存周期是软件工程的一个重要概念，把整个生存周期划分为若干个阶段，是实现软件生产工程化的重要步骤。应该赋予每个阶段相对独立的任务，并对每个阶段都开展技术复审和管理复审，从技术和管理两方面对该阶段的开发成果进行检查，及时决定系统是继续进行、停止还是返工。

软件的生存周期一般可分为3个时期：计划期、开发期和运行期。计划期一般分为问题定义和可行性研究2个阶段；开发期分为需求分析、软件设计、软件编码和软件测试4个阶段；运行期主要是维护阶段。下面结合图5-2说明各个阶段的主要任务。

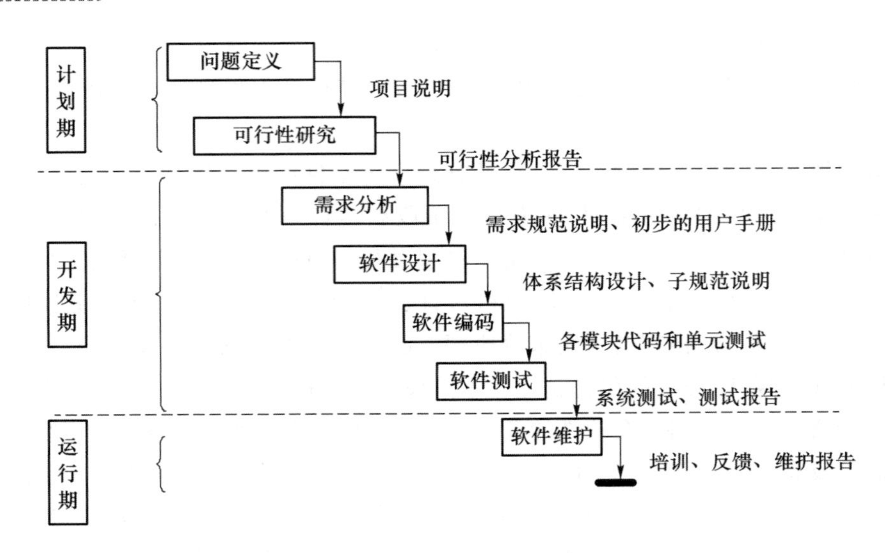

图 5-2　软件生存周期的典型划分

1. 计划期

计划期的主要任务是调查用户需求,分析系统的主要目标及开发该系统的可行性。通过对用户和使用部门负责人的访问和调查、开会讨论等手段,得到软件项目的性质、目标及可行性。因此,用户和系统分析员的相互理解与配合,是完成这一时期工作的关键。

(1) 问题定义

该阶段是计划期的第一步,需要回答用户用计算机解决什么问题。基于系统分析员对该问题的理解,提出关于项目解决目标与范围的说明,并请用户审核和认可。

(2)可行性研究

在对问题的性质、目标、规模清楚以后,还需要确定该问题有没有解决办法,即可行性。可行性包括两个方面:技术上可以实现、经济上有较高效益。为此,系统分析员应做一次简化的、抽象的需求分析和概要设计,探索该问题是否值得去做,并给出可行性分析报告。

2. 开发期

开发期的主要任务是准确地确定用户对系统的全部需求,并根据需求完成软件的概要设计和详细设计,进而实现软件的编码和测试。

(1) 需求分析

用户通常了解他们所面对的问题,知道必须做什么,但不能完整而准确地表达他们的需求,当然也不知道如何利用计算机解决该问题。而软件开发人员虽然知道如何用软件完成用户所提的各种要求,但对用户领域内的业务和具体要求并不完全清楚。因此,系统分析人员在该阶段必须和用户密切配合、充分交流,在此基础上形成需求规范说明和初步的用户手册。需求规范说明应包括对软件的功能需求、性能需求、环境约束和外部接口等的描述,这些内容既是对用户确认的系统逻辑模型的描述,也是下一步进行设计的依据。

(2) 软件设计

该阶段可细分为概要设计和详细设计。概要设计又称总体设计,主要回答“怎么做”,即应该怎样实现目标系统。主要任务是将需求转换为软件的表示形式,并根据各项功能需求转换成需求的体系结构,确定由哪些软件模块组成及模块之间的关系。同时,还要设计系统总体的数据结构。

详细设计阶段并不是编写程序，而是回答“怎样具体实现目标系统”。在概要设计阶段设计的每个模块的功能，需要通过具体描述转变为精确的、结构化的过程描述。即确定实现模块功能所需要的算法和数据结构，并用相应的详细设计工具表示出来。

（3）软件编码

根据选定的编程语言，将设计的每一个模块过程性描述转换为计算机可接受的源代码。写出的程序应该和设计的相一致，并且结构良好，清晰易读。

（4）软件测试

当所有模块的功能实现编码后，需要对编写的程序进行测试，这是保证软件质量的一个重要手段。按照不同的层次，测试可细分为单元测试、集成测试、验收测试。

3. 运行期

当软件系统完成测试并交付用户使用时，即进入运行期。这一时期的主要任务是培训用户正确使用系统、发现可能存在的问题并及时维护。根据具体维护的内容不同可分为：改正性维护、适用性维护、完善性维护和预防性维护。软件在运行过程中可能会发现潜在的错误，需要进行诊断和改正，这类维护称为改正性维护。为了适应软件的工作环境而做的维护称为适应性维护。用户在使用过程中提出了新的功能和性能要求，需要增加新的软件功能和增强软件性能的维护称为完善性维护。为提高软件的可维护性和可靠性而做的一些预防性修改，称为预防性维护。

5.1.4　软件的开发模型

建模是软件工程中最常使用的一种技术，是为了理解事物而对事物做出的一种抽象。软件开发模型则是为整个软件生存期建立的模型，可分为传统模型、演化模型和面向对象模型等。它们各有特点，分别适用于不同特征的软件项目，但一般都包括“计划”“开发”和“运行”三类活动。可用“What－How－Change”来概括这三类活动的主要特征，即在计划期弄清软件“做什么”，在开发期解决软件“如何做”，在运行期主要对软件进行“修改”。

软件开发模型的内在共性特征如下：

- 描述了主要的开发阶段；
- 定义了每个阶段要完成的主要任务和活动；
- 规范了每个阶段的输入和输出；
- 提供了一个框架，把必要的活动映射到这个框架中。

经过多年的发展，软件开发模型出现了瀑布模型、快速原型模型、增量模型、螺旋模型等。不同的软件开发模型，所用的方法和工具也可能不同，下面介绍常用的一些软件开发模型。

1. 瀑布模型

在 20 世纪 80 年代之前瀑布模型一直是被广泛采用的生命周期模型，也称线性顺序模型。这种模型将软件生存周期各个活动规定为依线性顺序连接的若干阶段模型，包括问题定义、可行性研究、需求分析、软件设计、软件编码、软件测试和软件维护，如图 5-2 所示。每个阶段的结果通常以文档的形式保存，没有合格的文档就表示没有完成该阶段的任务。它规定了由前至后、相互衔接的固定次序，犹如奔流不息、拾级而下的瀑布。这种模型具有不可回溯性。开发人员必须等前一阶段的任务完成后，才能开始下一个阶段的工作，并且前一阶段的输出往往是下一阶段的输入。由于它的不可回溯性,如果在后期发现并要改正前期的错误,那么需要付出很高的代价。

瀑布模型的优点是过程模型简单,容易执行;缺点是无法适应变更。瀑布模型适合具有以下特征的软件开发项目。

- 在软件开发过程中,需求不发生或很少发生变化,并且开发人员可以一次性地获得全部需求。否则,由于该模型具有较差的可回溯性,若在后期需求经常性变更,则需要付出高昂的代价。
- 软件开发人员具有丰富的开发经验,对软件的应用领域很熟悉。
- 软件项目的风险较低,因为该模型缺乏完善的风险控制机制。

2. 快速原型模型

快速原型模型的基本思想是快速建立一个能反映用户主要需求的原型系统,让用户在计算机上试用它,通过实践来了解目标系统的概貌,以便判断哪些功能是符合需要的,哪些方面是需要改进的。通常,在用户提出改进意见后,开发人员按照用户的意见快速修改原型系统,然后再次请用户试用。这样反复多次,直到原型系统满足用户的需求。

软件产品一旦交付用户使用后,维护便开始了。根据用户使用过程中的反馈,可能需要返回到收集需求阶段,如图 5-3 所示,实线箭头表示开发过程,虚线箭头表示维护过程。

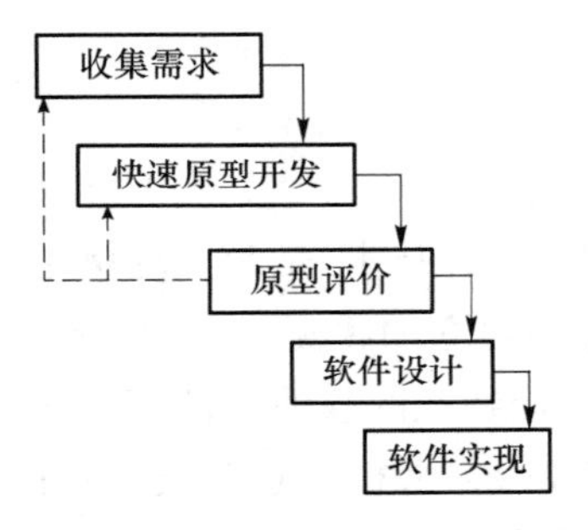

图 5-3　快速原型模型

快速原型的本质是"快速"。开发人员应尽可能快地完成原型系统,以加快软件开发过程,节约开发成本。原型的用途是获取用户的真正需求,通过原型评价,不断地修改原型和收集需求,一旦用户的真正需求确定了,原型将被抛弃。因此,原型系统的内部结构并不重要,重要的是,必须迅速地完成原型开发并根据评价意见快速修改。

UNIX Shell 和超文本都是广泛使用的快速原型语言,尽管执行速度比较慢,但所需要的成本比用普通程序设计语言开发时低得多。原型系统可以在不同类型的计算机上运行,暂时不考虑速度、空间等性能方面的要求,不考虑错误恢复和处理。快速原型模型适用于具有以下特征的软件开发项目。

- 已经有产品或产品的原型,只需要客户化的工程项目。
- 简单而熟悉的行业或领域。
- 有快速原型开发工具。
- 进行产品移植或升级。

3. 增量模型

增量模型的基本思想是把待开发的软件系统模块化,每个模块看作一个增量组件,从而分批次地分析、设计、编码和测试这些增量组件。运用增量模型的软件开发过程是递增式的过程，是瀑布模型的顺序特征和快速原型模型的迭代特征相结合的产物。开发人员不需要一次性地把整个软件产品提交给用户，而是可以分批次地进行提交。

一般情况下，开发人员会首先实现提供基本核心功能的增量组件，创建一个具备基本功能的子系统，然后再对其进行完善。通过这种开发一部分就向用户展示一部分的方式可让用户及早地看到部分软件，并及早地发现问题。增量模型的示意图如图 5-4 所示。

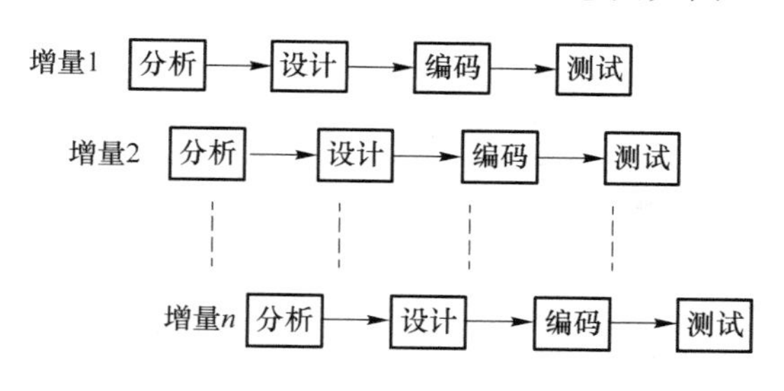

图 5-4 增量模型

增量模型的最大特点是将待开发的软件系统模块化和组件化，具有以下优点。

- 可以分批次地提交软件产品，用户可以及时了解软件项目的进展。
- 以组件为单位进行开发降低了软件开发的风险，一个开发周期内的错误不会影响整个软件系统。
- 开发顺序灵活。开发人员可以先完成需求稳定的核心组件的开发，再完成其他非核心组件的开发。

增量模型的缺点是要求待开发的软件系统可以被模块化。如果待开发的软件系统很难模块化，那么将会给增量开发带来很多麻烦。

增量模型适用于具有以下特征的软件开发项目。

- 软件产品可以分批次地进行交付。
- 待开发的软件系统能够模块化。
- 软件开发人员对应用领域不熟悉，难以一次性地进行系统开发。
- 项目管理人员把握全局的水平较高。

4. 螺旋模型

螺旋模型是一种用于风险较大的大型软件项目开发的过程模型。该模型将瀑布模型与快速原型模型结合起来，并且加入了这两种模型都忽略了的风险分析。它把开发过程分为几个螺旋周期，每个螺旋周期可分为 4 个步骤。首先是确定该阶段的目标，选择方案并设定这些方案的约束条件。其次是从风险角度分析、评估方案，通过建立原型的方法来消除风险。第三，如果成功消除了所有风险，则实施本周期的软件开发。最后是评价该阶段的开发工作，并计划下一阶段的工作。其开发过程如图 5-5 所示。

螺旋模型的优点是将风险分析扩展到各个阶段中，这将会大幅降低软件开发的风险。但是，这种模型的控制和管理较为复杂，可操作性不强，对项目管理人员的要求较高。

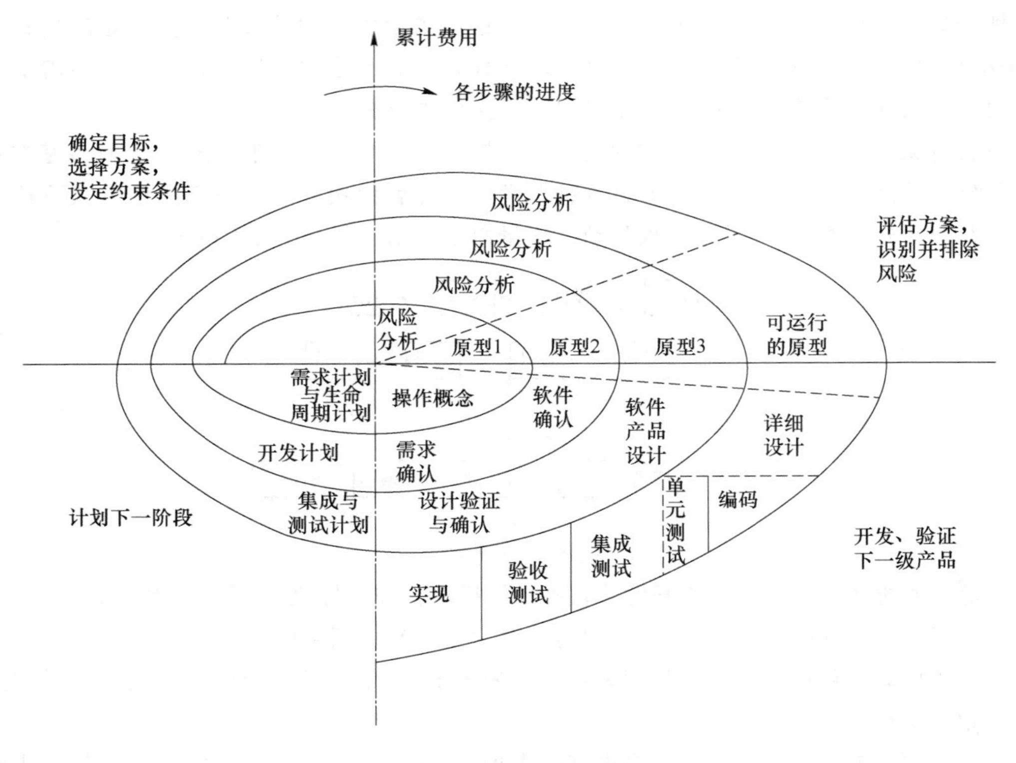

图 5-5　螺旋模型示意图

5.2　软件可行性及需求分析

5.2.1　可行性研究

1. 可行性研究的目的和任务

在软件生存周期的瀑布模型中可以看出，计划期中包括问题定义和可行性研究两个阶段。问题定义阶段的目的是确定解决的问题是什么，而可行性研究阶段的目的则是用最小的代价在尽可能短的时间内确定问题是否能够解决。可行性研究不是解决用户提出的问题，而是确定这个问题是否值得去解决。

之所以进行可行性研究，是因为在实际情况中，许多问题都不能在预期的时间范围内或资源限制下得到解决。如果开发人员能够预知问题没有可行的解决方案，那么尽早地停止项目的开发就能够避免时间、资金、人力、物力等的浪费。进行可行性研究需要进行概要的分析研究，初步确定项目的规模和目标，确定项目的约束和限制，分析几种可能解法的利弊，从而判定项目的规模和目标是否现实，项目完成后的效益是否值得投资。因此，可行性研究实际上就是一次大大简化了的系统分析和设计过程。一般应从以下几个方面进行论证。

(1) 经济可行性

首先进行成本效益分析。从开发所需的成本和资源、潜在的市场前景等方面进行估算，确定待开发的项目是否值得投资开发。即在整个软件生存周期中，分析所花费的代价与得到的效益，评价项目经济上的可行性。

(2) 技术可行性

评价总体方案中所提出的技术条件,如计算机硬件、系统软件的配置、网络系统的性能和数据库系统等,能否满足目标要求,并对技术难点和解决方法的可行性进行分析。此外,还应分析开发和维护的技术力量,不仅考虑技术人员的数量,更应考虑他们的经验和水平。

(3) 操作可行性

系统的操作方式在给定的范围内是否行得通。

(4) 法律可行性

系统的开发会不会在社会或政治上引起侵权、可能导致的责任、有无违法问题。应该从合同的责任、专利权、版权等一系列权益方面进行考虑。

2. 可行性研究的步骤

可行性研究的步骤不是固定不变的,而是根据项目的性质、特点及开发人员的能力加以区别。比较典型的可行性研究一般要经过以下几个步骤。

(1) 明确系统规模和目标

在这一步,可行性分析人员要访问相关人员,仔细阅读分析相关材料,以便对问题定义阶段提出的系统规模和目标进一步确认,进而明确系统的目标以及达到这些目标所需要的资源。

(2) 分析研究现行系统

当前的现行系统可能是一个人工操作的系统,也可能是一个旧的计算机系统。现行系统必定存在一些缺陷,因而需要开发一个新的系统以解决存在的问题。可以从三个方面分析现有的系统:组织结构、处理流程和数据流。系统的组织结构可以用组织结构图进行描述和分析。系统的处理流程分析的对象是各部门的业务流程,可以用系统流程图进行分析。系统数据流分析与业务流程紧密相连,可以用数据流图和数据字典来表示。

(3) 设计新的系统高层逻辑模型

这一步从较高层次设想新系统的逻辑模型,概括地描述开发人员对新系统的理解和设想。

(4) 获得并比较可行的方案

开发人员可根据新系统的高层逻辑模型提出实现此模型的不同方案。在设计方案的过程中从技术、经济等角度考虑各方案的可行性。然后,从多个方案中选择最合适的方案。

(5) 撰写可行性研究报告

可行性研究的最后一步就是撰写可行性研究报告,提请用户和使用部门仔细审查,从而决定是否对该项目进行开发,是否接受分析员推荐的方案。

一个简单的可行性研究报告应包含以下内容。

- 背景情况:包括国内外技术水平、历史、现状、市场需求等。
- 系统描述:包括总体方案、课题分解、关键技术、阶段目标和总体目标、计划、进度等。
- 成本效益分析:即经济可行性分析,包括经费概算、预期经济效益和社会效益等。
- 技术风险分析:即技术可行性分析,包括技术人员配备、设备条件、已有的工作基础等。
- 操作可行性和法律可行性分析:包括版权、责任以及未来可能发生的变化等。
- 结论:说明系统是否可行的报告。

可行性研究的结论一般包括 4 种。

- 可以按计划立即开始软件项目的开发。
- 需要解决某些存在的问题(如资金短缺、设备陈旧和开发人员短缺等)后才能开发。
- 需要对目标进行修改后才能进行系统开发。

➢ 完全不可行,立即停止该软件项目的开发,终止工作。

经过可行性分析论证,如果问题没有可行性方案,应该建议终止项目计划。如果问题的回答是肯定的,则应确定软件开发项目的目标,准确估计软件的规模和项目开发成本效益,由此导出软件项目的实施计划。

5.2.2 需求分析

1. 需求分析的目的

为了开发出真正满足用户需求的软件产品,首先必须确切地知道用户的需求。对软件需求的深入理解,是软件开发工作获得成功的前提和关键,无论我们把设计和编码工作做得多么出色,不能真正满足用户需求的软件只会给用户带来失望,给开发者带来烦恼。如果说可行性研究是决定"做还是不做",那么需求分析则是要准确地回答"系统必须做什么?"这个问题。

需求定义不清楚是整个软件开发失败的重要原因。1994 年美国软件专家 Grady 统计了 4 个大型计算机系统的软件缺陷分布,如表 5-1 所示。

表 5-1　软件缺陷分布统计

软件缺陷	所占比例
规范说明/需求定义不当	25%
程序逻辑缺陷	20%
数据处理不尽合理	10.5%
错误检查不力	10.9%
标准使用不当	6.9%
用户界面设计不良	11.7%
软件模块接口不良	6.0%
与硬件接口不良	7.7%
其他	1.3%

从中可见,四分之一的缺陷原因都与需求有关。在业界有"40-20-40"规律的说法:需求分析、设计工作量约占 40%,软件编程只占 20%,而测试维护又占 40%。可见需求分析是一个非常重要的过程,它完成的好坏直接影响了后续软件开发的质量。需求分析阶段呈现出以下几个方面的特点。

➢ 用户与开发人员无共同语言,很难进行交流。

➢ 用户很难精确完整地提出对软件产品的功能要求。

➢ 需求分析出现错误,将导致整个软件开发的失败。

2. 需求分析的任务

(1) 确定系统运行的环境要求

系统运行时的环境要求包括硬件和软件两方面的环境要求。硬件要求如对计算机的 CPU、存储器、输入/输出方式、通信接口和外围设备等的要求;软件要求如对操作系统、数据库管理系统和编程语言等的要求。

(2) 系统的功能性和非功能性需求

需求可分为功能性需求和非功能性需求,前者定义了系统"做什么",后者定义了系统工作时的特性。

功能性需求是软件系统的最基本的需求表述，包括系统应该提供的服务，如何对输入/输出反应，以及系统在特定条件下的行为描述。在某些情况下，功能需求还必须明确系统不应该做什么，这取决于开发的软件类型、软件未来的用户、开发的系统类型。所以，功能性的系统需求，需要详细地描述系统功能特征、输入和输出接口、异常处理方法等。

非功能性需求包括系统的性能需求、可靠性和可用性需求、系统安全，以及系统对开发过程、时间、资源等方面的约束和标准等。性能需求指系统必须满足的定时约束或容量约束，一般包括速度（响应时间）、信息量速率（吞吐量、处理时间）和存储容量等方面的需求。

3. 需求分析应遵循的原则

首先，需求分析是一个过程，它应该贯穿于系统的整个生命周期中，而不是仅仅属于软件生命周期的一项早期工作。

其次，需求分析是一个迭代的过程。由于环境的易变性和用户本身对新系统要求的模糊性，需求往往很难一步到位。通常情况下，需求是随着项目的深入而不断变化的。

最后，为了方便评审和后续设计，需求的表述应该具体、清晰，并且需求应是可测量的、可实现的。最好能够对需求进行适当量化，如系统的响应时间应该低于 0.5 s、系统在同一时刻最多能支持 3 000 名用户。

4. 需求分析的结果

需求分析要求分析人员和用户双方共同理解系统的需求，并形成一份文件即软件需求说明书。软件需求说明书是需求分析阶段的输出，它全面、清晰地描述了用户的需求，是开发人员进行后续软件设计的重要依据。软件需求说明书应该具有清晰性、无二义性、一致性和准确性等特点。同时，它还要通过严格的需求验证、反复修改的过程才能最终确定。一个基本的软件需求说明书包括的内容和书写参考格式如图 5-6 所示。

一、概述

二、数据描述

- 数据流图
- 数据字典
- 系统接口说明
- 内部接口

三、功能描述

- 功能
- 处理说明
- 设计的限制

四、性能描述

- 性能参数
- 测试种类
- 预期的软件响应
- 应考虑的特殊问题

五、参考文献

目录

六、附录

图 5-6 软件需求说明书参考内容与格式

5. 需求分析的步骤

为了准确有效地获取需求，必须遵循一系列的步骤。一般来说，需求分析包括需求获取、分析建模、需求描述和需求验证 4 个步骤。

（1）需求获取

需求获取是收集并明确用户需求的过程。系统开发方人员通过调查研究，要理解当前系统的工作模型、用户对新系统的设想和要求。在获取用户需求的初期，用户提出的需求一般比较模糊和凌乱，这就需要采用较好的需求分析方法，提炼出逻辑性强的需求。获取需求的方法有多种，如问卷调查、访谈、实地操作和建立原型等。

（2）分析建模

得到用户需求后，就可以对开发的系统建立分析模型。模型是为了理解事物而做出的一种抽象，通常由一组符号和组织这些符号的规则组成。对待开发系统建立各种角度的模型有助于人们更好地理解问题，常用的建模方法有数据流图、实体关系图、状态转换图、用例图、类图和对象图等。

（3）需求描述

需求描述是指编制需求分析阶段的文档，即软件需求说明书。说明书必须采用统一格式的文档进行描述，描述的内容通常包括系统的业务模型、功能模型、数据模型、行为模型等。经过严格的评审后，它将作为软件设计的依据。

（4）需求验证

软件需求说明书是需求分析阶段的工作成果，同时也是后续开发的重要基础。为了提高软件开发的质量，降低软件开发的成本，必须对需求的正确性进行严格的验证，确保需求的一致性、完整性、现实性和有效性。此外，还要确保设计与实现过程的需求可回溯性，以进行需求变更管理。

5.2.3 结构化分析方法

1. 结构化分析方法的定义

结构化分析（SA，Structured Analysis）方法是进行软件需求分析的一种常用方法，除此之外还有功能分解法、信息建模法和面向对象法。结构化分析方法是面向数据流的，使用数据流图、数据字典、结构化语言、判定树和判定表等工具，建立一种新的称为结构化说明书的目标文档。SA 方法是一种简单、实用的软件需求分析方法，特别适合于信息控制和数据处理系统。SA 方法使用简单易读的符号，根据软件内部数据传递、变换的关系，自顶向下逐层分解，逐步描述出满足功能需求的软件模型。

SA 方法采用分解策略，把一个复杂庞大的问题分解成若干个小问题，然后再分别解决，将复杂问题分解成人们容易理解，进而容易实现的子系统或小系统。分解可分层进行，并要根据系统的逻辑特性和系统内部各成分之间的逻辑关系进行分解。在分解中要充分体现“抽象”的原则，逐层分解中的上一层就是下一层的抽象。最高层的问题较为抽象，而低层的较为具体。图 5-7 是 SA 方法中采用的自顶向下逐层分解的示意图。

顶层的复杂系统 P 可分解为 0 层的 1、2 和 3。在 0 层的这 3 个子系统中，又可以将复杂的 1 和 3 再分解。子系统 1 分解为 1.1、1.2 和 1.3，子系统 3 再分解为 3.1、3.2、3.3、3.4、3.5 和 3.6。若 1 层的子系统仍不能清楚地理解和实现，则需要重复上述过程。若某子系统能够具体实现，则不需要再分解，如 0 层中的子系统 2。“分解”和“抽象”是自顶向下逐层分解策略中两个相互关联的概念。上层是下层的抽象，下层是上层的分解，中间层是从抽象到具体的过渡。这种层次分解策略使分析人员在分析问题时不至于一下子考虑过多的细节，而是逐步地去了解和展开细节。对于任何比较复杂的大系统，分析工作都可以按照这种策略有计划、有步骤、有条不紊地开展。

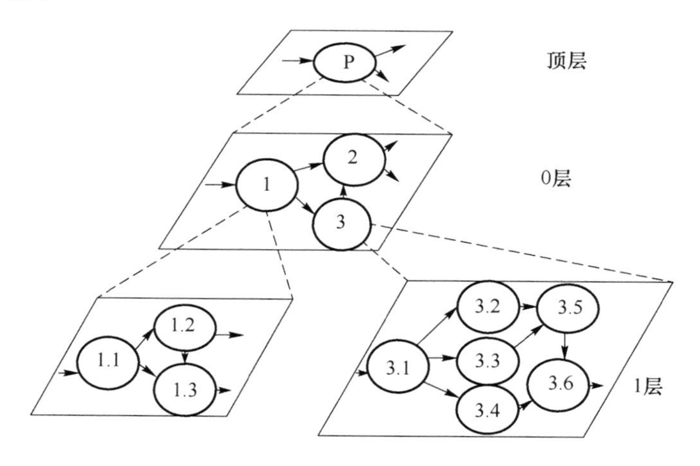

图 5-7　逐层分解示意图

SA 方法的描述工具有非形式化、半形式化和形式化三类。用自然语言描述需求规格说明是典型的非形式化描述。用数据流图或实体-联系图建立模型，是典型的半形式化描述。在完备数学概念的基础上，采用具有确定语义定义并有严格语法的语言表达方法就是形式化描述。在软件需求说明书中，经常采用半形式化的描述方法表达需求。这些半形式化的描述工具有数据流图、数据字典、结构化语言、判定表和判定树。

2. 数据流图

(1) 数据流图的符号

数据流图(DFD，Data Flow Diagram)是描述数据处理过程的最有力的工具。以图形的方式描述数据处理系统内部数据的工作情况，是结构化分析方法的最主要部分。它以直观的图形清晰地描述了系统数据的流动和处理过程，图中没有任何具体的物理元素，主要强调的是数据流和处理过程。即使不是计算机专业技术人员也很容易理解，数据流图是软件开发人员和用户之间很好的通信工具。设计数据流图时只需要考虑软件系统必须完成的基本逻辑功能，不需要考虑如何具体实现这些功能，它是软件开发的出发点。数据流图中有以下 4 种基本图形符号：

□，方框，表示数据的源点或终点；

○，圆或椭圆，表示变换数据的处理；

→，箭头，表示数据流；

=，双杠，表示数据存储(文件)。

上述 4 种基本图形符号分别对应开发者从用户的问题中提取到的 4 种成分，依次为源点和终点、加工、数据流和数据存储(文件)，各自的作用描述如下。

源点和终点是系统之外的实体，可以是人、物或其他软件系统。表示数据流图中出现的数据始发点或终止点，是对数据流图的外围环境的注释说明，一般只出现在数据流图的顶层图中。

加工是对数据进行的处理和操作。每个加工也有一个命名，名字应能反映该加工完成的功能。还需要对加工进行编号，以便查出加工所在位置。

数据流由一组固定成分的数据组成，是沿箭头方向传送数据的通道。每个数据流都必须有一个名称，该名称写在数据流的箭头旁边。数据流反映了系统中流动的数据，表现的是动态数据的特征。同一个数据流图中不能有两个名字相同的数据流。

数据文件在数据流图中起着暂时保存数据的作用，所以也被称为数据存储。数据文件读文件时数据流的方向由文件指向加工；写文件时数据流的方向由加工指向文件。数据文件反映了系统中静止的数据，表现的是静态数据的特征。

【例 5-1】 图 5-8 是学生档案管理系统数据流图。

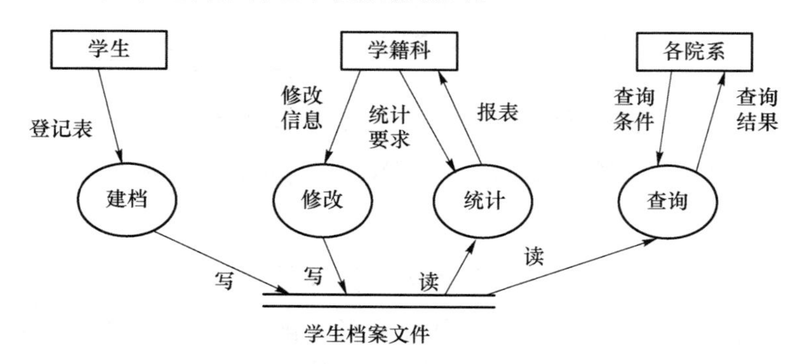

图 5-8　学生档案管理系统数据流图

（2）数据流图画法

画数据流图需要遵循的总体原则为：自外向内、自顶向下、逐层细画和完善求精，再按以下步骤即可完成。

① 找出系统数据源点和终点，即外部实体。

② 找出外部实体的输入与输出数据流。

③ 在图的边上画出系统外部实体。

④ 从外部实体的输出数据流出发，按照系统逻辑需要，逐步画出一系列逻辑加工，直到找到外部实体所需的输入数据流，形成数据流的封闭。

⑤ 按照上述步骤，再从各加工出发，画出所需子图。

【例 5-2】 某学院招生考试处理系统有以下功能：对考生报送的报名表进行检查；对合格的报名表编写准考证号码，并将准考证返给考生，而后将准许考试的考生名单送往试卷处理中心；对试卷处理中心送来的成绩进行检查，并根据考试管理小组制定的合格标准审定考试合格人员名单；填写考生录取通知单并发送给考生，对没有通过考试的考生发放考试成绩单。请根据上述功能描述画出系统所对应的数据流图。

通过分析该系统可知，外部实体包括：考生、试卷处理中心和考试管理小组，并找出各个实体对应的输入和输出数据流。将外部实体画在考试处理系统的外围，完成顶层数据流图的设计，如图 5-9 所示。

对考试处理系统进行进一步分解，可分为两个子系统：①报名表登记，②成绩处理。子加工①的输入数据流为报名表，输出数据流为不合格报名表、准考证和考生名单。子加工②的输入数据流为成绩表和合格标准，输出数据流为统计表、错误成绩表和录取通知书。其中需要利用考生名册对考生的信息进行存储，从而得到第 1 层数据流图，如图 5-10 所示。

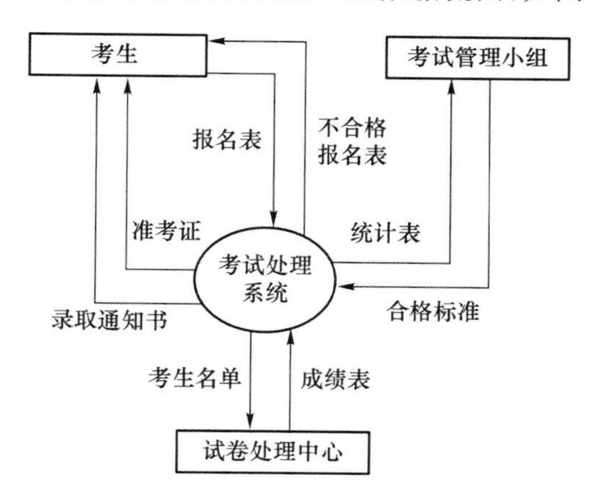

图 5-9 顶层数据流图的设计

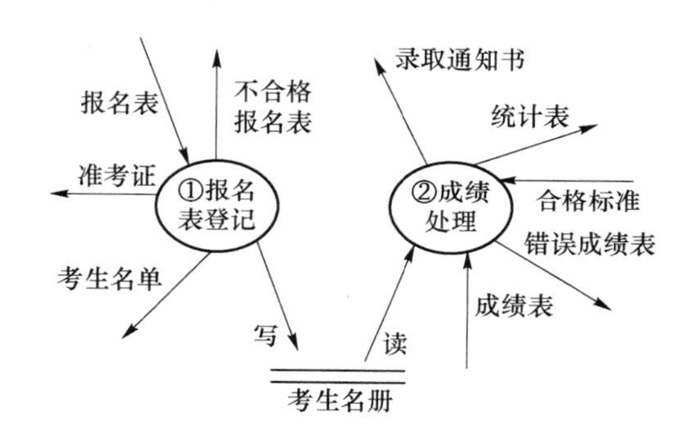

图 5-10 第 1 层数据流图

对加工①再进行进一步分解，可分为 3 个子加工。子加工⑴完成报名表的检查。若不合格则产生输出数据流不合格报名表；若合格，则进入子加工⑵编写准考证号。编写完成则输出数据流准考证，同时转入子加工⑶进行考生登记。若登记成功，则产生输出流考生名单，同时将考生名单写入考生名册。其分解过程如图 5-11 所示。

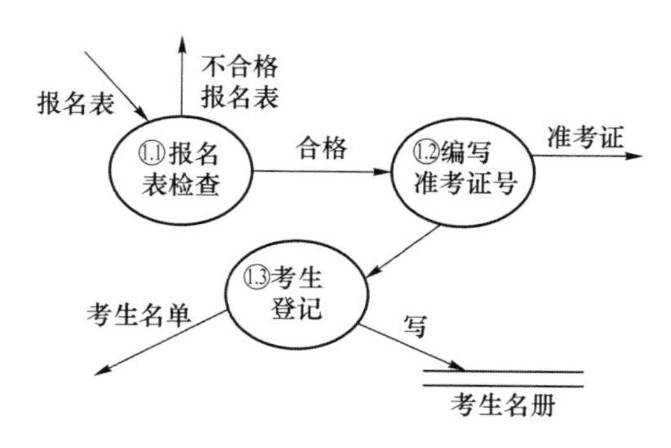

图 5-11 对加工①的分解

类似地，对加工②进行进一步分解，可分为 4 个子加工。子加工2.1完成成绩表检查，并存入成绩得分表；若成绩有误，则输出错误成绩表；若成绩表正确，则进入子加工2.2。根据输入数据流合格标准，产生核定后的成绩单，并转入子加工2.3。从考生名册中读取考生名单后，产生输出数据流录取通知书。子加工2.4分别从考生名册和成绩得分表中读取数据，根据一定规则输出统计表。其分解过程如图 5-12 所示。

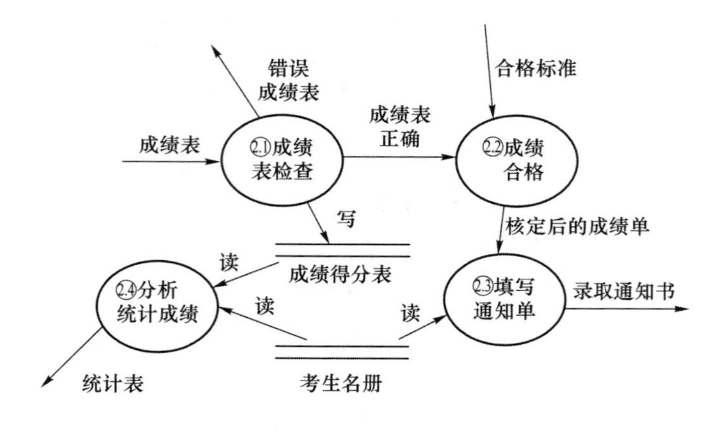

图 5-12　对加工②的分解

(3) 画数据流图的注意事项

画数据流图时，应注意以下几点。

- 只考虑数据流的静态关系，不考虑其动态关系(如启动、停止等与时间有关的问题)，也不考虑出错处理问题。
- 只考虑常规状态，不考虑异常状态，异常状态一般留在软件设计阶段解决。
- 数据流图不是程序流程图，二者有本质区别。数据流图只描述“做什么”，不描述“怎么做”和做的顺序；而程序流程图表示对数据进行加工的控制和细节。
- 不能期望数据流图一次画成，而是要经过多次反复才能完成。
- 描绘复杂系统的数据流图通常很大，对于画在几张纸上的图很难阅读和理解。一个比较好的方法是分层地描绘这个系统。在分层细画时，每次只细画一个加工。

3. 数据字典

(1) 数据字典的内容

数据字典(DD，Data Dictionary)是对数据流图中所包含元素的定义集合。对于一个软件项目来说，数据流图只是描述了系统的分解。通过数据流图可以明白系统由哪几部分组成，各个部分之间有什么样的逻辑联系。而对数据流图中的命名，若没有直接参与定义则对命名的理解很有可能不同。若不能准确理解命名的含义，将会给以后的开发和维护造成“灾难”。数据字典的作用是在软件分析和设计的过程中给人提供数据描述，即对数据存储(文件)、加工等名字进行严密而精确的定义。数据流图和数据字典共同构成了系统的逻辑模型。

数据字典的内容通常包括四类条目：数据流、数据流分量(数据基本项)、数据存储(文件)和加工。所有的条目按一定的次序排列，以便查阅，且要求条目定义不允许有任何重复。其中，数据流分量是组成数据流和数据存储的最小单位项。源点和终点是为了帮助理解系统和外界接口而引入的，不在系统内，故一般不在字典中说明。

(2) 数据字典的符号

数据字典中采用的符号如表 5-2 所示。

表 5-2　数据字典符号

符号	含义
=	表示“等于”“定义为”“由什么构成”
[…|…]	表示“或”，即选择括号中用“|”号分隔的各项中的某一项
+	表示“与”“和”
$m\{\cdots\}n$	表示“重复”，即括号中的项要重复若干次，n 和 m 分别表示重复次数的上下限
{…}	表示“重复”，即括号中的项要重复 0 次或多次
(…)	表示“可选”，即括号中的项可以没有
**	表示注释
..	连接符

【例 5-3】　对图 5-10 中的数据流“报名表”及其中数据流分量“年龄”、数据存储(文件)“考生名册”进行定义。

数据流“报名表”由若干学生的姓名、性别、身份证号、年龄、报考专业和联系电话等信息组成，那么“报名表”可以表示为：报名表={姓名+性别+身份证号+年龄+报考专业+联系电话}。

“报名表”数据流的分量“年龄”要求在 16 岁到 25 岁之间，因此可表示为：年龄=16..25。

对数据存储(文件)“考生名册”的描述，可包括以下形式。

- 文件名：考生名册。
- 记录定义：考生名册=准考证号+姓名+身份证号+报考专业+联系电话。
- 准考证号：由 8 位数字组成。
- 姓名：由 2～4 个汉字构成。
- 身份证号：18 位字符串。
- 报考专业：2 位数字代码。
- 联系电话：11 位数字。
- 文件组织：按准考证号的递增排序。

(3) 加工逻辑的描述

在数据字典中，加工条目用来描述数据处理的逻辑功能和方法。即描述该加工“做什么”，而不是“怎么去做”，不是实现加工的细节。对数据流图中每个加工所做的说明，也称为“小说明”，小说明集中描述把输入数据流变换为输出数据流的加工规则，即加工逻辑。为了使加工逻辑直接易懂、完整并容易被用户理解，常用的描述方法有结构化语言、判定树和判定表。

① 结构化语言

结构化语言采用自然语言加结构化的形式，是介于自然语言和程序设计语言之间语言。结构化语言既有结构化程序的清晰易读的优点，又有自然语言简单易懂的优点，还避免了因自然语言不精确而可能产生二义性的一些缺点。

结构化语言使用顺序、选择和循环 3 种控制结构来描述加工逻辑，形式简洁，一般人甚至不熟悉计算机的用户都能理解。

【例 5-4】　请使用结构化语言描述“登录”的加工条目。

加工“登录”的结构化语言描述如下。

```
IF 号码有效 THEN
```

```
    IF 密码正确 THEN
      登录正确
    ELSE 提示密码错误
  ELSE 身份无效
```

结构化语言对逻辑功能复杂的加工,也能做到结构清晰,易读易懂。

【例 5-5】 某数据流图中有“下岗职工重新分配工作”的加工,指的是重新分配工作时,要根据下岗职工的年龄、文化程度、性别等情况分配不同的工作。加工逻辑为如果年龄在 25 岁以下者,初中文化程度的脱产学习,高中文化程度的当电工。年龄在 25 岁至 40 岁之间者,中学文化程度的男性当钳工,女性当车工;大学文化程度的当技术员。年龄在 40 岁至 50 岁之间者,中学文化程度的当交通协管员,大学文化程度的当技术员。用结构化语言描述该加工的逻辑说明如下。

```
if  年龄<=25 then
        if  文化程度 = 初中 then
            脱产学习
        endif
        if  文化程度 = 高中 then
            电工
        endif
endif
if  25<年龄<=40 then
        if  文化程度 = 中学 then
            if  性别 = 男 then
                钳工
            else  车工
            endif
        endif
        if  文化程度 = 大学 then
            技术员
        endif
endif
if  40<年龄<=50 then
        if  文化程度 = 中学 then
            交通协管员
        endif
        if  文化程度 = 大学 then
            技术员
        endif
endif
```

② 判定表与判定树

在描述加工逻辑时,如果有一系列逻辑判断,用结构化语言描述就不直观,也不简洁,这时可用判定表或判定树来描述。

判定表用表格的形式列出在什么条件下做什么处理,一目了然。判定树以一棵从左向右生长的树形表示来描述在各种条件下要做的事情,树的各个分支表示某种条件,分支的端点表示该分支对应的条件下要做的处理。

【例 5-6】 “检查订货单”的加工逻辑是如果金额超过 500 元，又未过期，则发出批准单和提货单；如果金额超过 500 元，但过期了，则不发批准单，也不会发提货单和通知单；如果金额低于或等于 500 元，则不论是否过期都发出批准单和提货单，在未过期的情况下不需发出通知单。

这段逻辑可以采用结构化语言来描述，但如果采用判定表或判定树，会更清楚。判定表描述如表 5-3 所示。

表 5-3　判定表

金额状态	>500 且未过期	>500 且已过期	≤500 且未过期	≤500 且已过期
发出批准单	√		√	√
发出提货单	√		√	√
发出通知单				√

表 5-3 所对应的判定树如图 5-13 所示。

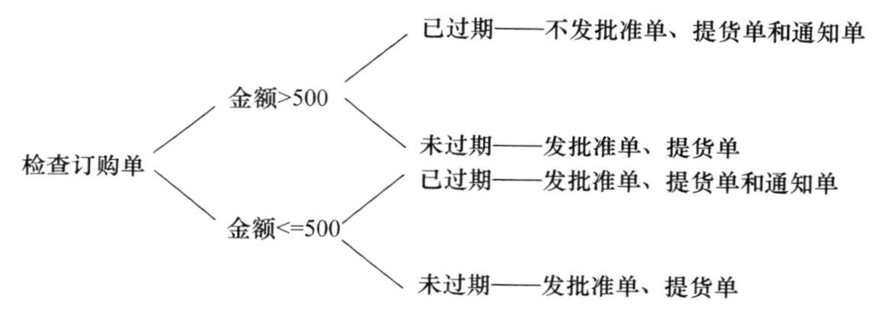

图 5-13　判定树

上述的几种加工逻辑的描述工具各有优缺点。对于顺序执行和循环执行的动作，宜采用结构化语言描述。对于存在多个条件组合的复杂的判断问题，宜采用判定表或判定树，或结合使用。在保证加工逻辑描述简明易懂的前提下，可以任意选取描述方法。判定树比判定表直观易懂，而判定表进行逻辑验证较严格，能把所有的可能性全部都考虑到。对于比较复杂的条件组合问题，可以先用判定表做底稿，在此基础上产生判定树。

（4）数据字典的实现

建立数据字典一般可以通过计算机辅助建立，或通过手工建立。

通过计算机辅助建立并维护数据字典，需要首先编制一个“数据字典生成与管理程序”。可以按需要所规定的格式输入各类条件，并能对数据字典进行增加、删除、修改和查询操作。此外，还应该可以打印各类查询报告和清单，进行完整性、一致性检查等。然后，利用已有的数据库开发工具，针对数据字典建立一个数据库文件，以矩阵表的形式分别描述数据流、数据流分量（数据基本项）、数据存储（文件）和加工各个表项的内容。最后，使用开发工具建成数据库文件，以便于修改、查询，并可随时打印出来。

【例 5-7】 图 5-8 所示的学生档案管理系统数据流图中的四类基本条目的部分打印结果如图 5-14 所示。

如果在开发小型软件系统时没有数据字典处理程序，可使用卡片的形式通过手工建立数据字典。首先，按四类条目规范的格式印制卡片；然后，在卡片上分别填写各类条目的内容，每张卡片上保存描述一个数据的信息，这样更改起来比较方便。

名字	登记表
种类	数据流
简述	学生基本情况
别名	无
组成	姓名+专业+班级+…
数量	每天50张
…	

(a) 数据流

名字	学生档案文件
种类	数据存储
简述	学生基本情况
别名	学生档案
组成	学号+姓名+专业+班级+…
组织	按学号递增排序
…	

(b) 数据存储

名字	姓名
种类	数据基本项
简述	学生的姓名
别名	无
类型	字符
长度	8个字符
…	

(c) 数据流分量

名字	建档
种类	加工
激发条件	收到登记表
频率	每天50张

逻辑	If 收到登记表 Then
	登记学生情况
	Endif

…	

(d) 加工

图 5-14　四类条目的打印结果

5.3 软件设计

5.3.1 软件设计的流程

软件设计阶段是解决软件系统“如何做”的问题，也就是实现软件系统的功能、性能的过程，最后得到软件设计说明书。设计质量的好坏直接影响软件系统的可靠性，通常完成软件设计需要经过总体设计、详细设计、复审和修改等环节，其基本流程如图 5-15 所示。

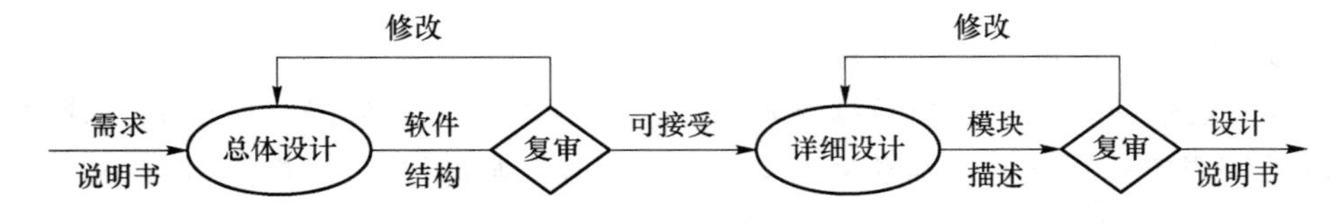

图 5-15　软件设计的基本流程

其中，总体设计阶段是为软件系统定义一个逻辑上一致的结构。其基本任务就是进行模块划分，建立模块层次结构及模块间的调用关系，设计全局数据结构及数据库，设计系统接口及人机界面等。总体设计阶段的基本目标就是回答“概括地说，系统应该如何实现?”这个问题，总体设计也称概要设计或结构设计。

软件结构设计以模块为基础，结合需求分析阶段得到的数据流图进行功能分解，确定软件结构。把一些十分复杂的处理功能适当分解成一系列比较简单的功能，然后设计软件结构。若需要数据库，还要进行数据库的设计。

详细设计的根本目的就是确定应该怎样具体实现所要求的系统,其任务是要设计出程序的“蓝图”,以后程序员将根据这个蓝图写出实际的代码。

经过上述各个环节后,应得到软件的设计说明书,其应包括的内容和参考书写格式如下。

概述——描述设计工作总的范围,包括系统目标、功能、接口等。

系统结构——用软件结构图说明本系统的模块划分,扼要说明每个模块的功能,分层次地给出各模块之间的控制关系。

数据结构及数据库设计——对整个系统使用的数据结构及数据库进行设计,包括概念结构设计、逻辑结构设计、物理设计等。

接口设计——包括人机界面设计、外部接口设计等。

模块设计——根据模块的功能,用详细设计表示工具描述每个模块的流程,描述每个模块用到的数据结构。

5.3.2　软件设计原则

1. 模块化

模块是软件结构的基础,是软件元素,是能够单独命名、独立完成一定功能的程序语句的集合。在软件体系结构中,模块是可以组合、分解和更换的单元。模块化是指解决一个复杂问题时自顶向下逐层把软件系统划分成若干模块的过程。其目的是降低软件复杂性,使软件设计、测试、维护等变得更加容易。

合理恰当地运用模块化技术可以防止错误蔓延,降低软件复杂性,从而提高软件系统的可靠性。下面的分析论证了模块化技术可以降低软件的复杂性。

不妨设 $C(x)$是确定问题 x 的复杂度函数,$E(x)$是解决问题 x 所需要的工作量或时间,则对于问题 P_1 和 P_2 有:若 $C(P_1)>C(P_2)$,显然有 $E(P_1)>E(P_2)$。即问题 P_1 比问题 P_2 复杂,所需要的工作量自然要大。根据人类解决问题的一般经验,分解后的问题复杂性总是小于分解前的问题复杂性,因此有 $C(P_1+P_2)>C(P_1)+C(P_2)$。即若一个问题由 P_1 和 P_2 两个问题组合而成,那么它的复杂程度大于分别考虑每个问题时的复杂程度。从而,有 $E(P_1+P_2)>E(P_1)+E(P_2)$,即一个复杂问题的工作量大于该问题分解后的若干小问题的工作量和。

由此可知,模块化可以降低问题的复杂性。但需要注意的是,模块化并不是一定能降低复杂性,因为其有一个前提条件即 $C(P_1+P_2)>C(P_1)+C(P_2)$。该条件并未考虑到一个因素,即模块划分得越小会导致模块之间的关系复杂程度越高。当模块总数增加时,模块与模块之间的接口工作量也会随之增加。模块数目与成本之间的关系如图 5-16 所示。

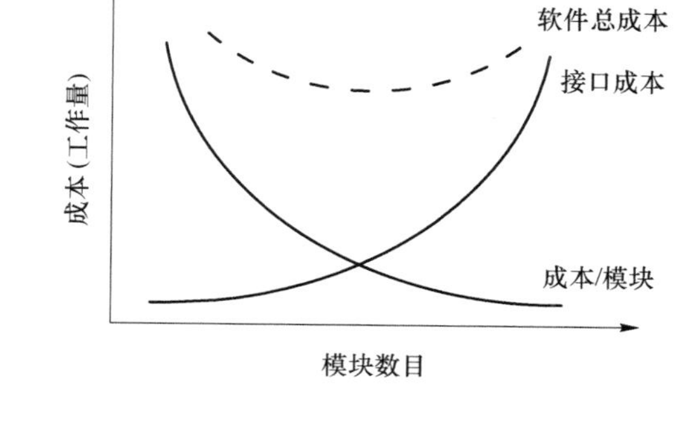

图 5-16　模块数目与成本之间的关系

因此,模块化过程中要避免模块性不足或超模块性。如果模块与外部联系多,则模块独立性差;与外部联系少,则模块独立性强。当然,模块的划分取决于它的实际功能和应用。由上述分析可知,软件模块化的过程必须致力于降低模块与外部的联系。提高模块的独立性,才能有效降低软件的复杂性,使软件的设计、测试、维护等工作变得简单和容易。

2. 抽象与逐层细化

模块有两个重要特征:抽象和信息隐蔽。抽象是人类认识复杂事物和复杂问题的一种思维工具。简单地说,抽象就是抽出事物本质的共同特征而暂时忽略它们的细节差异。人们在长期实践中发现,尽管现实世界纷繁多样,但事物、状态之间存在着某些相似和共性的方面,把这些相似和共性的方面集中或概括起来,暂时忽略其他次要因素,就是抽象。

对软件系统进行模块设计时,可以有不同层次的抽象。在抽象的最高层,可以使用问题所在环境的语言,以概括的方式描述问题的解法。在抽象的较低层,则采用过程化的方法,使用面向问题和面向实现的术语描述问题的解法。最终,在抽象的最底层可以用直接实现的方式来说明。

模块也反映了对数据和过程的抽象。随着抽象在不同层次的开展,可建立数据抽象和过程抽象。数据抽象是一个命名的数据集合,说明了其包含的数据对象。过程抽象是一个命名的指令序列,具有一个特定的和受限的功能。在软件设计中还存在第 3 种抽象,即控制抽象。控制抽象隐含了程序控制的机制,不必说明它的内部控制细节。

经过抽象后,将软件的体系结构按照自顶向下的原则,对各个层次的过程细节和数据细节逐层细化,直到能够用某种程序设计语言的语句实现为止,从而最后确定整个体系结构。

3. 信息隐蔽与局部化

模块化原理可以有效地降低软件设计的复杂度并减少软件开发成本,若要得到一个最佳的模块组合还需要利用信息隐蔽原理。信息隐蔽原理要求,对于包含在模块内的过程和数据等信息,不需要这些信息的其他模块是不能访问的。信息隐蔽意味着有效的模块化可以通过定义一组独立的模块来实现,这些模块彼此之间仅仅交换那些为了完成系统功能所必须交换的信息。

信息隐蔽的使用,使得软件在测试及维护时变得简单。因为绝大多数的数据和过程对于软件其他部分是不可见的,所以模块在修改期间由于疏忽而引入的错误传播到其他软件部分的可能性极小。

局部化的概念和信息隐蔽密切相关,是指把一些关系密切的软件元素物理地放得彼此靠近。模块中的局部变量就是局部化的一个例子。良好的局部化有助于信息隐蔽。采用这种方法进行模块的划分可以得到最佳的程序结构。

4. 模块独立性

模块独立性即指一个模块在运行时,与另一个模块无关。独立性是模块化、抽象、信息隐蔽和局部化的直接结果,也是一个相对的概念。因为,既然各个模块同属于一个系统,所以它们之间必然或多或少地存在着一定的联系。

模块的独立性高是设计一个系统的关键。模块独立性高是指,模块具有独立的功能,并且和其他的模块相互作用少。具有较高独立性的模块划分,对软件功能进行分割,相互之间的接口不复杂,可由多个人员同时开发,使得软件开发更容易。同时,模块相互独立,在各自设计和修改代码时引起的二次影响不大,错误传播少。

为保证模块的相对独立,就需要模块内部自身的联系紧密,而模块间的相互联系尽可能少。模块的内部各个成分之间彼此结合的紧密程度叫内聚,模块间的相互联系性称为耦合。

内聚也称块内联系,是决定软件结构的一个重要因素。按内聚的程度可以分为偶然内聚、逻辑内聚、时间内聚、通信内聚、顺序内聚和功能内聚。一般来说,偶然内聚、逻辑内聚和时间内聚属于低内聚，通信内聚属于中内聚，顺序内聚和功能内聚属于高内聚。在软件设计时，应力求做到高内聚。

耦合的强弱取决于模块相互间接口的复杂程度，一般由模块间的调用方式、传递信息的类型和数量决定。在软件设计时尽可能降低耦合，以使程序容易测试、修改和维护。当一个模块出现错误时，蔓延到整个系统的可能性也很小。耦合有 6 种类型：无直接耦合、数据耦合、标记耦合、控制耦合、公共环境耦合和内容耦合。在设计模块时，应尽量把模块之间的耦合限制到最低，模块环境的任何变化都不应引起模块内部的变化。最好一个模块只做一件事情，若一件事情由多个模块完成，则块间联系就会增加。为减小接口代价，应适当合并模块数。设计模块时，应尽量使用数据耦合，少使用标记耦合和控制耦合，限制使用公共环境耦合，完全不用内容耦合。

设计软件结构时要充分考虑模块的独立性原则，应力求高内聚性、低耦合性。

5. 软件结构设计准则

在软件结构设计过程中，对模块的划分采用以下原则，可提高软件设计的质量。

(1) 降低模块之间的耦合性，提高模块的内聚性

初步设计出软件结构后，还应该审查并分析软件结构，提高模块的独立性。利用分解和合并模块降低耦合性，提高内聚性。

(2) 模块结构的深度、宽度、扇出和扇入应适当

深度指软件结构中模块的层次数，它表示控制的层数，在一定意义上能粗略地反映系统的规模和复杂程度。宽度指同一层次中最大的模块个数，它表示控制的总分布。扇出是一个模块直接调用的模块数目。经验证明，好的系统结构的平均扇出数一般是 3～4 个，不能超过 5～9 个。扇入指有多少个上级模块直接调用它。

一般设计得比较好的软件结构，顶层扇出高，中层扇出较少，底层模块有高扇入。

(3) 模块的作用范围应该在控制范围内

模块的作用范围是指受该模块内一个判断影响的所有模块的集合。模块的控制范围是指模块本身以及其所有直接或者间接从属于它的模块集合。在设计得好的软件结构中，所有受判断影响的模块都从属于做出判断的那个模块。这样可以降低模块之间的耦合性，并且提高软件的可靠性和可维护性。

【例 5-8】 分析图 5-17 中模块的划分是否合理。

B 的作用域为 D、E，B 的控制域为 B、D、E、F、G、H，则 B 的控制域包括了作用域，因此软件结构的划分是合理的。

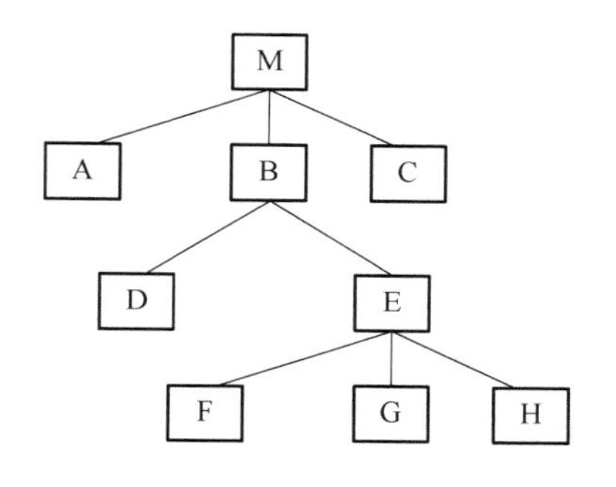

图 5-17　模块的划分

(4) 模块接口设计要简单,以便降低复杂程度和冗余度

接口的高复杂性是软件出错的主要原因之一。接口的设计应尽量使信息传递简单,并与模块的功能一致。如果模块的接口复杂,则可能产生高耦合、低内聚的软件结构。

(5) 设计功能可预测并能得到验证的模块

设计的模块功能应能预测。可把一个模块看成一个黑盒子,不管其内部结构如何,只要输入相同,就会产生相同的输出结果,这种模块的功能是可以预测的。

(6) 适当划分模块规模,以保持其独立性

在考虑模块独立性的同时,为了增加可读性,模块不宜设计太大。一般来说,模块规模最好能够写在 1～2 页纸内,源代码行数控制在 50～200 行比较合适。

以上准则是经过长期的软件开发实践总结出来的,对于改进软件设计、提高软件质量具有重要的参考价值。但这些准则不是设计的目标,也不是在设计时必须遵守的原则。因此,在实际应用时,应根据系统的大小、难易程度和复杂程度等因素综合考虑、灵活运用。

5.3.3 软件结构设计工具

在软件设计阶段,常用的图形设计工具有软件结构图、层次图和 HIPO 图。

1. 软件结构图

软件结构图作为软件设计的有力工具,是软件系统的模块层次结构图,用于表示软件的组成模块及其调用关系。软件结构图主要包括以下 3 个部分。

(1) 模块

用矩形方框表示模块,方框中用文字标记该模块的名字,模块名应反映模块功能。

(2) 模块间调用关系

两个模块间用单向箭头或直线连接,表示它们之间的调用关系。一般来说,总是位于上方的模块调用位于下方的模块,所以用直线而不用箭头也不会产生二义性。为方便起见,使用直线表示模块间的调用关系,在直线两旁用带注释的箭头表示模块调用过程中来回传递的信息,如图 5-18 所示。

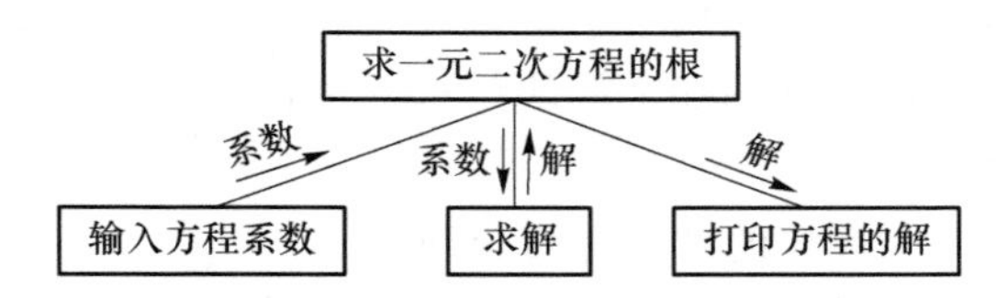

图 5-18 软件结构图示例

(3) 辅助符号

模块之间用菱形符号表示上层模块有条件或选择地调用下层模块,用弧形箭头表示上层模块重复地调用下层模块。如图 5-19 所示,模块 M 循环调用模块 A、B 和 C,而模块 B 则是有条件地或有选择地调用 D 和 E。

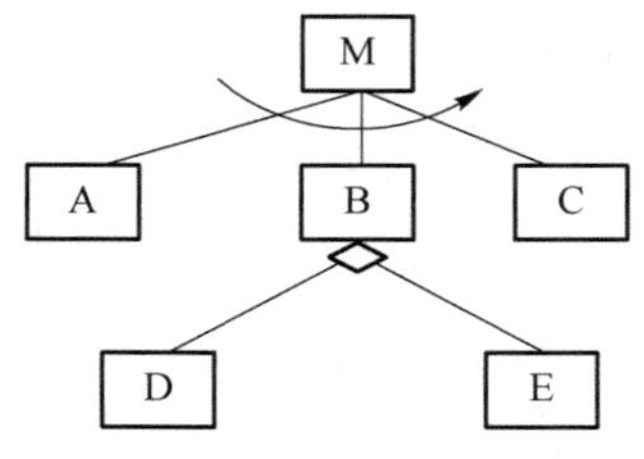

图 5-19 结构图中的辅助符号

2. 层次图

层次图和结构图类似,用于描绘软件的层次结构。层次图中用矩形框代表一个模块,矩形框之间的连线表示调用关系。图 5-20 就是一个用于文字处理系统的层次图。

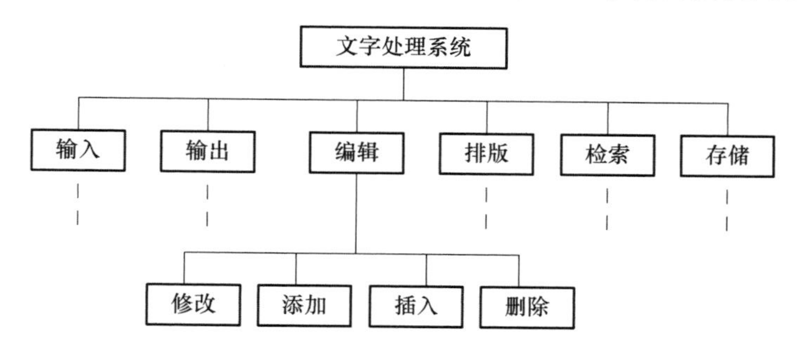

图 5-20 层次图示例

3. HIPO 图

HIPO 图是层次图加上输入-处理-输出图的英文首字母缩写,即 Hierarchy Plus Input-Process-Output。为了使 HIPO 图具有可追踪性,在 H 图(层次图)中除了最顶层的方框之外,每个方框都加编号,如图 5-21 所示。

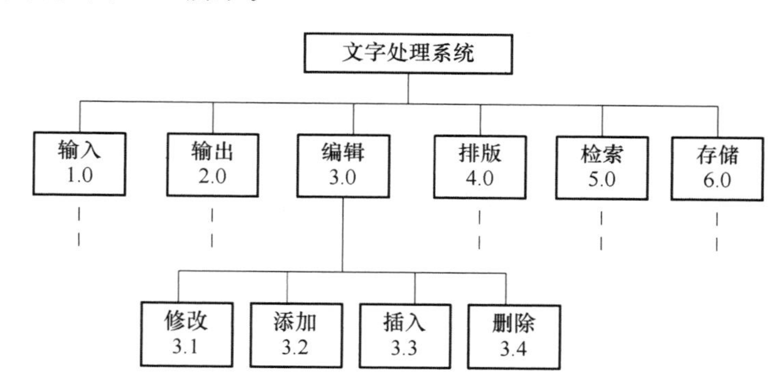

图 5-21 HIPO 图中带有编号的 H 图(层次图)

一个完整的 HIPO 图包括 H 图(层次图)、概要 IPO 图和详细 IPO 图。H 图给出了模块的分解,用分层的方框表示。H 图中每个方框对应一张 IPO 图,用于描绘这个方框代表的模块内的输入、输出和要完成的功能。每个 IPO 图的编号还要与 HIPO 图中的编号一一对应,以便了解该模块在软件结构中的位置。

5.3.4 结构化设计方法

1. 结构化设计流程

以结构化设计(SD,Structured Design)方法为代表的软件设计方法,是根据系统的数据流进行设计的,也称面向数据流的设计或过程驱动的设计。除此以外,还有面向数据结构的设计或数据驱动的设计和面向对象的设计。通常 DFD 描述了信息在系统中的加工和流动情况,SD 方法则定义了一些用于将 DFD 变换成软件结构图的映射。用 SD 方法进行总体设计的过程如下。

① 精细化数据流图,确定数据流图的类型。

② 指出各种信息流的流界。

③ 将数据流图映射为软件结构图。

④ 精细化软件结构图。

⑤ 开发接口描述和全程数据描述。

2. 数据流图的类型

软件设计的一个主要目标,就是使程序结构适应问题结构。问题结构已经在需求分析阶段利用 DFD 进行了描述,所以在进行软件设计分析之前,要分清 DFD 所表示的系统结构特征。现实世界中各种问题所表现的结构特征,都可以纳入下面的两种典型的形式,即变换型结构和事务型结构。

(1) 变换型结构

这类系统由 3 个部分组成:传入路径、变换中心和传出路径。流经这 3 个部分的数据流分别称为输入流、转换流和输出流。在输入流中,信息由外部数据转换为内部形式进入系统。在转换流中,对内部形式的信息进行一系列的加工处理,得到内部形式的结果。在输出流中,信息由内部形式的结果转换为外部形式数据而流出系统。这就是变换型数据流图的特点,其处理过程如图 5-22 所示。

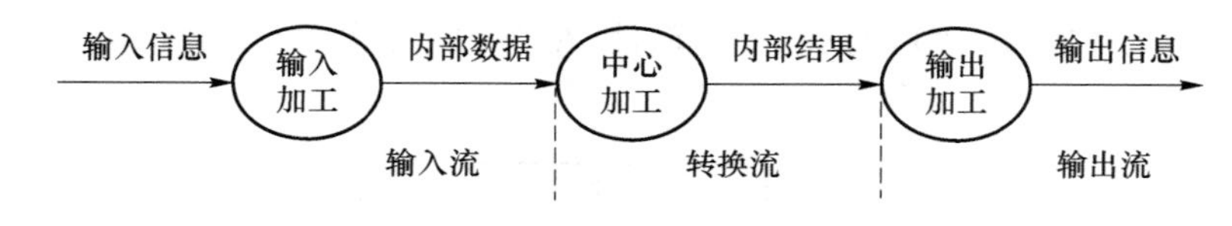

图 5-22 变换型结构

(2) 事务型结构

这类系统的特征是,在具有多种类型的事务中选择执行某类事务。事务型结构由至少一条接受路径、一个事务中心与若干条动作路径组成。当外部信息沿着接受路径进入系统后,事务中心分析每一事务,确定其类型,根据事务的类型选择一个事务路径继续进行处理,其处理过程如图 5-23 所示。

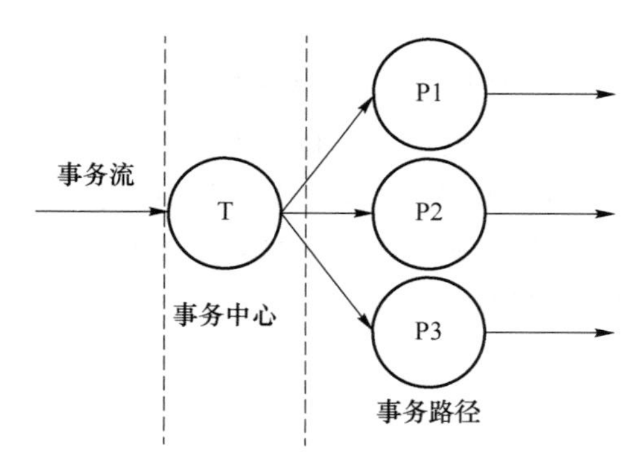

图 5-23 事务型结构

3. 变换型分析设计

根据结构化设计流程,当确定数据流图类型为变换型时,需要按以下步骤进行设计。

(1) 确定边界,找出中心

这一步主要是找出输入流和输出流的边界,确定中心加工。

首先要找出输入流的终点。输入流是把物理输入转换为逻辑输入的数据流,即从输入设备上获得未经加工的外部信息，经过格式转换、合理性检查等得到内部信息。

然后确定输出流的边界。输出流是经过中心加工后得到的结果信息，经过格式变换，组成物理块和各种需要的图表，再经过物理设备输出。

最后的核心工作是确定中心加工。中心加工的确定在有的系统中很明显，多个数据流的汇集点就可以看成变换中心。若一时不好确定，则当确定了输入和输出的边界后，输入流和输出流之间的加工就是中心加工。变换的中心和系统的规模有一定关系，规模小的系统可能只有一个变换中心，而规模大的系统可能有几个变换中心。此时，每一个变换中心应设计一个变换模块，用于接受输入、加工处理，再输出。

图 5-24 所示为具有边界的变换型数据流图。

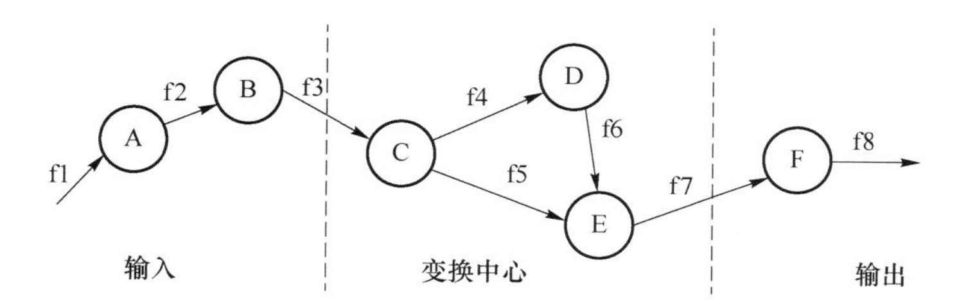

图 5-24　具有边界的变换型数据流图

(2) 第 1 级分解，设计顶层和第 1 层

当中心加工确定后，就相当于确定了主模块的位置，即软件结构的顶层。顶层的功能是实现整个系统要达到的目标，同时控制下层模块。在设计好顶层后，就可以设计第 1 层。第 1 层至少要有输入、输出和变换中心 3 种功能的模块。为每个输入设计一个输入模块，其功能是为主模块提供输入。为变换中心设计一个变换模块，其功能是接受输入，做中心加工变换处理，再输出。为每个输出设计一个输出模块，其功能是从主模块接受输出。这些模块之间的数据传送，应该与数据流图一一对应。图 5-25 所示的虚线上面的部分，即为图 5-24 对应的顶层和第 1 层的分解与设计。

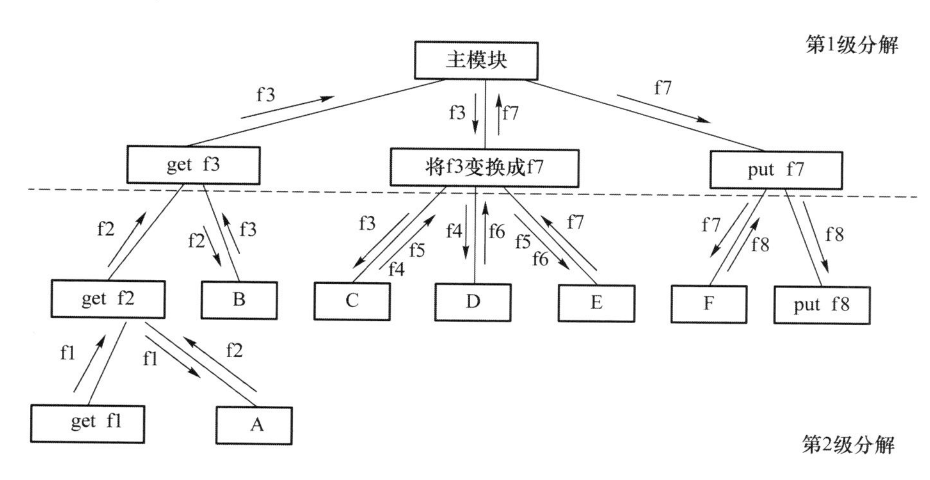

图 5-25　图 5-24 对应的初始软件结构图

(3) 第 2 级分解，设计中下层

根据第 1 层的模块，采用自顶向下、逐步细化的策略为中下层模块设计它们的下属模块。通常先设计输入和输出的下属模块。

输入模块的功能是向调用它的模块提供数据，所以必须要有数据来源。因此，这样的输入模块至少应由两部分组成：一部分接收输入数据；另一部分将数据按调用模块的要求转换后提供给调用者。所以输入模块一般可以设计两个下属模块，一个是输入模块，另一个是转换模块。用类似的方法一直分解下去，直到物理输入端。如图 5-25 中模块“get f3”和“get f2”的分解，直到“get f1”模块为物理输入模块。

类似地，输出模块也应包括两个下属模块：一个下属模块从调用它的模块中接受数据并进行转换；另一个下属模块则用于输出，一直到物理输出端。如图 5-25 中模块“put f7”的分解，“put f8”为物理输出模块。

在设计完输入和输出的中下层模块后，还要为变换中心设计下属模块。变换中心的下属模块应根据变换中心的组成情况进行设计。一般来说，要为每个基本加工建立一个功能模块，如图 5-25 中的模块“C”“D”和“E”。

（4）进一步精细化

运用上述变换型分析技术，可以较容易地得到与数据流图相对应的初始软件结构图。得到初始软件结构图后，还必须根据设计原理和设计准则对其进行优化和求精。

首先考虑输入和输出部分的求精。对每个物理输入设置专门模块，以体现系统的外部接口。其他输入模块并不是真正的输入，当它与转换数据的模块都很简单时，可以将它们合并成一个模块。对每个物理输出也要设置专门模块，同时要注意把相同或相似的物理模块合并在一起，以降低耦合度。

然后考虑变换部分的求精，根据模块独立性原理，遵循高内聚、低耦合的原则，合理地对模块进行再分解或合并。

实际中，对软件结构图的优化求精，常带有很大的经验性。因此，要根据具体情况灵活掌握上述设计方法。在完成控制功能的前提下，仔细设计每个模块的接口。每个模块的规模要适中，不要太复杂，尽量做到每个模块都是高内聚、低耦合的。最终经过反复修改，得到一个易于实现、易于测试和易于维护的具有良好特征的软件结构。

4. 事务型分析设计

当数据流图被确定为事务型时，就要用事务分析的设计方法。将相应的数据流图转换为初始的软件结构图，其步骤与变换型的分析设计方法类似，主要差别在于事务型要对几个事务路径做调度处理。步骤如下。

（1）确定流界

首先识别事务流、事务中心和事务路径。事务中心之前是接收事务，事务中心之后是事务路径，而事务中心本身有显著特点，即有一股数据流流入，有若干股数据流流出。因此，事务型的流界比较容易确定，图 5-23 所示为确定了流界的事务型数据流图。

（2）第 1 级分解，设计顶层和第 1 层

将事务中心映射为事务控制模块，即顶层。从顶层向下再分解，它有两个子功能模块，即第 1 层。一个是接收事务流的接收事务数据模块，另一个是发送事务模块，会根据事务流选择不同的事务路径。第 1 层中包括一个接收分支和一个发送分支。接收分支负责接收数据，发送分支一般包含一个发送事务模块，它控制协调着所有的下层事务处理模块。如果事务类型不多，发送事务模块可与事务控制模块合并。图 5-26 中的虚线以上部分即为图 5-23 对应的第 1 级分解。

（3）第 2 级分解，设计中下层

对于接收分支，可采用与变换型数据流图中对输入流的映射类似的方法设计中下层。对

于发送分支,为每条事务路径设计一个事务处理模块,若干个模块构成事务层。在事务层模块之下,沿各个事务路径进行分析,进一步设计动作层和细节层模块等。图 5-26 中虚线以下部分即为图 5-23 对应的第 2 级分解。

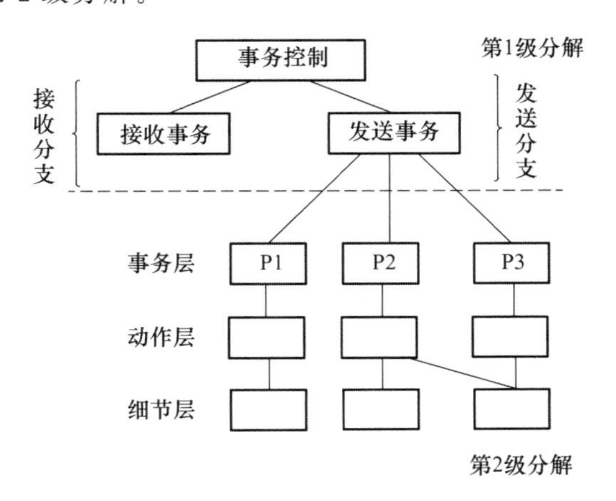

图 5-26　事务型数据流图的软件结构图

(4) 进一步精细化

对事务型结构的优化和求精类似于变换型结构,此处不再赘述。

5.3.5　详细设计

1. 目的与任务

详细设计是软件设计的第 2 个阶段,在此之前的总体设计阶段已将系统划分为多个模块,并将它们按一定的原则组装起来,同时确定了每个模块的功能及模块间的外部接口。在详细设计阶段就是要对每个模块给出足够详细的过程性描述,故详细设计也称过程设计。

详细设计的目的就是确定应怎样具体实现所要求的系统。由此产生的详细设计任务包括:为每一模块确定算法及块内的数据结构,并采用详细设计工具进行清晰的描述,从而可以根据设计任务,在编码阶段把这些描述直接翻译成用某种程序设计语言书写的源程序。

详细设计阶段的结果是要设计出程序的蓝图,即详细设计说明书。作为该阶段的产品,说明书的质量将直接影响下一阶段程序的质量。因此,详细设计说明书须包含以下内容。

- 为每个模块确定采用的算法,选择某种适当的工具清晰地表达算法的实现过程,写出模块的详细过程性描述。
- 确定每个模块使用的数据结构。
- 确定模块接口的细节,包括系统外部的接口和用户界面,系统内部其他模块的接口,以及关于模块输入数据、输出数据及局部数据的全部细节。

在详细设计阶段结束时,应该把上述结果写入详细设计说明书,并且通过复审形成正式文档,作为下一个编码阶段工作的依据。要实现上述目标,结构化程序设计方法是一种关键技术。

2. 结构化程序设计

结构化程序设计的概念最早是由荷兰计算机科学家艾兹格·迪科斯彻(Edsger Dijkstra)提出的,是详细设计阶段采用的一种典型方法。

结构化程序设计使用 3 种基本结构:顺序、选择和循环。顺序结构是按顺序依次执行的一种基本结构。选择结构则是根据逻辑条件的不同，选择不同的路径执行。循环结构是反复执行的一个过程。这 3 种结构是结构化程序设计中最基本的，也是软件工程领域中重要的技术。只要使用这 3 种基本控制结构，就能实现任何单入口单出口且无死循环的程序。

结构化程序设计采用自顶向下、逐步求精的设计方法，以及单入口单出口的控制结构。在总体设计阶段，用逐步求精法可以把一个复杂问题分解成由多个模块构成的层次结构和软件系统。在详细设计阶段，采用此方法可以把一个模块的功能细分为一系列具体步骤。

3. 详细设计工具

详细设计阶段采用的描述方法也称详细设计工具，可分为图形、表格和语言三类。无论哪类工具，都要求能提供对设计准确、无歧义的描述。也就是应能指明控制流程、处理功能、数据组织及其他方面的实现细节，从而在编码阶段能把对设计的描述直接翻译为程序代码。常用的描述工具有程序流程图、NS 图、PAD 和过程设计语言等。

（1）程序流程图

程序流程图又称流程图，是一种最古老、应用最广泛的设计表达工具。它易学，表达算法直观。编程人员常用流程图表达程序的梗概，以便同他人交流。缺点是它不够规范，特别是箭头的使用会造成描述程序逻辑时的随意性。因此，必须对程序流程图加以限制，使其成为规范的详细设计工具。

（2）N-S 图

1973 年，Nassi 和 Sheneiderman 发表了题为《结构化程序的流程图技术》的文章，提出使用盒式方框图代替流程图，可以有效克服程序流程图不规范的缺点。根据这两位创始人的名字，许多人将它简称为 N-S 图，其主要特点就是只能描述结构化程序所允许的标准结构。

（3）PAD

PAD 是 Problem Analysis Diagram 的简称，即问题分析图，是日本日立公司于 1979 年提出的一种算法描述工具。它采用一种从左向右展开的二维树形结构图来描述程序的逻辑，是一种改进的图形描述方式。PAD 也只能描述结构化程序允许使用的几种基本结构，用 PAD 描述的程序流程能使程序一目了然。因此，根据 PAD 编制的程序，不管由谁来编写，都会得到风格相同的源程序。

（4）过程设计语言

过程设计语言的英文全称为 Process Design Language，简称 PDL，也称伪码，是一种用于描述模块算法设计和处理细节的语言。一方面，PDL 具有严格的关键字外层语法，用于定义控制结构和数据结构；另一方面，PDL 表示实际操作和条件的内层语法又是灵活自由的，以便可以适应各种工程项目的需要。因此，PDL 是一种混杂语言，它在使用一种语言（通常是某种自然语言）词汇的同时，又使用另一种语言（某种结构化程序设计语言）的语法。PDL 与实际的高级程序设计语言的区别在于：PDL 的语句中嵌有自然语言的叙述，故 PDL 是不能被编译的。

5.4 软件编码

经过软件的总体设计和详细设计后，便得到了软件的系统结构和每个模块的详细过程描述。接着便进入了软件的制作阶段，也就是人们习惯上所称的编程阶段，即软件编码阶段，也叫软件构造阶段。编程阶段应交付的文档就是程序。作为软件工程的一个阶段，编码是对设计的进一步具体化。程序的质量基本上是由设计的质量决定的，但是编程使用的语言性能及程序的书写风格和途径，在很大程度上影响着软件的质量和维护性能。所以，选择哪一种程序设计语言和怎样编写代码是需要认真考虑的。

5.4.1 程序设计语言的分类

程序设计语言是人与计算机通信的媒介。到目前为止，世界上公布的程序设计语言有千余种，但应用较好的只有几十种。现在的编程语言五花八门、种类繁多，学界对其如何分类也有不同的看法，而且从不同的分类角度出发将得到不同的分类体系。从软件工程的角度，编程语言可分为基础语言、结构化语言和面向对象的语言三大类。

1.基础语言

基础语言是通用语言，其特点是适用性强、应用面广、历史悠久。这些语言始于20世纪五六十年代，随着版本的不断改进，至今仍被人们广泛使用，如FORTRAN、BASIC和COBOL等语言都是基础语言。

FORTRAN是Formula Translation的简写，即表示公式翻译。它是最早使用的高级语言之一，主要用于科学和工程计算，因此在科学计算与工程领域应用比较广泛。由于FORTRAN中的语句几乎可以直接用公式来书写，所以它深受广大科技人员的欢迎。从1956年到现在，经过60多年的实践检验，它始终保持着科学计算语言的重要地位。其缺点是数据类型仍欠丰富，不支持复杂的数据结构。

BASIC是Beginner's All－purpose Symbolic Instruction Code的简写，即初学者通用符号指令代码。它是20世纪60年代初期为适应分时系统而研制的一种交互式语言，可用于一般数值计算和事务处理。它简单易学，具有人机会话功能，成为许多初学者学习程序设计的入门语言，已经被广泛应用在微型计算机系统中。目前BASIC语言拥有了许多版本，如True BASIC完全支持结构程序设计概念，并加强或增加了绘图、窗口、矩阵计算等功能；还有Visual Basic，已经成为一种面向对象的可视化基础编程语言。

COBOL是Common Business Oriented Language的简写，即面向商业的公用语言，是商业数据处理中广泛使用的语言。它创建于20世纪50年代末期，其本身在结构上的特点，使得它能有效地支持与商业数据处理有关的各种过程技术。它的优点是使用接近于自然语言的语句，易于理解，从而受到企、事业单位相关人员的欢迎。它的缺点是程序不够紧凑，计算功能较弱，编译速度较慢。

ALGOL是Algorithmic Language的简写，即算法语言，它是在计算机发展史上首批被清晰定义的高级语言，它于20世纪50年代由欧美计算机科学家合力组成的联席大会开发。它是所有结构化语言的先驱，提供了非常丰富的过程构造和数据类型构造，对20世纪60年代末提出的Pascal语言有重大影响。

2. 结构化语言

20世纪70年代以来，随着结构化程序设计思想的逐步发展，先后出现了一批常用的结构化语言。作为基础语言的ALGOL是结构化语言的基础，由它衍生出Pascal、C和Ada等结构化语言。

Pascal语言是第一个体现结构化程序设计概念的高级语言，它是由瑞士科学家Niklaus Wirth教授于20世纪60年代末设计的。取Pascal这个名称是为了纪念17世纪法国著名的哲学家和数学家Blaise Pascal。Pascal语言是一种结构化程序设计语言，具有功能强，数据类型丰富，可移植性好，写出的程序简明、清晰、易读、便于查找和纠正错误等特点。这些特点使Pascal成为一种较理想的教学用语言，有利于培养学生良好的程序设计风格。它不仅适用于数值计算，而且适用于非数值计算问题的数据处理。它既能用于应用程序设计，也能用于系统程序设计。它还是一门自编译语言，这使它的可靠性大大提高。在Pascal的各种版本中，尤以Turbo Pascal最为强大。

C语言于1973年由美国贝尔实验室的丹尼斯·利奇成功开发。它最初是作为UNIX操作系统的主要语言开发的，现已成功地移植到多种微型与小型计算机上，成为独立于UNIX操作系统的通用程序设计语言。C语言是在B语言的基础上发展而来的，而B语言是通过对BCPL(Basic Combined Programming Language)的改进得到的。B语言的命名来自BCPL的第一个字母，而C语言的命名则取自BCPL的第2个字母。C语言除了具有结构化语言的特征如语言功能丰富、表达能力强、控制结构与数据结构完备、使用灵活方便、有丰富的运算符和数据类型外，还具有可移植性好、编译质量和目标程序效率高等特点。C语言诞生后，吸引了人们的注意。许多原来用汇编语言编写的软件，现在可以用C语言编写。它具有汇编语言的高效率，但又不像汇编语言那样只能局限于在某种处理机上运行。此外，学习使用C语言要比学习使用汇编语言容易得多。C语言的这些特点使它能写出效率高的应用软件，也能编写操作系统、编译程序等系统软件。

Ada语言主要是针对实时、并发和嵌入式系统而设计的。Ada语言是在Pascal语言的基础上开发的，功能更强、更复杂。它除了包含数字计算、非标准的输入和输出、异常处理、数据抽象等特点外，还具有程序模块化、可移植性、可扩充性等特点。此外，它还具有丰富的实时特性，包括多任务处理、中断处理、任务之间的同步与通信等。它既是编码语言，又可用作设计表达工具。它提供了多种程序单元(包括子程序、程序包等)与实现相分离的规格说明，可分别编译，支持对大型软件的开发，也为采用现代开发技术开发软件提供了便利。

3. 面向对象的语言

面向对象的语言是一类以对象为基本程序结构单位的程序设计语言，用于描述以对象为核心的程序设计，而对象是程序运行时的基本成分。语言中包括类、对象、多态、继承等特性，常用的面向对象的语言有C＋＋语言、Java语言、C＃语言和Python语言等。

C＋＋语言是从C语言进化而来的，既保留了传统的结构化语言C语言的特征，又融合了面向对象的功能。C＋＋语言增加了数据抽象、继承、封装、多态性、消息传递等概念实现的机制，又与C语言兼容，从而使得它成为一种灵活、高效、可移植的面向对象语言。C＋＋语言是由美国AT&T公司的贝尔实验室最先设计和实现的语言，目前已经有许多不同的版本，如Borland C＋＋、Visual C＋＋等。

Java语言是由Sun公司推出的一种面向对象的网络编程语言，具有分布式、安全、高效和易移植等特点。它的基本功能类似于C＋＋，但做了重大修改，如不再支持运算符重载、多继承及许多易混淆和较少用的功能。同时，增加了内存空间自动垃圾回收的功能，使程序员不需要考虑内存管理的问题。Java不仅能编写小的应用程序来实现嵌入式网页的声音和动画功能，还能应用于独立的大中型应用程序中。它强大的网络功能把整个Internet作为一个统一的运行平台，极大地拓展了传统单机或Client/Server模式下应用程序的外延和内涵。

C＃语言是微软公司为.Net平台量身定制的纯面向对象的编程语言，也是.Net平台开发的首选语言。C＃汲取了C/C＋＋和Java的特性，既具有Java语言的简单易用性，又具有C/C＋＋语言的强大特性。C＃自4.0版本开始，引入动态语言特性，可以解决一些静态语言无法解决的问题。在 Web 开发方面，C# 也是微软的主推语言，尤其是基于 C# 的 ASP. Net，是 Windows/IIS 平台上的首选。微软仍然在快速地扩展 C# 的功能，越来越多的语言优点被融合到 C# 中。

Python 语言是一种面向对象、解释型的计算机程序设计语言，于 1991 年发行了首个公开发行版本。Python 语法简洁清晰，其特色之一是强制用空白符作为语句缩进。Python 具有丰富和强大的库，它常被称为胶水语言，能够把用其他语言(尤其是 C/C++语言)制作的各种模块很轻松地联结在一起。

5.4.2 程序设计语言的选择

进行软件开发时，应根据待开发软件的特征及开发团队的情况考虑使用合适的编程语言。因为不同的编程语言有各自不同的特点，有些时候软件开发人员在选择时经常感到矛盾。这时，软件开发人员应该从主要问题入手，对各个因素进行平衡。

在选择编程语言时，通常需要考虑以下因素。

(1) 待开发系统的应用领域，即项目的应用范围

不同的应用领域一般需要不同的语言。对于大规模的科学计算，可用 FORTRAN 语言或 C 语言，因为它们有大量的标准库函数，可用于处理复杂的数值计算。对于一般商业软件的开发，可选用 C++、C# 和 Java，它们是面向对象的语言，相对于面向过程的语言它们更具灵活性。实时处理软件对系统的性能要求较高，选择汇编语言、Ada 语言比较合适。

(2) 用户的要求

如果用户熟悉软件所使用的语言，那么使用软件会更方便，给软件日后的维护工作也会带来很多方便。软件开发人员应尽量满足用户的要求，使用他们熟悉的语言。

(3) 使用何种工具进行软件开发

软件开发工具可以提高软件开发的效率。因为特定的软件开发工具只支持部分编程语言，所以应根据将要使用的开发工具确定采用哪种语言。

(4) 软件开发人员的喜好和能力

采用开发人员熟悉的语言进行软件开发，可以节省开发人员学习和培训的资源，加快软件开发的速度。

(5) 软件的可移植性要求

可移植性好的语言可以方便地使软件在不同的计算机系统上运行，如果软件要适用于多种计算机系统，那么编程语言的可移植性是非常重要的。

(6) 算法和数据结构的复杂性

有些编程语言可以完成算法和数据结构复杂性较高的计算，如 C 和 FORTRAN。但有些语言则不适宜完成复杂性较高的计算，如在人工智能领域使用的 LISP 和 Prolog。所以在选择编程语言时，要选择能够适应项目算法和数据结构复杂性的语言。一般来说，科学计算、实时处理、人工智能领域中解决问题的算法比较复杂，数据处理、数据库应用、系统软件开发领域内的问题的数据结构也比较复杂。

(7) 平台支持

某些编程语言只在指定的平台上才能使用。比如为 iPad 和 iPhone 平台开发软件，只能选择使用 Objective-C 等。为 Android 平台开发软件，则只能使用 Java、Python 和 Ruby 等。这种情况下，软件开发人员在选择语言时，必须考虑具体的平台支持特性。

除上述多个因素外，软件开发人员还要结合最少工作量、最少技巧性、最少错误、最少维护、最少记忆等原则，进行综合考虑。

5.4.3 编程风格

编程风格是指一个程序员在编程时所表现的特点、结构、逻辑思路的总和。具体来说就是程序的书写习惯，如变量的命名规则、代码的注释方法、缩进等。具有良好编程风格的源程序具有较强的可读性、可维护性，同时还能提高团队开发的效率。良好的个人编程风格是一个优秀程序员业务素质的一部分，项目内部相对统一的编程风格也会使该项目的版本管理、代码评审等软件工程相关工作更容易实现。特别是在大型软件开发项目中，为了控制软件开发质量，保证软件开发的一致性，遵循一定的编程风格尤为重要。

编程风格的具体内容包括版本声明、程序内部文档、数据说明、输入/输出安排等，良好的编程风格的总体原则是简明性和清晰性。要做到按良好的编程风格进行编程，可以从以下几点入手。

1. 版权和版本声明

应该在每个代码文件的开头对代码的版权和版本进行声明，主要内容如下。

- 版权声明。
- 文件名称，文件标识，摘要。
- 当前版本号，作者/修改者，完成日期。
- 版本历史信息。

版权和版本声明是对代码文件的一个简要介绍，包括文件的主要功能、编写者、完成和修改时间等信息。添加版权和版本声明使代码更加容易阅读和管理，一个典型的版权和版本声明如下所示。

```
/*
 * Copyright (C) 2022, NCEPU
 * All rights reserved.
 *
 * 文件名称:filename.h
 * 文件标识:见配置管理计划书
 * 摘要:简要描述本文件的内容
 *
 * 当前版本:1.1
 * 作者:作者或修改者姓名
 * 完成日期:2022 年 2 月 1 日
 *
 * 取代版本:1.0
 * 原作者:作者或修改者姓名
 * 完成日期:2022 年 1 月 1 日
 */
```

2. 程序内部文档

程序内部文档包括标识符的选取、程序的注释和程序的布局。

(1) 标识符的选取

为了提高程序的可读性，选择有意义且直观的名字，使之能正确提示程序对象所代表的实体，这对于帮助阅读者理解程序是很重要的。无论大程序还是小程序，选取有意义的标识符都会有助于理解。名字的长度要适当，不宜太长，否则难以记忆，同时增加了出错的可能性。如果名字使用缩写，缩写规则要一致，并应给每个名字加上注释以便阅读理解，从而提高程序的可维护性。

（2）程序的注释

注释阐述了程序的细节，是软件开发人员之间以及开发人员和用户之间进行交流的重要途径，做好注释工作有利于日后的软件维护。注释也需要遵循一定的规则，比如注释需要提供的信息、注释的格式、注释的位置等。

注释可分为序言性注释和功能性注释。序言性注释位于模块的起始部分，用来简要描述模块的用途、主要参数、返回值描述、捕获的异常类型、开发人员及实现时间、修改人员及修改时间等。功能性注释位于模块内部，经常对较难理解、逻辑性强或比较重要的代码进行解释，从而提高代码的可理解性。

在合适的位置适当注释有助于理解代码，但应注意不可过多地使用注释。注释也应遵循以下一些基本原则。

- 功能性注释是描述的程序块，而不是解释每行代码。
- 注释应当准确、易懂，防止有二义性。
- 注释的位置应该与被描述的代码相邻，可以放在代码的上方或右方，不可放在下方。
- 当代码有多重嵌套时，应当在一些段落结束处加注释，以便于阅读。

（3）程序的布局

在程序编写过程中应注意程序的布局，适当使用阶梯形式，可使程序代码逻辑更加清晰。适当使用空行、空格或括号，使读者容易区分程序和注释。好的程序布局和代码格式没有统一的标准，需要在长期的代码编写过程中积累经验教训。尽管很多集成开发环境都自动加了对布局和代码的默认编辑功能，但作为编程人员，还是应当了解并掌握一些基本的布局和格式规则。

3. 数据说明

为了使数据更加容易理解和维护，数据说明应遵循一些简单的原则。

- 数据说明的次序应该标准化。比如哪种数据类型的说明在前，哪种在后。如果数据说明能够遵循标准化的次序，那么在查询数据时就比较容易，这样能够加速测试、调试和维护的进程。
- 当一个说明语句说明多个变量时，最好按字典顺序排列。
- 如果设计时使用了一个复杂的数据结构，则应加注释说明用程序设计语言实现这个数据结构的方法和特点。

4. 语句构造

语句构造是编写代码的一个重要任务，语句构造应遵循的原则和方法在编码阶段尤为重要。人们在长期的软件开发实践中，总结出的语句构造原则有以下几点。

- 不要为了节省存储空间把多个语句写在同一行。
- 尽量避免复杂的条件测试，尤其是减少对“非”条件的测试。
- 避免大量使用循环嵌套语句和条件嵌套语句。
- 利用圆括号使逻辑表达式或算术表达式的运算次序清晰直观。
- 变量说明不要遗漏，变量的类型、长度、存储及初始化要正确。
- 心理换位：“如果我不是编码人，我能看懂它吗”。

5. 输入/输出

软件系统输入/输出部分与用户的关系比较密切,良好的输入/输出实现能够直接提高用户对软件系统的满意度。一般情况下,对软件系统的输入/输出应考虑以下原则。

- 对所有输入数据都要进行校验,以保证每个数据的有效性并可以避免用户误输入。
- 检查输入项重要组合的合法性。
- 保持简单的输入格式,为方便用户使用,可在提示中加以说明或用表格方式提供输入位置。
- 输入一批数据时,使用数据或文件结束标志,不要用计数来控制,更不能要求用户自己指定输入项数或记录数。
- 人机交互式输入时,要详细说明可用的选择范围和边界值。
- 当程序设计语言对输入格式有严格要求时,应保持输入格式与输入语句的要求一致。
- 输出报表的设计要符合用户要求,输出数据应尽量表格化、图形化。
- 给所有的输出数据加标志,并加以必要的注释。

6. 效率

效率是对计算机资源利用率的度量,它主要是指程序的运行时间和存储器容量两个方面。程序的运行时间主要取决于详细设计阶段确定的算法,使用较少的存储单元可以提高存储器的效率。

关于程序效率应该记住以下 3 条原则。

- 效率是属于对性能的要求,因此应该在软件需求分析阶段确定效率方面的要求。
- 良好的设计可以提高效率。
- 提高程序的效率和好的编码风格要保持平衡,不应一味追求程序的效率而牺牲程序的清晰性和可读性。

提高程序效率的一些具体方法如下。

- 减少循环嵌套的层数。在多层循环中,可以把有些语句从外层移到内层。
- 将循环结构的语句用嵌套结构的语句来表示。
- 简化算术和逻辑表达式,尽量不使用混合数据类型的运算。
- 避免使用多维数组和复杂的表结构。

5.5 软件测试与调试

软件测试即通过一定的方法和工具,对被测试软件进行检验或考查,目的是发现被测试软件具有某种属性或存在某种问题。由于软件测试内容相对独立,故单独设置章节,请读者参考本书第 6 章相关内容。

5.5.1 调试技术

调试是在软件测试发现错误之后排除错误的过程,其目的是寻找错误的原因并改正错误。虽然调试应该是而且可以是一个有序过程,但是软件错误的外在表现和它的内在原因可能并没有明显联系,目前调试在很大程度上仍然是一项技巧。

调试过程可分为两步:

① 确定错误的准确位置；

② 确定错误的原因并设法改正错误。

其中，第①步所需的工作量大约占调试工作总量的95%。在完成调试后，为了确定错误排除了，通常还需要重复进行暴露这个错误的原始测试以及某些回归测试。

如何在浩如烟海的语句、数据结构中找出错误的根源？有以下一些调试技术可供参考。

1. 输出寄存器的内容

在测试中出现问题，设法保留现场信息，把所有寄存器和主存中有关部分的内容打印出来进行分析研究。

2. 打印语句

为取得关键变量的动态值，在程序中插入打印语句，可检验在某事件后某个变量是否按预期要求发生了变化。

3. 自动调试工具

利用程序语言提供的调试功能或专门的调试工具来分析程序的动态行为，例如检查主存和寄存器，设置断点等。这里以Visual C++开发环境中的Debug功能为例进行说明。

假设一个程序实现的功能为：在两个char类型数组中，找到第1个不同字符，并输出其对应的ASCII码值差的绝对值。其参考代码如下。

```
#include <iostream>
using namespace std;
#include <cmath>
int main()
{
    char a[100],b[100];
    int c,d,e,i;
    cin>>a;
    cin>>b;
    if(a==b)
    {
        cout<<"no";
    }
    else
    {
        for(i=0;a[i]==b[i];i++)
        {


        }
        c=(int) a[i];
        d=(int) b[i];
        e=fabs(c-d);
        cout<<e;
    }
    return 0;
}
```

通常在开始调试前需要设置断点，即程序运行到断点位置时不再继续运行，而是等待编程人员的进一步指令。设置断点的方法为：在指定的代码行右击，选择弹出的命令“Insert/Remove Breakpoint”完成插入断点。也可以在工具栏中选择手形按钮实现断点的“插入”与“移除”，如图 5-27 中虚线框所示。

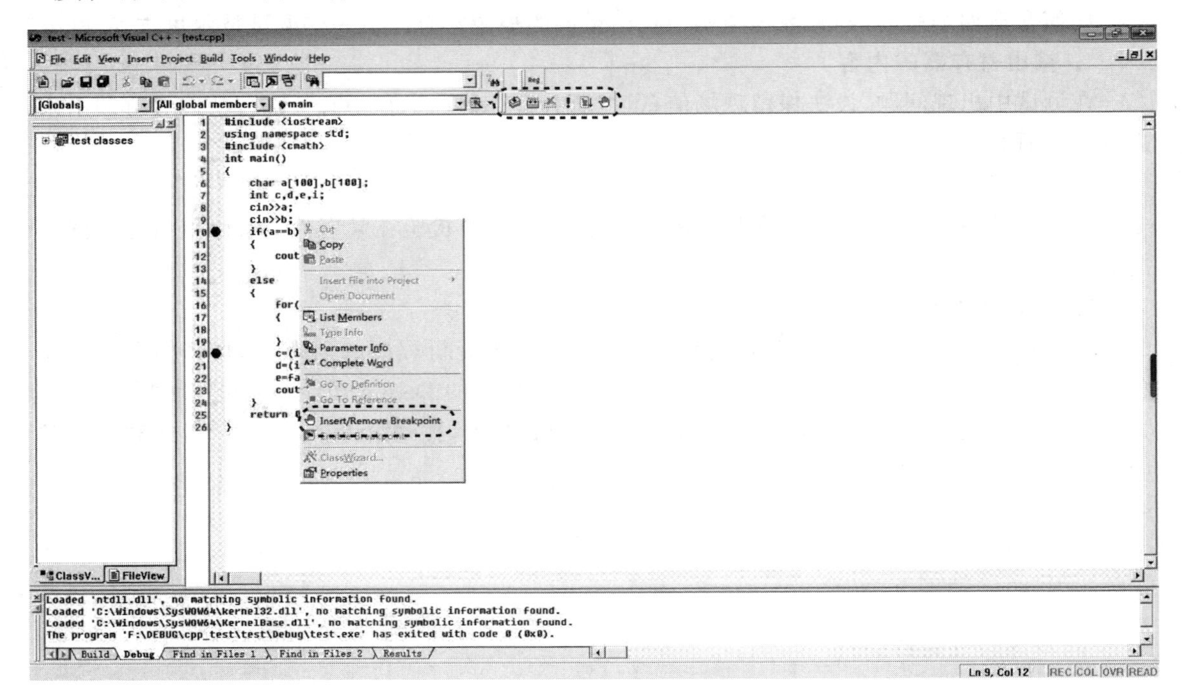

图 5-27　Visual C++中断点的插入

在 Visual C++的 Build 菜单中选择“Start Debug”命令，单击“Go”命令即可开始调试过程。也可使用其对应的快捷键 F5，或单击工具栏上的按钮开始调试过程。开始调试后，若还想增加断点，可以在指定的行再次插入断点。在本例中，尽管在 cin＞＞a 语句处没有设置断点，但由于遇到的是输入命令，所以程序等待用户输入字符数据，如图 5-28 所示。

在第 1 行输入数据 1，按回车键；再在第 2 行输入数据 2，再按回车键，程序完成数据的输入过程。同时返回到程序并在断点位置停下，用黄色箭头指示当前程序待执行的语句，如图 5-29所示。此时，可以在窗口左下方看到变量名 a 和 b 所对应的值。这里显示的值是两个字符数组的指针即地址值，后面的"1"和"2"则是刚才输入的字符数据。在窗口的右下方可以输入关心的变量，会显示在当前断点位置时其对应的值。程序开发人员可以通过分析这些变量的值，以确定是否存在错误。此时在弹出的 Debug 工具栏中，可根据情况选择“Step Into”“Step Over”“Step Out”和“Run to Cursor”命令，实现跳入、跳过、跳出和运行到光标的功能。具体位置如图 5-29 中虚线框所示，也可以利用菜单中的 Debug 命令进行选择，功能相同。

若程序没有错误，可再次单击“Go”命令或按 F5，则程序运行到下一个断点处，如图 5-30 所示。此时，开发人员可以观察窗口下方各个变量的值是否存在错误，并分析可能的出错原因。

此时，开发人员可利用“Step Over”命令，逐步跳过各个语句，完成程序的运行，并得到正确的结果，如图 5-31 所示。由于在后面的语句中有 cout，该语句不提供其实现的细节，因此无法使用“Step Into”命令进入内部查看。

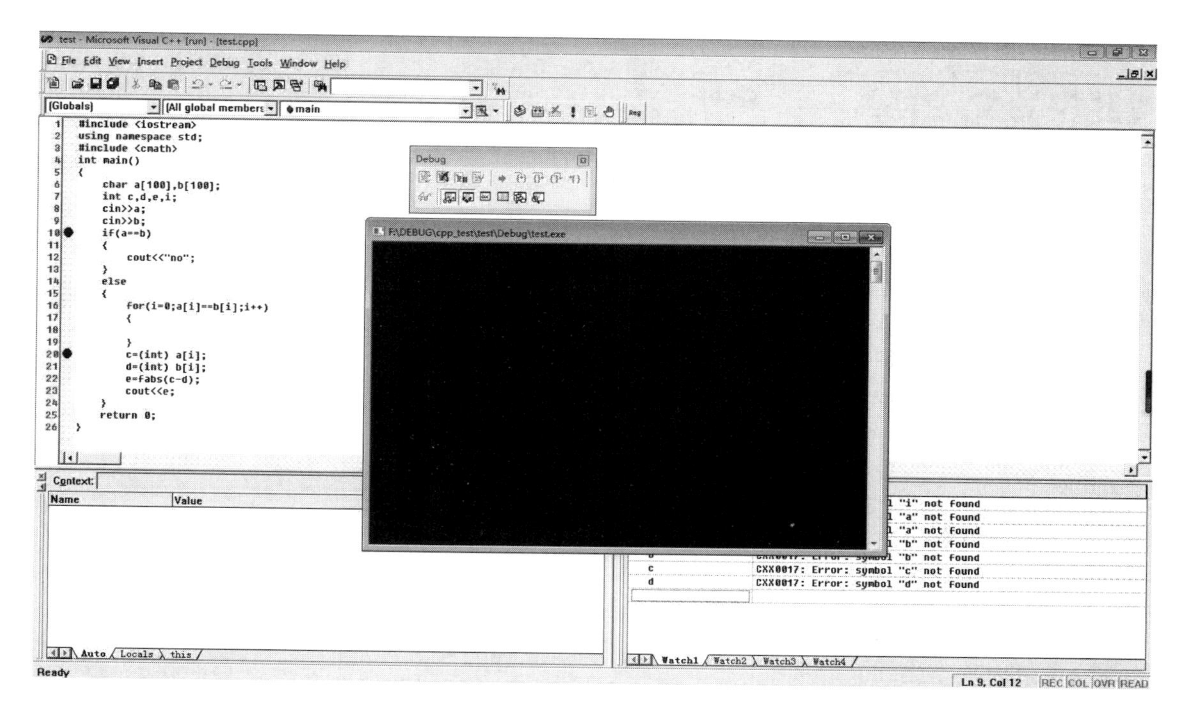

图 5-28　等待用户输入字符数据

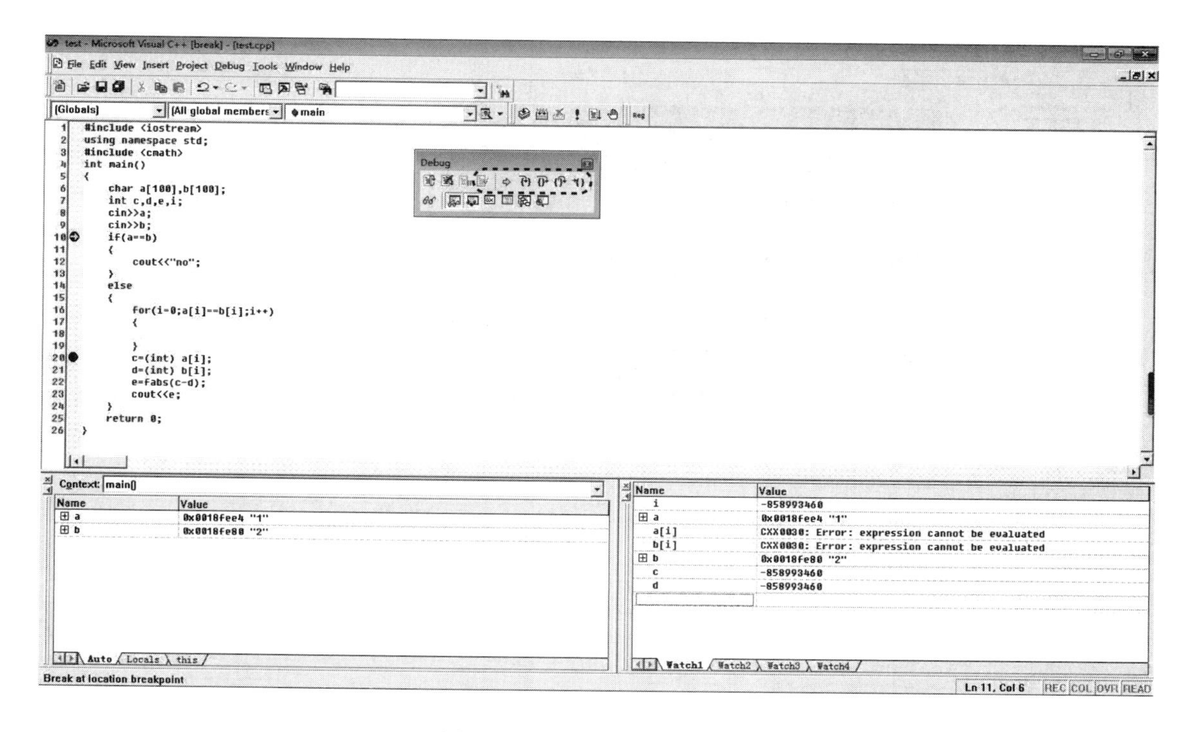

图 5-29　程序在断点位置停下

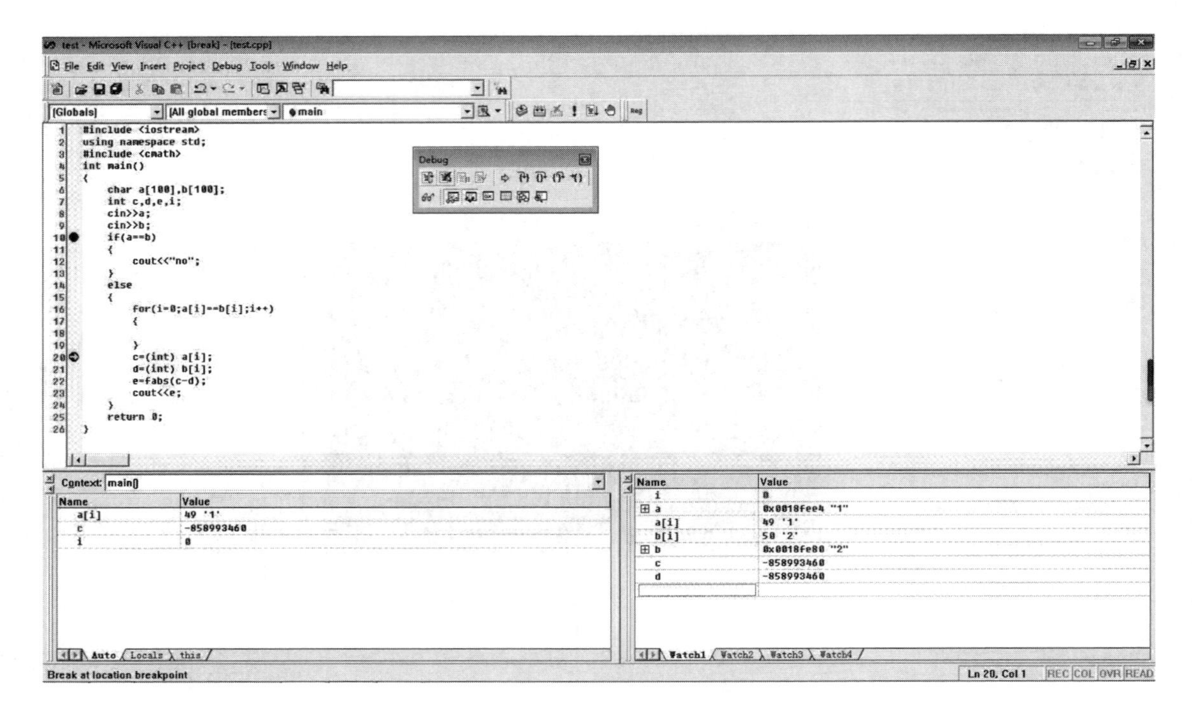

图 5-30 程序在第 2 个断点处停下

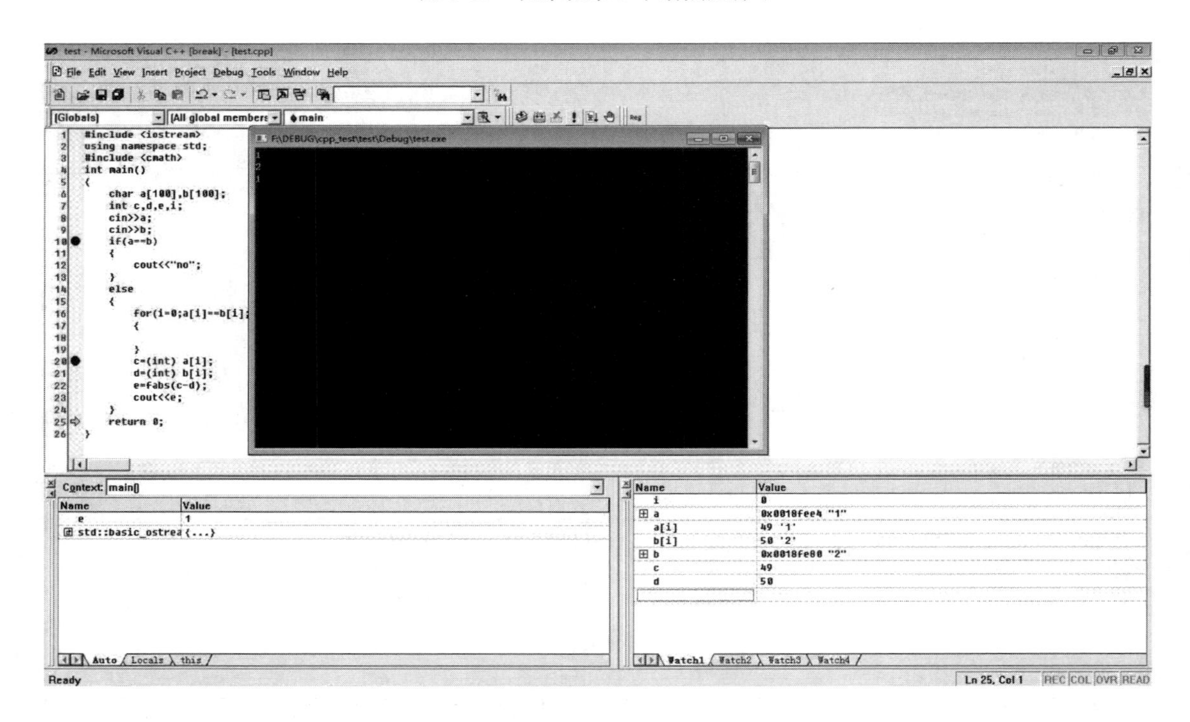

图 5-31 程序运行的结果

上述程序运行的结果之所以为 1，是因为两个数组在下标为 0 时的元素不同，将其对应的 ASCII 码值进行差运算并取绝对值，从而得出正确的结果。若无法得出正确结果，则需要开发人员利用上述调试技术，分析可能的出错原因并修改。

上述调试的详细过程可扫描二维码观看视频。

调试过程

5.5.2　调试策略

常用的调试策略有以下几种。

1. 试探法

在分析出错征兆的基础上，猜想错误的大致位置。

2. 回溯法

检查错误征兆，确定最先发现“症状”的位置，然后沿程序控制流往回追踪程序代码，直到征兆消失为止，进而找出错误原因。

3. 对分查找法

如果知道每个变量在程序内若干个关键点上的正确值，则可用赋值语句或输入语句在程序中的关键点附近“注入”这些变量的正确值，然后检查程序的输出。如果输出结果是正确的，则表示错误发生在前半部分，否则，不妨认为错误发生在后半部分。这样反复进行多次可逐渐逼近错误位置。

4. 归纳法

从个别推断全体的方法，从线索（错误征兆）出发，通过分析这些线索之间的关系找出故障。具体步骤如下。

① 收集有关数据。收集测试用例，弄清哪些观察到错误征兆，什么情况下出现错误等信息。

② 组织数据。整理分析数据，以便发现规律，即什么条件下出现错误，什么条件下不出现错误。

③ 导出假设。分析研究线索之间的关系，力求找出它们之间的规律，从而提出关于错误的一个或多个假设。

④ 证明假设。用它解释所有原始的测试结果，如果能圆满地解释一切现象，则假设得到证明，否则要么是假设不成立或不完备，要么是有多个错误同时存在。

5. 演绎法

从一般原理或前提出发，经过排除或精化的过程推导出结论。采用这种方法调试程序时，首先设想出所有可能的出错原因，然后试图用测试来排除每一个假设的原因。如果测试表明某个假设的原因可能是真正的原因，则对数据进行细化以准确定位错误。

5.5.3　调试原则

在调试的过程中，遵守以下原则，可取得良好的调试效果。

- 要思考。实际上不用计算机就能确定大部分错误。
- 如果陷入困境，就把问题放到第 2 天去解决。
- 如果陷入困境，也可与别人交流你的问题，往往在交流的过程中就发现纠正错误的办法。
- 避免用试验法。不要在问题没有搞清楚之前，就改动程序，这样对找出错误不利，程序越改越乱，以至于面目全非。

5.6 软件维护

软件维护是软件产品生命周期的最后一个阶段。在产品交付并且投入使用后，为了解决在使用过程中不断发现的各种问题，保证系统正常运行，同时使系统功能随着用户需求的更新而不断升级，软件维护的工作是必不可少的。概括地说，软件系统交付之后对其实施更改的学科叫软件维护。维护的具体内容包括改正在软件测试阶段中未发现的缺陷，改进软件产品的性能，补充软件产品的新功能等。

进行软件维护通常需要软件维护人员与用户建立一种工作关系，使软件维护人员能够充分了解用户的需要，及时解决系统中存在的问题。软件维护阶段是软件生存周期中时间最长的一个阶段，也是所花的时间和精力最多的一个阶段。据统计，软件开发机构将60%以上的精力都用在维护已有的软件产品上。对于大型的软件系统，一般开发周期在1～3年，而维护周期会高达5～10年，维护费用甚至会是开发费用的4～5倍。

软件维护不仅工作量大、任务重，而且如果维护得不恰当，还会引入新的软件缺陷，产生副作用。因此，进行软件维护工作要相当谨慎。

5.6.1 软件维护的分类

需要进行软件维护的原因多种多样，概括起来有以下几种类型。

- 改正在特定使用条件下暴露出来的一些潜在程序错误或设计缺陷。
- 因在软件使用过程中，数据环境或处理环境发生变化，需要修改软件以适应这种变化。
- 用户或数据处理人员在使用软件的过程中，提出改进现有功能、增加新的功能，以及改善总体性能的要求。为满足这些要求，需要修改软件并把这些要求纳入软件之中。
- 为预防软件系统的失效而对软件系统所实施的修改。

根据维护的原因及目的的不同，软件维护可以分为纠错性维护、适应性维护、完善性维护和预防性维护。

1. 纠错性维护

纠错性维护是为了识别并纠正软件产品中所潜藏的错误，改正软件性能上的缺陷而进行的维护。在软件的开发和测试阶段，必定有一些缺陷是没有被发现的，而这些潜在的缺陷会在软件投入使用之后逐渐暴露出来。用户在使用软件产品的过程中，如果发现了这类错误，可以报告给维护人员，要求对软件产品进行维护。根据资料统计，在软件产品投入使用的前期，纠错性维护的工作量较大。随着潜在的错误不断地被发现并处理，这类维护的工作量会日趋减少。

2. 适应性维护

适应性维护是为了使软件产品适应软硬件环境的变化而进行的维护。随着计算机技术的飞速发展，软件的运行环境也在不断地升级或更新，比如软硬件配置的改变、输入数据格式的变化、数据存储介质的改变、软件产品与其他系统接口的变化等。如果原有的软件产品不能够适应新的运行环境，维护人员就需要对软件产品做出修改。因为各种环境的变化是难以预料也是不可避免的，所以适应性维护也是不可避免的。

3. 完善性维护

完善性维护是软件维护的主要部分，是针对用户对软件产品所提出的新需求所进行的维护。随着市场的变化，用户可能要求软件产品能够增加一些新的功能，或者对某方面的功能提出改进，这时维护人员就应该对原有的软件产品进行功能上的修改和扩充。完善性维护的过程一般会比较复杂，可以看成对原有软件产品的“再开发”。在所有类型的维护工作中，完善性维护所占的比重最大。此外，进行完善性维护，一般都需要更改软件开发过程中形成的相应文档。

4. 预防性维护

预防性维护主要采用先进的软件工程方法对已经过时、很可能需要维护的软件系统的某一部分进行重新设计、编码、测试，以达到结构上的更新，它为以后进一步维护软件打下良好的基础。实际上，预防性维护是为了提高软件的可维护性和可靠性。形象地说，预防性维护就是“把今天的方法学用于昨天的系统以满足明天的需要”。在所有类型的维护工作中，预防性维护的工作量最小。

据统计，一般情况下各种维护类型在软件维护过程中的工作量所占比例如图 5-32 所示。

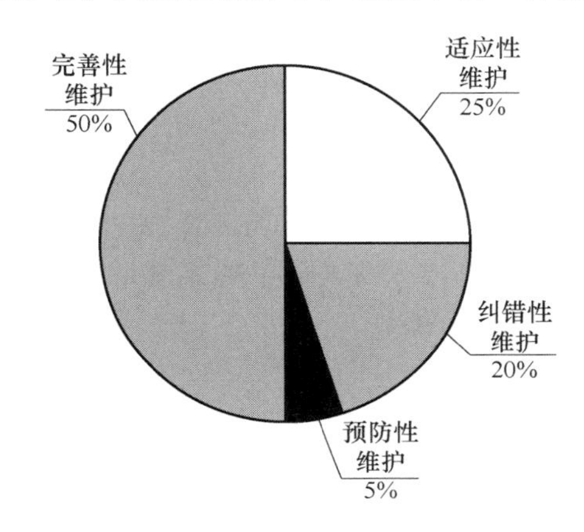

图 5-32　各类维护的工作量比例

5.6.2　软件维护的过程

为了保证维护工作的顺利进行，在软件工程实践中，需建立一个维护机构，提出维护申请报告，制订维护计划方案和改动方案，报告后再做评估，确认之后再实施改动，并记录全过程和总体评价。主要包含以下方面。

- 初步估计问题起因和修改时间。
- 制订维护计划。
- 报告出错情况。
- 变动评估。
- 改正错误。
- 维护报告按软件项目存档。

5.6.3　软件的可维护性

软件的可维护性是用来衡量对软件产品进行维护的难易程度的标准，是软件质量的主要特征之一。软件产品的可维护性越高，纠正并修改其错误或缺陷，对其功能进行扩充或完善时，消耗的资源就越少，工作越容易。开发可维护性高的软件产品是软件开发的一个重要目标。

影响软件可维护性的因素有很多，如可理解性、可测试性和可修改性等。

可理解性指人们通过阅读软件产品的源代码和文档，来理解软件的系统结构、功能、接口和内部过程的难易程度。可理解性高的软件产品应该具备一致的编程风格，准确完整的文档，有意义的变量名称和模块名称，清晰的源程序语句等特点。

可测试性指诊断和测试软件缺陷的难易程度。程序的逻辑复杂度越低，就越容易测试。透彻地理解源程序有益于测试人员设计出合理的测试用例，从而有效地对程序进行检测。

可修改性指在定位了软件的缺陷后，对程序进行修改的难易程度。一般来说，具有较好的结构且编码风格好的代码比较容易修改。

实际上，可理解性、可测试性和可修改性这三者是密切相关的。可理解性好的软件产品，有利于测试人员设计合理的测试用例，从而提高了产品的可测试性和可修改性。显然，可理解性、可测试性和可修改性越高的软件产品，其可维护性一定越好。

要想提高软件产品的可维护性，软件开发人员需要在开发过程和维护过程中对软件产品的可维护性给予足够的重视，同时采用以下措施。

1. 建立完整的文档

完整准确的文档有利于提高软件产品的可理解性。文档包括系统文档和用户文档，它是对软件开发过程的详细说明，是用户和开发人员了解系统的重要依据。完整且准确的文档有助于用户及开发人员对系统进行全面理解。

2. 采用先进的维护工具和技术

先进的维护工具和技术可以直接提高软件产品的可维护性，例如采用面向对象的软件开发方法、高级程序设计语言及自动化的软件维护工具等。

3. 注重可维护性的评审环节

在软件开发过程中，每一阶段的工作完成前都必须通过严格的评审。由于软件开发过程中的每一个阶段都与产品的可维护性有关，因此对软件可维护性的评审应该贯穿于每个阶段完成前的评审活动中。

在需求分析阶段的评审中，应该重点标识将来有可能更改或扩充的部分。在软件设计阶段的评审中，应该注重逻辑结构的清晰性，并且尽量使模块之间的功能独立。在软件编码阶段的评审中，要考查代码是否遵循了统一的编写标准，是否逻辑清晰、容易理解。严格的评审工作可以在很大程度上对软件产品的质量进行控制，提高其可维护性。

5.6.4 软件维护的副作用

通过维护可以延长软件的使用寿命，使其创造更多的价值。但是，软件维护也是存在风险的。对原有软件产品的一个微小改动都有可能引入新的错误，造成意想不到的后果。因此，软件维护的副作用指由于修改软件而导致新的错误出现，或者新增加一些不希望发生的情况。软件维护的副作用主要有 3 类，包括修改代码的副作用、修改数据的副作用和修改文档的副作用。

1. 修改代码的副作用

人类通过编程语言与计算机进行交流，每种编程语言都有严格的语义和语法结构。编程语言的微小错误，哪怕是一个标点符号的错误，都会造成软件系统无法正常运行的后果。因此，每次对代码的修改都有可能产生新的错误。这种通过修改代码而产生新错误的现象即修改代码的副作用。虽然每次对代码的修改都可能产生新的错误，但是相对而言，以下修改更具危险性。

- 删除或修改一个子程序。
- 删除或修改一个语句标号。
- 删除或修改一个标识符。
- 为改进性能所做的修改。
- 修改文件的打开或关闭模式。
- 修改运算符，尤其是逻辑运算符。
- 把对设计的修改转换成对代码的修改。
- 修改边界条件的逻辑测试。

2. 修改数据的副作用

修改数据的副作用是指数据结构被改动时有新的错误产生的现象。当数据结构发生变化时，可能新的数据结构不适用原有的软件设计，从而导致错误的产生。比如，为了优化程序的结构将某个全局变量修改为局部变量时，如果该变量所在模块有一个同名的变量，就会引入命名冲突的错误。修改数据的副作用通常发生在以下情况中。

- 重新定义局部变量或全局变量。
- 重新定义记录格式或文件格式。
- 更改一个高级数据结构的规模。
- 修改全局数据。
- 重新初始化控制标志或指针。
- 重新排列输入/输出或子程序的变量。

3. 修改文档的副作用

修改文档的副作用是指在软件产品的内容更改之后，没有对文档进行相应的更新而为以后的工作带来不便的情况。文档是软件产品的一个重要组成部分，它不仅会为用户的使用过程提供便利，还会给维护人员的工作带来方便。如果对源程序的修改没有及时反映到文档中，或对文档的修改没有反映到代码中，那么会造成文档与源程序代码的不一致，对后续的使用及维护均造成极大的不便。

对文档资料及时进行更新以及有效的回归测试，可有助于减少修改文档对软件维护产生的副作用。

5.6.5 软件再工程

软件再工程是一类软件工程活动，它能够使我们增进对软件的理解，提高软件的可维护性、复用性或演化性。软件再工程旨在对现存的大量软件系统进行挖掘、整理以得到有用的软件组件，或对已有软件组件进行维护以延长其生存期。再工程不仅能从已有的程序中重新获得设计信息，而且还能使用这些信息改建或重构现有的系统，以改进它的综合质量。一般来说，软件开发人员通过软件再工程重新实现已有的程序，同时加进新的功能或改善它的性能。

软件再工程的基础是系统理解，包括对运行系统、源代码、设计、分析和文档等的全面理解。但在很多情况下，由于各类文档的丢失，只能对源代码进行理解，即程序理解。软件再工程是一个工程过程，能够将逆向工程、重构和正向工程组合起来，将现存系统重新构造为新的形式。

1. 逆向工程

逆向工程的概念源于硬件领域，它是一种通过对产品的实际样本进行检查分析，得出一个或多个关于这个产品设计和制造规格的活动。软件的逆向工程与此相似，通过对程序的分析，导出更高抽象层次的表示，如从现存的程序中抽取数据、体系结构、过程的设计信息等，是一个设计恢复过程。

逆向工程过程从源代码重构开始，将无结构化的源代码转化为结构化的程序代码。这使得源代码易阅读，并为后续的逆向工程活动提供了基础。抽取是逆向工程的核心，内容包括处理抽取、界面抽取和数据抽取。处理抽取可在不同的层次对代码进行分析，包括语句、语句段、模块、子系统和系统等。在进行更细的分析之前，应先理解整个系统的整体功能。界面抽取应先对现存用户界面的结构和行为进行分析和观察，同时还应从相应的代码中提取有关的附加信息。图形用户界面给系统带来了越来越多的好处，用户界面的图形化已经成为最常见的再工程活动。数据抽取包括内部数据结构的抽取、全局数据结构的抽取、数据库结构的抽取等。

逆向工程过程所抽取的信息，一方面可以提供给软件工程师，以便在维护活动中使用这些信息；另一方面可以用来重构原来的系统，使新系统更容易维护。

2. 重构

软件重构即对源代码或/和数据进行修改，使其易于理解和维护，以适应将来的变更。通常重构并不是修改整个软件程序的体系结构，而主要关注模块的细节。软件重构主要包括代码重构和数据重构两类。

软件重构中代码重构的目标是生成可提供相同功能、更高质量的程序。需要代码重构的模块往往以难于理解、测试和维护的方式编码。为此，用重构工具分析源代码，标注出和结构化程序设计概念相违背的部分，然后重构此代码。复审和测试生成的重构代码，并更新代码的内部文档。

和代码重构不同，数据重构发生在相当低的抽象层次上，它是一种全范围的再工程活动。当数据结构较差时，其程序将难以进行适应性修改和增强。数据重构在多数情况下由逆向工程活动开始，理解现存的数据结构，称为数据分析。数据分析完成后则开始数据重新设计，包括数据记录标准化、数据命名合理化、文件格式转换、数据库类型转换等。

软件重构的好处是，可以提高程序的质量、改善软件的生产率、减少维护工作量、使软件易于测试和调试等。如果重构扩展到模块边界之外并涉及软件体系结构，则重构就变成了正向工程。

3. 正向工程

正向工程也称改造，利用从现存软件的设计恢复中得到的信息，去重构现存系统以改善其整体质量。在大多数情况下，实行再工程的软件需要重新实现现存系统的功能，并加入新功能或/和改善整体性能。正向工程过程将应用软件工程的原则、概念和方法来重建现存应用。由于软件的原型（现存系统）已经存在，正向工程的生产率将远高于平均水平。同时，又由于用户已对该软件有经验，因此正向工程过程可以很容易地确定新的需求和变化的方向。这些优越性，使得软件再工程比软件重新开发更具吸引力。

获取阅读材料《人月神话》请扫描二维码。

人月神话

习题五

1. 软件危机的表现有哪些?
2. 开展软件工程研究的目的有哪些?
3. 软件的生存周期是什么? 通常可分为哪几个阶段?
4. 软件开发模型的内在共性特征有哪些? 请列举 2 个熟知的软件开发模型。
5. 可行性论证需要考虑哪些因素?
6. 可行性研究的步骤是什么?
7. 需求分析的任务和原则是什么?
8. 需求分析的基本步骤是什么?
9. 结构化分析方法的描述工具可分为哪几类?
10. 数据流图的基本画法步骤有哪些?
11. 软件设计的基本流程是什么?
12. 软件设计的原则有哪些?
13. 软件结构设计的准则有哪些?
14. 软件结构设计的工具是什么?
15. 结构化设计方法的基本流程是什么?
16. 数据流图可分为哪两种基本类型? 各自对应的结构化设计步骤是什么?
17. 请指出图 5-33 所示数据流图的类型并将其转换成软件结构图。

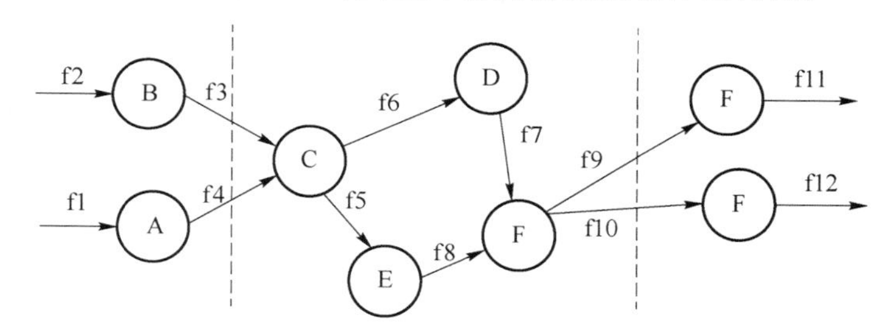

图 5-33　题 17 数据流图

18. 软件详细设计的目的和任务是什么?
19. 软件的详细设计工具有哪些?
20. 程序设计语言有几类? 分别有哪些代表性语言?
21. 在进行软件项目开发时,选择编程语言时需要考虑哪些因素?
22. 什么是编程风格? 包括哪几个方面?
23. 软件维护的种类有哪些? 简述其基本含义。
24. 影响软件可维护性的因素有哪些?
25. 要提高软件产品的可维护性,有哪些基本措施?
26. 软件维护的副作用有哪几类? 分别是什么含义?
27. 什么是软件再工程? 它的目的是什么?
28. 请解释逆向工程的含义,其核心包括哪几个方面?
29. 软件重构的目标是什么? 一般可分为哪几类?
30. 什么是正向工程? 它有哪些益处?

第6章 软件测试

6.1 概 述

6.1.1 软件和软件质量

随着计算机技术和网络的普及，科技发展日新月异，无论是日常工作和生活，还是重大项目研发中，软件无处不在。如在一部手机中，安装了我们工作和生活所需的各种应用程序和办公软件，这不仅提升了工作效率，而且加快了生活节奏。日常生活中的各种电器，如洗衣机、电冰箱等，都嵌入了智能化控制软件。企业的管理人员、技术人员和财务人员使用的各种专业处理数据的软件，更是对企业运营起着至关重要的作用。航天、无人驾驶、军工和国防等重大项目研发中，同样离不开计算机硬件和软件技术的深度融合。在航天事业中，人类为了更有效地探索和研究太空，需要基于计算机技术的、功能强大的、可靠性非常高的航天系统和设备支持，航天软件则是这些系统和设备的重要组成部分。在迅猛发展的高速铁路中，先进列车控制系统包括列车自动防护系统、卫星定位系统、车载智能控制系统、列车调度决策支持系统、分散式微机联锁安全系统、列车微机自动监测与诊断系统等，是一个计算机化的控制系统，这是高速铁路的核心技术。

在软件运行的过程中，保证软件质量至关重要。一旦软件失效，将会导致系统工作无法完成、系统瘫痪或数据丢失等，甚至会造成无法弥补的损失。

1. 波音公司“星际客机”失败之旅

2019年12月，波音公司的新一代载人飞船“星际客机”发射升空，执行该飞船的第一次飞行测试任务。按照计划，飞船在这次无人试飞中将与国际空间站对接，为宇航员送上圣诞礼物。但发射约1小时后，美国国家航空航天局(NASA)发表声明说，由于软件错误，飞船在飞行中消耗了过多燃料，未能进入预定轨道，无法按计划与空间站对接，只能提前打道回府。此后，波音公司承认失败原因在于他们对“星际客机”的软件测试不充分，导致一个明显的程序故障未被检测出来。

2. 千年虫事件

计算机2000年问题，又叫作“千年虫”或“千年危机”，是一种程序处理日期上的Bug(计算机程序故障)。在某些使用了计算机程序的智能系统(包括计算机系统、自动控制芯片等)中，由于其中的年份只使用两位十进制数来表示，因此当系统进行(或涉及)跨世纪的日期处理运算时，就会出现错误的结果，进而引发各种各样的系统功能紊乱甚至崩溃的问题。

“千年虫”问题始于20世纪60年代。当时计算机存储器的成本很高，如果用四位数字表示年份，就要多占用存储器空间，使成本增加，因此为了节省存储空间，计算机系统的编程人员采用两位数字表示年份。随着计算机技术的迅猛发展，虽然后来存储器的价格下降了，但在计算机系统中使用两位数字来表示年份的做法却由于思维上的惯性而被沿袭下来。年复一年，直到新世纪即将来临之际，大家才突然意识到用两位数字表示年份将无法正确辨识公元2000年及其以后的年份。

6.1.2 软件生命周期中的缺陷

1. 软件缺陷的由来

在软件开发的过程中，软件缺陷的产生是不可避免的。软件缺陷是指软件中（包括程序和文档）存在的影响软件正常运行的问题。IEEE（Institute of Electrical and Electronics Engineers，电气与电子工程师协会）729-1983标准对软件缺陷有一个标准的定义：软件缺陷就是软件产品中所存在的问题，最终表现为用户所需要的功能没有完全实现，不能满足或不能全部满足用户的需求。

从产品内部看，缺陷是产品开发或维护过程中存在的错误、毛病等各种问题。

从产品外部看，缺陷是系统运行过程中某种功能的失效或违背（需求）。

下面通过一个事例来解释与软件缺陷有关的概念。

错误，在计算机行业也称Bug，指从软件开发之初就产生的，存在于文档说明中的表述或编写错误，或存在于代码或者硬件之中的问题，如数组下标越界，空指针异常等。Bug一词的原意是“臭虫”或“虫子”。但是现在，在计算机系统或程序中，如果隐藏着的一些未被发现的缺陷或问题，人们也叫它Bug，这是怎么回事呢？

1947年9月9日，霍珀中尉正领着她的小组构造一个称为“马克二型”的计算机。在运算过程中，计算机通过继电器开关来执行二进制指令语句。霍珀的小组夜以继日工作的机房是一间第一次世界大战时建造的老建筑。那是一个炎热的夏天，房间没有空调，所有窗户都敞开散热。

突然，“马克二型”死机了。技术人员试了很多办法，最后定位到第70号继电器出错。霍珀观察这个出错的继电器，发现一只飞蛾躺在中间，已经被继电器打死了。她小心地用镊子将蛾子夹出来，用透明胶布贴到“事件记录本”中，并注明“第一个发现虫子（Bug）的实例”。Bug这个名词就沿用下来，表示计算机系统或程序中隐藏的错误、缺陷或问题。与Bug相对应，人们将发现Bug并加以纠正的过程叫作“Debug”，意即“捉虫子”或“杀虫子”。

后来，Bug指计算机系统的硬件、系统软件（如操作系统）或应用软件（如文字处理软件）出错。硬件的出错有两个原因，一是设计错误，二是硬件部件老化失效等。软件的错误是指厂家设计错误，用户可能会执行不正确的操作，比如本来做加法但按了减法键。这样用户会得到一个不正确的结果，但不会引起Bug发作。软件厂商在设计产品时的一个基本要求，就是不允许用户进行非法的操作。只要允许用户做的，都是合法的。一些逻辑设计中的问题，如代码执行流程错误等，会得到与预期不相符的结果。

现在的软件复杂程度早已超出了一般人能控制的范围，如何减少甚至消灭程序中的Bug，一直是程序员极为重视的课题。

2. 软件缺陷的产生

从软件工程学的角度，软件的生命周期分为不同阶段，各阶段均可能引入各种软件错误，产生软件缺陷，从而导致软件失效。软件缺陷是如何产生的？从软件开发的过程进行分析，如图6-1所示。软件开发的一般过程包括需求分析、软件设计、软件编码和软件测试等阶段，其中每个研发阶段均有可能发生错误并向下一阶段传递。例如，在需求分析阶段的客户调研中，若客户对软件需求的描述不够清晰，与需求分析人员的理解产生偏差时，那么需求分析说明书势必不能准确表达客户需求，进而导致后期的软件设计和编码按照错误（或不完整）的软件需求进行实现，最终交付的软件产品将会存在明显缺陷。同时，在软件开发的每个阶段中，也会由于开发人员的合作密切程度、技术水平及工期等因素，引入各种新的错误从而导致软件缺陷的产生。

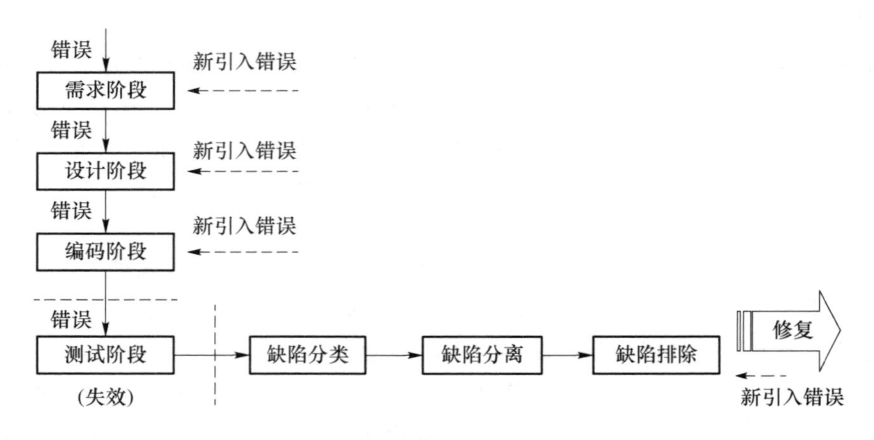

图 6-1　软件生命周期中软件缺陷的产生和处理

软件缺陷的产生主要是由软件产品的特点和开发过程决定的，如软件产品的复杂性与项目周期的矛盾、需求不清晰及频繁变更、开发人员技术水平等。归结起来，软件缺陷产生的原因主要有以下几点。

① 软件产品结构复杂。如果软件的系统结构比较复杂，很难设计出一个具有很好层次结构或组件结构的框架，这就会导致软件在开发、扩充、系统维护上的困难。即使能够设计出一个很好的架构，复杂的系统在实现时也会隐藏着相互作用的难题，而导致隐藏的软件缺陷。

② 项目周期短。现在大部分软件产品开发周期都很短，开发团队要在有限的时间内完成软件产品的开发，压力非常大，因此开发人员往往是在疲劳、压力大、受到干扰的状态下开发软件的。在这样的状态下，开发人员在测试工作上往往“偷懒”，即使测试出来问题，态度也可能是“不严重就不解决”。

③ 需求不明确。由于软件用户并不具备软件专业知识，而软件系统也处于“蓝图”阶段，因此用户在需求描述上往往不准确，导致软件需求不清晰；同时需求分析人员可能对需求理解产生歧义，导致软件在后续开发设计时偏离用户的需求，造成软件在功能或特征上的缺陷。此外，在开发过程中，客户变更需求的频次或需求分析说明书的书写质量也会影响软件最终的质量。

④ 编码问题。在软件开发过程中，程序员水平参差不齐，再加上开发过程中缺乏有效的沟通和监督，问题累积越来越多，如果不能逐一解决这些问题，最终会导致软件中存在很多缺陷。

⑤ 使用新技术。现代社会，每种技术的发展都日新月异。使用新技术进行软件开发时，如果新技术本身存在不足或开发人员对新技术掌握不精，也会影响软件产品的开发过程，导致软件存在缺陷。

3. 软件缺陷的排除

软件缺陷要依靠软件测试排除，软件测试是保证软件质量的有效手段。早期的软件过程模型中，如瀑布模型，认为软件测试位于软件周期的编码阶段之后，强调线性思维，开发阶段包括计划、需求分析、设计、编码、测试和运行维护等。但是，实际软件开发过程并非严格按照上述阶段顺序执行，各部分之间常会出现某种程度的重叠，原因在于绝大多数软件的开发具有复杂性和非线性，任何一个阶段的工作都不可能在下一阶段开始之前完全结束。因此，后期出现了多种软件过程模型，如螺旋过程模型、增量过程模型、快速原型过程模型和喷泉模型等。这些模型，如螺旋过程模型，需要经历多次需求分析、设计、实现、测试等活动，在软件构造的早期阶段即融入各阶段工作，以便多次迭代发现问题进而改进，继而可以减少系统开发风险，保证软件质量。

6.2　软件测试的概念

软件测试是软件生命周期中重要的组成部分，是保证软件产品质量的有效手段。从软件工程学的角度，软件开发是通过前期的需求分析、系统设计，使用编程语言、数据库及其他技术，做出能实现一定功能的软件产品，是软件从无到有的过程；软件测试则是检查软件能不能用、好不好用、有何缺陷的过程，目的是保证软件质量从差到好。然而，如同大多数科学技术的发展道路一样，软件测试的产生和发展并非一帆风顺，而是经历了诸多波折和各种争议，甚至曾经可有可无，发展缓慢。近二三十年以来，软件测试得到了前所未有的重视，测试行业突飞猛进，测试工程师成为热门职业，软件测试成为软件质量保证的重要手段，并贯穿软件生命周期的始终。

6.2.1　软件测试的产生和发展历程

迄今为止，软件测试的发展一共经历了5个重要时期：

① 1957年之前，调试为主(Debugging Oriented)阶段；

② 1957—1978年，证明为主(Demonstration Oriented)阶段；

③ 1979—1982年，破坏为主(Destruction Oriented)阶段；

④ 1983—1987年，评估为主(Evaluation Oriented)阶段；

⑤ 1988年至今，预防为主(Prevention Oriented)阶段。

1. 调试为主阶段(1957年之前)

20世纪50年代，计算机刚诞生不久，只有科学家级别的人才会去编程，编程也成为令人羡慕和崇拜的职业。软件需求和程序本身也远远没有现在这么复杂多变，相当于开发人员一人承担着需求分析、设计、开发、测试等所有工作，当然也不会有人去区分调试和测试，更没有专业的测试人员。然而严谨的科学家们已经在开始思考"怎么知道程序满足了需求?"这类问题了。

2. 证明为主阶段(1957—1978年)

1957年，开始有科学家对调试和测试进行了区分。

调试(Debug)：确保程序做了程序员想它做的事情。

测试(Testing)：确保程序解决了它该解决的问题。

20世纪60年代中期，大容量、高速度计算机的出现和数据库管理系统的诞生，使得软件系统的规模越来越大，复杂程度越来越高，软件可靠性问题也越来越突出，软件危机开始爆发。为了解决问题，软件工程的概念被提出，软件测试的地位得以确认。这个时期测试的主要目的就是确认软件是满足需求的,往往位于软件生命周期的最后阶段,只是对产品进行事后检验。

3. 破坏为主阶段(1979—1982 年)

1979 年,《软件测试的艺术》(*The Art of Software Testing*)第 1 版问世,这本书是软件测试界的经典之作。书中给出了软件测试的经典定义:Testing is the process of executing a program with the intent of finding errors(测试是为发现错误而执行程序的过程)。

这个观点较之前证明为主的思路,是一个很大的进步。我们不仅要证明软件做了该做的事情,也要保证它没做不该做的事情,这会使测试更加全面,更容易发现问题。

4. 评估为主阶段(1983—1987 年)

20 世纪 80 年代早期,"质量"的号角开始吹响。1983 年,Bill Hetzel 在《软件测试完全指南》中指出:测试是以评价一个程序或者系统属性为目标的任何一种活动,测试是对软件质量的度量。软件测试定义发生了改变,测试不单纯是一个发现错误的过程,而且包含软件质量评价的内容。人们提出了在软件生命周期中使用分析、评审、测试来评估产品的理论。软件测试在这个时期得到了快速的发展:出现了测试经理(test manager)、测试分析师(test analyst)等职位,开始有了正式的国际性测试会议和活动,发表了大量测试相关刊物,发布了相关国际标准。以上种种都预示着,软件测试正作为一门独立的、专业的、具有影响力的工程学发展起来。

5. 预防为主阶段(1988 年至今)

预防为主是当下软件测试的主流思想之一。STEP(Systematic Test and Evaluation Process,系统化测试和评估)是最早的一个以预防为主的生命周期模型,STEP 认为测试与开发是并行的,整个测试的生命周期也是由计划、分析、设计、开发、执行和维护组成,也就是说,测试不是在编码完成后才开始介入的,而是贯穿于整个软件生命周期。到了 2002 年,Rick 和 Stefan 在《系统的软件测试》一书中对软件测试做了进一步定义:测试是为了度量和提高被测软件的质量,对测试软件进行工程设计、实施和维护的整个生命周期过程。

如今,软件测试的理论、方法和技术逐渐走向专业化,商业化和开源的软件测试工具均快速发展,采用测试驱动开发思想的开发模式(如极限编程等)已经逐步打破传统软件工程方法。我们都知道,没有 100%完美的软件,零缺陷是不可能的,所以我们要做的是:尽量早地介入,尽量早地发现这些明显的或隐藏的 Bug,发现得越早,修复起来的成本越低,产生的风险也越小。

软件测试关心的不是过程的活动,而是对过程的产物以及开发出的软件进行剖析。测试人员要"执行"软件,对过程中的产物——开发文档和源代码进行审查,运行软件,以找出问题,报告质量。对测试中发现的问题的分析、追踪与回归测试也是软件测试中的重要工作,因此软件测试是保证软件质量的一个重要环节。

6.2.2 软件测试的定义

几十年来,对于软件测试的定义,不同学者从不同角度出发,给出了各种观点。几种常见的对软件测试的定义如下。

Bill Hetzel 认为软件测试就是对程序能够按预期的要求运行建立起的一种信心。这种观点主要从正向思维出发,测试是为了验证软件产品符合用户需求,按照预期工作。

IEEE 指出软件测试是使用人工或自动手段运行或测定某个系统的过程,其目的在于检验它是否满足规定的需求或是弄清预期结果与实际结果之间的差别。

Myers 认为，软件测试是为了发现错误而执行程序的过程。同时，提出了 3 个重要观点：

- 测试是为了证明程序有错，而不是证明程序无错；
- 一个好的测试用例在于它能发现至今未发现的错误；
- 一个成功的测试是发现了至今未发现的错误的测试。

这种观点主要从反向的思路来测试软件，认为测试是在软件开发完成之后，通过运行程序来发现程序代码或软件系统中的错误，然而这种观点仍然停留在瀑布模型的生命周期设计思想上，对软件的质量保证工作是不利的。在代码完成之前，无法发现软件系统需求及设计上的问题，不利于尽早发现错误。而从缺陷的产生过程来看，需求阶段和设计阶段的缺陷在开发过程中会产生扩大效应，可能大大增加软件开发的成本、延长软件的项目周期。

下面以图 6-2 所示的健康体检为例，来理解软件测试的不同定义。正向思维下，健康体检的目的是通过对身体各方面的检查，确认我们的身体机能和各项指标位于正常范围，以便增强健康信心，安心生活和工作；反向思维下，健康体检的目的是将身体已经出现的异常机能和指标检查出来，以便在今后的生活和工作中进行科学的健康管理，采用必要的治疗措施，大病化小，小病治好。显然，没有人希望体检一定要查出问题，也没有人希望掩盖身体已有的问题，错误地得出健康的结论。

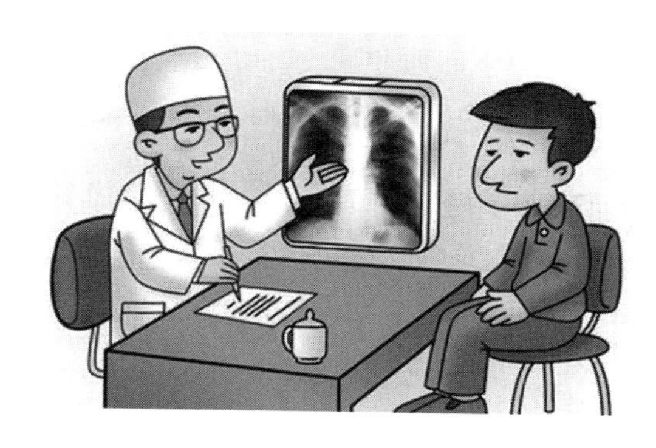

图 6-2　健康体检

软件测试也是如此，正向和反向思维都是片面强调了测试的目的，我们应该针对软件产品的特点，综合辩证地采用测试思想。在一些重大科技攻关、航天、国防和金融等行业，重要软件的失效可能导致灾难性的损失，所以要强调反向思维，全力找出软件中的错误，以保证极高的软件质量；对一般的应用软件或服务行业使用的软件，则可强调正向思维，测试的目的是软件的质量在“用户可接受水平”，从而加快软件开发周期，平衡软件开发成本。

软件工程同时要考虑经济价值，其总目标是充分利用有限的人力和物力资源，高效率、高质量地完成软件开发项目。不足的测试势必使软件带着一些未揭露的隐藏错误投入运行，这意味着用户将承担更大的危险；而过度测试则会浪费许多宝贵的资源，到测试后期，即使找到了错误，也可能付出了过高的代价。

艾兹格·迪科斯彻曾说：“程序测试只能表明错误的存在，而不能表明错误不存在。”可见，测试是为了使软件中蕴含的缺陷低于某一特定值，使产出、投入比达到最大，而在一定的时间、人力和物力条件下，不可能得到绝对完美的软件。

6.3 软件测试过程模型、分类和原则

6.3.1 软件测试过程模型

首先从软件开发的过程和目的来看,需求分析人员从用户处获取到软件需求,对照业务开发能力写出软件需求说明书,这里可能需要反复与用户沟通;设计人员根据软件需求说明书,分析软件如何实现这些功能,进行概要设计和详细设计,生成设计说明书;程序员将设计说明中的功能一一进行编码实现,并调试运行;最后分析运行结果是否满足用户需求。这个过程构成了软件开发过程的闭环流程(如图 6-3 所示),而测试工作将会以各种形式穿插其中。下面来看常用的软件测试过程模型。

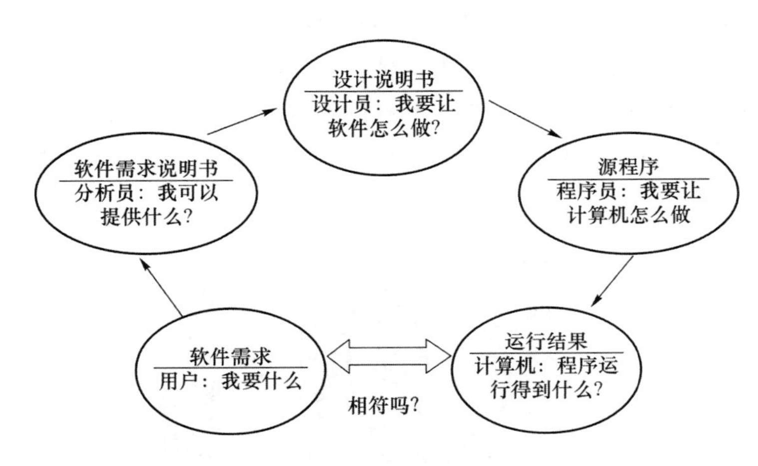

图 6-3 软件开发过程

1. V 模型

一般来讲,单元测试所对应的是详细设计环节,在研发人员做详细设计的时候,相应的测试人员也就把测试用例写了出来。集成测试对应概要设计,在做模块功能、模块接口及数据传输方法分析的时候,就把集成测试用例根据概要设计中模块功能及接口等实现方法编写出来,以备后续进行集成测试的时候可以直接引用。而系统测试根据需求分析而来,在系统分析人员做系统分析、编写软件需求说明书的时候,测试人员就根据软件需求说明书把最后能实现系统功能的各种测试用例写出来,为最后的系统测试做准备。

软件测试的 V 模型如图 6-4 所示。V 模型的优点是强调了开发和测试的对应关系,但该模型仅仅把测试过程作为在需求分析、系统设计及编码之后的一个阶段,忽视了早期测试对需求分析和系统设计的验证,需求的满足情况一直到后期的验收测试阶段才被验证。

2. W 模型

软件测试的 W 模型如图 6-5 所示。W 模型是由两个 V 模型组成,一个是开发阶段,一个是测试阶段。可以看出,在 W 模型中开发和测试是并行的关系。

W 模型的优点是测试与开发并行,让测试尽早介入开发环节,尽早发现问题并解决问题。同时其局限性在于,虽然开发与测试并行,但是在整个开发阶段,仍把开发活动看成从需求开始到编码结束的串行活动,上一阶段若未完成则无法进入下一阶段,不能支持迭代,不支持敏捷模式的开发。

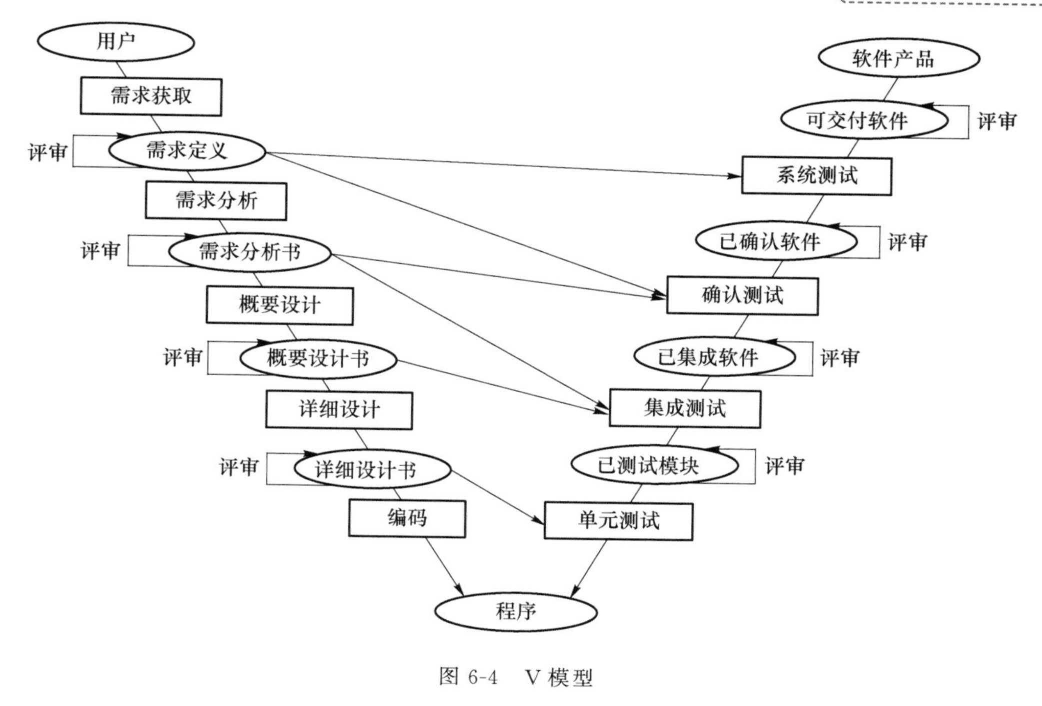

图 6-4　V 模型

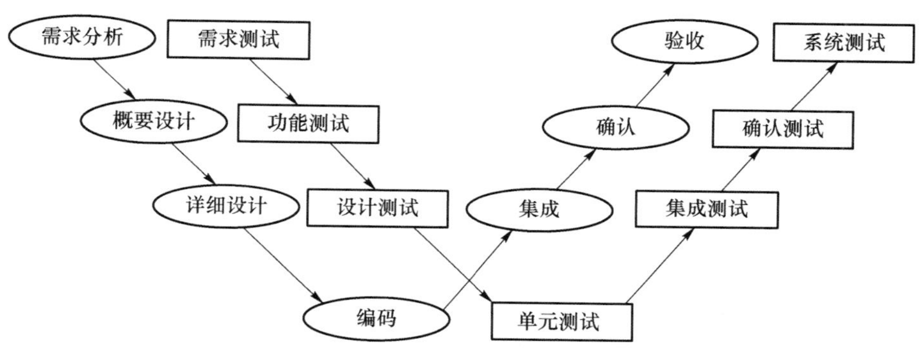

图 6-5　W 模型

3. H 模型

软件测试的 H 模型如图 6-6 所示，它演示了整个生产周期中某个层次上的一次测试“微循环”。H 模型将测试活动从开发流程完全独立出来，形成一个完全独立的流程，将测试准备活动与测试执行活动清晰地体现出来。其他流程可以是任意开发流程，强调测试是独立的，只要测试准备完成，就可以执行测试。H 模型强调软件测试是一个独立的流程，贯穿于产品的整个生命周期，与其他流程并发地进行。

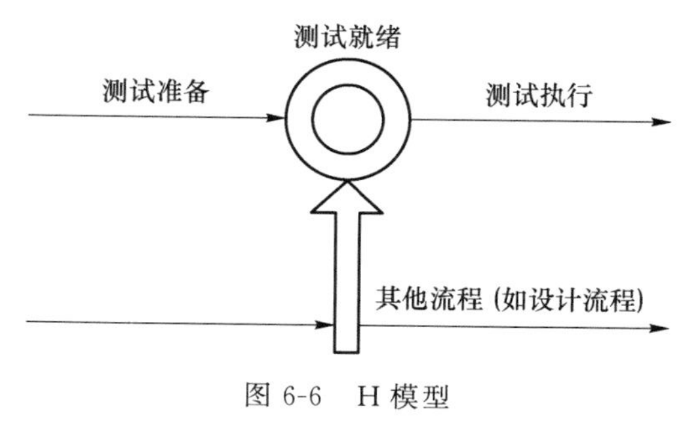

图 6-6　H 模型

6.3.2 软件测试的分类

下面从不同的角度对软件测试进行了分类。

1. 从是否需要执行被测软件的角度

从是否需要执行被测软件的角度,软件测试可分为静态测试和动态测试。

(1) 静态测试

静态测试指以人工模拟方法对程序进行分析和测试,不需要在计算机上执行被测程序,主要检查文档和程序是否符合规范,分析程序控制流程等。

(2) 动态测试

动态测试是通过选择适当的测试用例执行程序的测试方法。测试用例的设计是软件测试的关键所在,设计原则主要有:设计尽可能少的测试用例来发现尽可能多的错误,设计最有可能发现软件错误的测试用例,同时避免使用发现错误效果相同的测试用例。

2. 从测试用例设计方法的角度

从测试用例设计方法的角度,软件测试可分为白盒测试和黑盒测试。

(1) 白盒测试

白盒测试即已知程序的具体逻辑结构或详细代码,设计测试用例对程序进行的测试。白盒测试又叫结构测试、逻辑驱动的测试或基于程序的测试,一般在单元测试阶段用于具体模块的测试。

(2) 黑盒测试

黑盒测试即已知程序的需求说明或功能要求,设计测试用例对程序进行的测试。黑盒测试又叫行为测试、功能测试或基于需求的测试,一般在集成测试或系统测试阶段用于确认系统功能是否实现,检验与用户需求的差别。

3. 从测试的过程和策略的角度

从软件测试的过程和策略的角度,软件测试可分为单元测试、集成测试、系统测试和验收测试等。

(1) 单元测试

单元测试侧重于对程序中较小模块或独立功能的函数等进行代码测试,采用白盒测试的方法,通常在编码早期进行。单元测试主要检查代码中出现的数据结构、条件边界、控制流或出错处理等方面的问题。

(2) 集成测试

集成测试是根据实际情况对程序模块采用适当的集成测试策略组装起来,对系统的接口以及集成后的功能进行检验的测试工作。在单元测试完成之后,就可以配置集成测试环境。集成测试的主要目的是发现接口、数据传递问题并检验模块集成后功能是否与设计要求一致。

(3) 系统测试

系统测试指将被测软件与计算机软硬件、外部设备、数据库、网络和人员等各个元素结合在一起,在实际运行(使用)环境下,对计算机系统进行一系列的组装测试和确认测试。系统测试通常采用黑盒测试的方法,是从用户的角度来查找软件系统的功能完备性、可靠性等是否存在问题。

(4) 验收测试

验收测试是指在软件产品完成了系统测试之后、产品发布之前所进行的软件测试活动。作为技术测试的最后一个阶段,也称交付测试,有时与系统测试合并进行。验收测试的目的是确保软件产品在常规条件下用于执行软件的既定功能和任务,从功能和性能上满足用户在需求分析阶段提出的各项要求,并确保各种系统配置和产品说明书等文档能够支持软件的维护。

6.3.3 软件测试的原则

软件产品在开发过程和交付使用之前,需要做严格的测试工作。站在用户角度来讲,希望软件产品的缺陷能够在交付使用之前充分暴露,降低后期运行中的问题和维护成本;从开发人员的角度来讲,希望被测软件产品不存在任何问题,已经完全满足用户的需求。软件测试的工程师和测试团队,为了从用户和开发人员两种角度来确保软件质量,需要遵循一些测试原则,简要列举如下。

1. 应尽早和不断地进行软件测试

随着软件产品的复杂性不断提升,软件缺陷的产生分布在软件开发的各个阶段,软件测试已不适应在开发阶段完成之后独立进行。软件测试工作应贯穿于整个软件开发的过程中,根据软件开发各个阶段工作的多样性,采用合理的测试方法和策略,尽早对开发工作进行测试,防止前期问题不断放大。将错误和缺陷在早期发现并解决,进而减少开发成本,提高软件质量。

2. 不可能完全地测试

如工业生产和制造业中对产品抽样检验一样,软件也不可能做到完全地测试。例如,Windows 系统中的记事本所存的内容,仅常用汉字和标点符号的各种组合就不计其数,显然无法做到完全测试;当前各种系统中的用户名和密码,都要求是数字或者英文字母组合,若将各种组合均测试一次,会导致时间成本过高。

若程序中有两个无符号整型输入变量 x 和 y,输出变量为 z,假设在 32 位机上运行程序,所有的测试输入数据组合(x_i,y_i)共 $2^{32}\times 2^{32}\approx 10^{20}$ 种,而软件产品中的运算远远不只这么简单,可见完全测试并不现实。然而,采用一定的测试用例设计方法,对程序的逻辑结构达到较高的覆盖程度是可能的。

3. 由第三方测试更客观有效

程序员应避免测试自己的程序,为达到最佳的效果,应由第三方来进行测试。软件需求分析人员和其他开发人员容易带有“思维定势”,并不容易发现软件中的错误,因此应该聘请更具有挑剔眼光的专业测试机构开展测试。

4. 软件测试遵循 Pareto 原则

软件测试中发现的 80%软件缺陷可能来自 20%的程序代码。错误总是扎堆出现,要注意发现错误较多的模块,因为其中可能蕴含着更多仍未发现的错误。

5. 事先确定软件测试的质量标准

不充分的测试是不负责任的;过分的测试是一种资源的浪费。软件测试要考虑产品质量、时间和经济性之间的平衡。

6. 回归测试的必要性

错误的修改往往与其他问题的出现相互关联,回归测试是指对为了修正缺陷而更新的程序的测试。为了防止“治旧病引发新病”,在修改了已知错误后,要对软件进行回归测试,其目的一是确保修正了缺陷，二是检查是否引入了新的错误。根据软件的具体情况，可选择做部分回归测试或完全回归测试。

7. 测试结果的统计和分析

软件测试开始之前要做好测试计划，测试的最终目的是得到测试报告，并对测试结果进行统计和分析。因此应该注重整理软件测试的相关文档，这对测试工作尤为重要。

6.4 白盒测试

在软件测试的原则中提到，完全的测试是不可能的。然而，为了保证软件质量，对程序的逻辑结构或功能需求测试达到较高的覆盖程度是必须的。基于此目的，就需要在一定的时间内，在不超出经济预算和人力资源的前提下，采用适当的测试用例设计方法，设计合理的测试用例，对软件产品进行充分的测试。从测试用例设计方法的角度，软件测试可分为白盒测试和黑盒测试，二者从不同的角度对软件产品进行测试，以保证软件质量。本节将介绍白盒测试。

6.4.1 基本概念

白盒测试将被测软件看作一个透明的盒子，程序的内部逻辑结构或代码是清晰可见的，测试人员可以通过分析程序的内部逻辑结构及有关信息，设计合适的测试用例对程序进行测试。白盒测试用于检查程序中隐藏的错误或缺陷，所有逻辑路径是否都按预定的要求正确地工作。

图 6-7 是白盒测试过程示意图。通过对源程序进行深入分析，得到程序的详细设计逻辑结构，通过白盒测试设计合适的测试用例，对被测程序进行测试，分析执行路径，得出对程序的覆盖情况分析，并根据实际情况不断改进和补充测试用例。

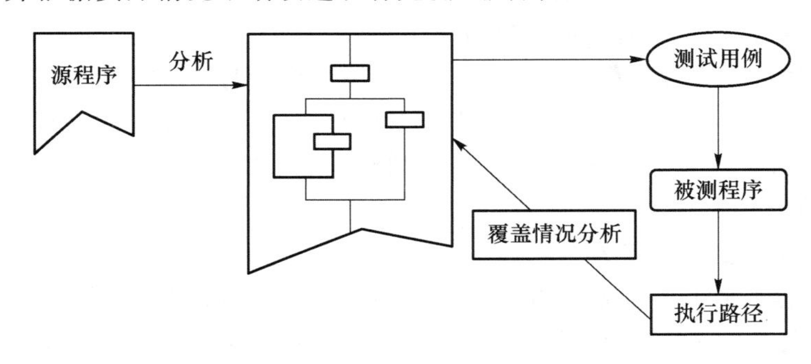

图 6-7 白盒测试过程示意图

白盒测试主要用于对程序模块的测试，主要包括：

- 程序模块中的所有独立路径至少执行一次；
- 对所有逻辑判定的取值（“真”与“假”）都至少测试一次；
- 在上下边界及可操作范围内运行所有循环；
- 测试内部数据结构的有效性。

实际工程中的软件产品，程序的路径数可能非常多，不可能实现穷举测试；即使有些系统进行了穷举测试，也不可能检查出程序中所有的错误，如违反了设计规范或不符合用户需求的内容。常用的白盒测试用例设计方法包括基本路径测试法、逻辑覆盖法和循环测试法等。

6.4.2 基本路径测试法

在实际开发过程中,程序的所有路径数可能是一个庞大的数字,在有限的时间和财力支持下,难以完全测试。为了解决这一难题,可把覆盖的路径数压缩到一定限度内,例如程序中的循环体只执行一次。基本路径测试法是在程序控制流图的基础上,通过分析控制流图的环路复杂性,导出基本可执行路径的集合,从而设计测试用例的方法。设计出的测试用例要保证在测试中程序的每一个可执行语句至少执行一次。在基本路径测试法中,采用程序控制流图、环路复杂性、基本路径集等概念工具,按照一定的步骤和方法设计测试用例。

1. 程序控制流图

为了更清晰地表达程序的控制流结构,采用程序控制流图对程序流程图进行简化。程序控制流图仅涉及两种符号:结点和有向边。

其中,结点为带有编号的圆圈,表示若干无分支的语句和源程序;边为带有箭头的实线,类似于程序流程图中的有向流线,表示程序的控制流程顺序。图 6-8 所示为常见控制语句的控制流图。

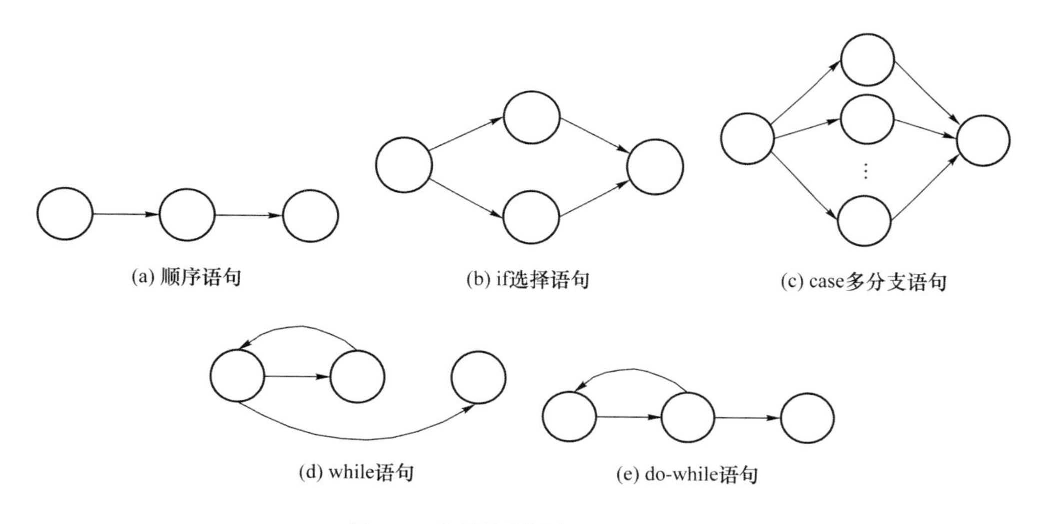

图 6-8 常见控制语句的控制流图

程序流程图可以转化为控制流图。图 6-9 中各种控制结构的流程图可分别对应转化为图 6-10中的各个控制流图。

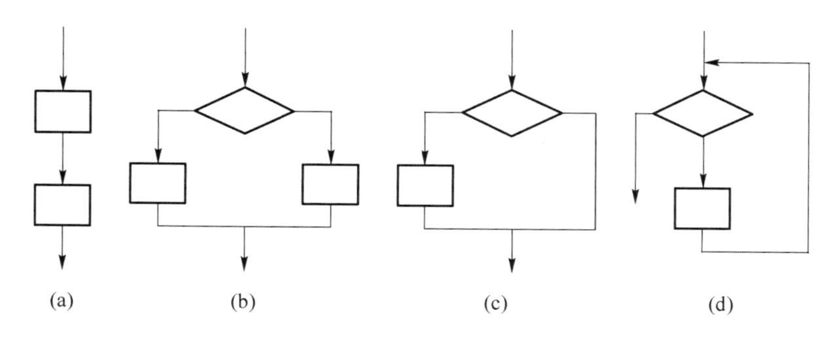

图 6-9 各种控制结构的流程图

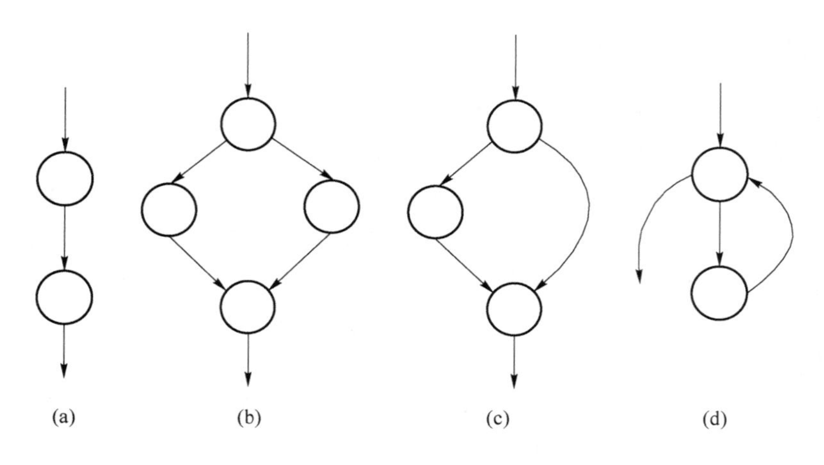

图 6-10　图 6-9 对应的控制流图

当流程图中菱形判定条件为单个条件表达式时，可直接将条件转化为控制流图的单个结点，如图 6-11 所示。在图 6-11(a)中，● 表示空语句(下同)，一般对应转化为控制流图中的一个结点。判定条件 1 和 4 为单条件，可直接转化为图 6-11(b)控制流图中 1 和 4 两个结点，属于 if 选择结构的转化。控制流图中的 2 和 3 两个结点属于顺序结构，因此可以合并为一个结点。7 和 8 两个结点也为顺序结构，亦可合并。

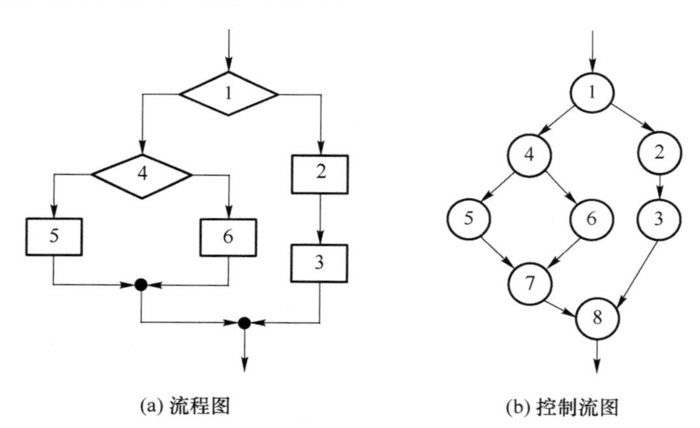

图 6-11　单条件流程图与控制流图的转化

若判定条件为复合条件，即条件表达式由多个逻辑运算符连接，则需要将复合条件拆解为多个单条件的嵌套，再转化为控制流图，如图 6-12 所示。在图 6-12(a)中，因判定条件 a>b or c>d 为复合条件，可先将其转化为图 6-12(b)流程图中的两个判定结点，进而分为两步来分别判断这两个判定条件的真假逻辑取值，根据二者的综合判定结果来确定最终执行的操作。当图 6-12(b)条件拆解后的流程图转化为图 6-12(c)控制流图时，两个判定条件均属于 if 选择结构，这点类似于单条件下的转化。

2. 环路复杂性

程序的环路复杂性用于度量程序的逻辑复杂程度。环路复杂性的度量用 $V(G)$表示，$V(G)$的值越大，表示程序中的控制路径越复杂。已知程序控制流图的情况下，一般有 3 种方法可以求得 $V(G)$的值。

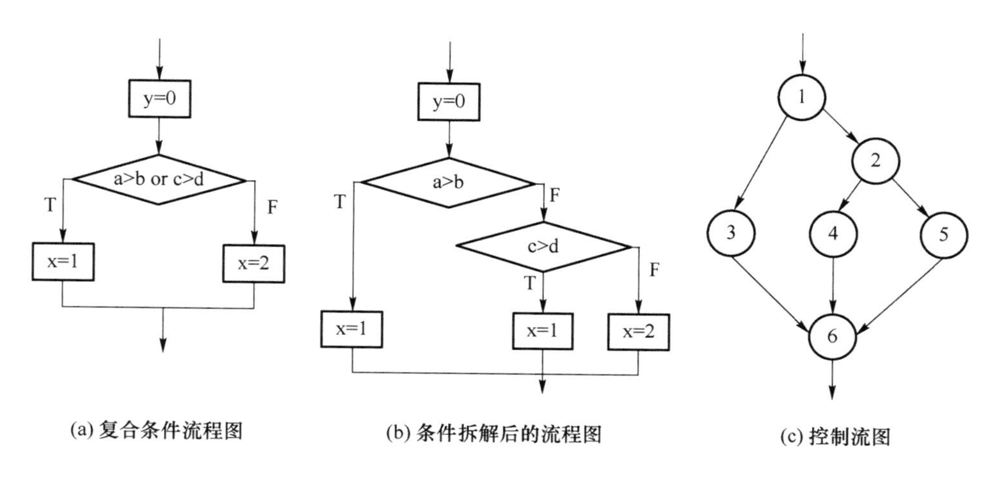

(a) 复合条件流程图　(b) 条件拆解后的流程图　(c) 控制流图

图 6-12　复合条件流程图与控制流图的转化

① 已知控制流图的结点数 N 和边数 E，则

$$V(G)=E-N+2$$

在图 6-11(b)中，边数为 9，结点数为 8，因此 $V(G)=9-8+2=3$。

② 设 P 为控制流图中判定结点的个数，则

$$V(G)=P+1$$

需要注意的是，在 if 选择结构、while 循环或 for 循环结构中，每出现一个判定结点，P 的值加 1；在 case 多分支结构中，P 取可能的分支数减 1。

图 6-11(b)中，有两个 if 判定结点，即 P 为 2，因此 $V(G)=2+1=3$。

③ 设控制流图的区域数为 D，则

$$V(G)=D$$

控制流图的区域指控制流图的结点和边组成的闭合部分及图的外部。通俗地讲，即将二维平面分成了几部分。

图 6-11(b)中，控制流图将二维平面分成了三部分，区域数为 3，即 $V(G)=3$。

显然，程序的逻辑复杂程度与 $V(G)$的值密切相关，与程序代码的长短无直接关系。单一的顺序结构最为简单，循环和选择结构所构成的环路越多，程序就越复杂。程序的环路复杂度 $V(G)$给出了程序基本路径集合中的独立路径条数的上限，即最多需要 $V(G)$条独立路径，可确保程序中每个可执行语句至少执行一次。这里，将独立路径定义为贯穿程序入口到出口的一条路径，且至少包含一条其他独立路径从未包含过的边。

3. 基本路径测试法的步骤

在基本路径测试中，根据给定程序代码或流程图，可按照以下步骤设计测试用例。

① 分析程序结构，画出程序的控制流图；

② 计算程序的环路复杂度 $V(G)$；

③ 确定线性独立路径的基本集合-基本路径集(不超过 $V(G)$条)；

④ 生成测试用例，确保每条路径执行。

【例 6-1】 采用基本路径测试法，为以下程序代码设计测试用例。其中 A、B 和 X 为输入，X 同时为输出。

```
double fun(double A, double B, double X)
```

```
{
    if (A > 1&&B == 0)
    {
        X = X - A;
    }
    if(A == 5||X > 1)
    {
        X = X + 3;
    }
    X = B/X;
    return X;
}
```

根据基本路径测试法设计测试用例的步骤，对上述程序代码分析如下。

① 分析程序结构，画出程序的流程图和控制流图，分别如图 6-13(a)和(b)所示。其中，结点 1 和结点 2 分别表示第 1 个复合判定条件中的两个单条件 A>1 和 B=0，结点 4 和 5 分别表示第 2 个复合判定条件中的两个单条件 A=5 和 X>1，结点 3、结点 6 和结点 7 分别表示 3 条运算语句 X=X−A、X=X+3 和 X=B/X。

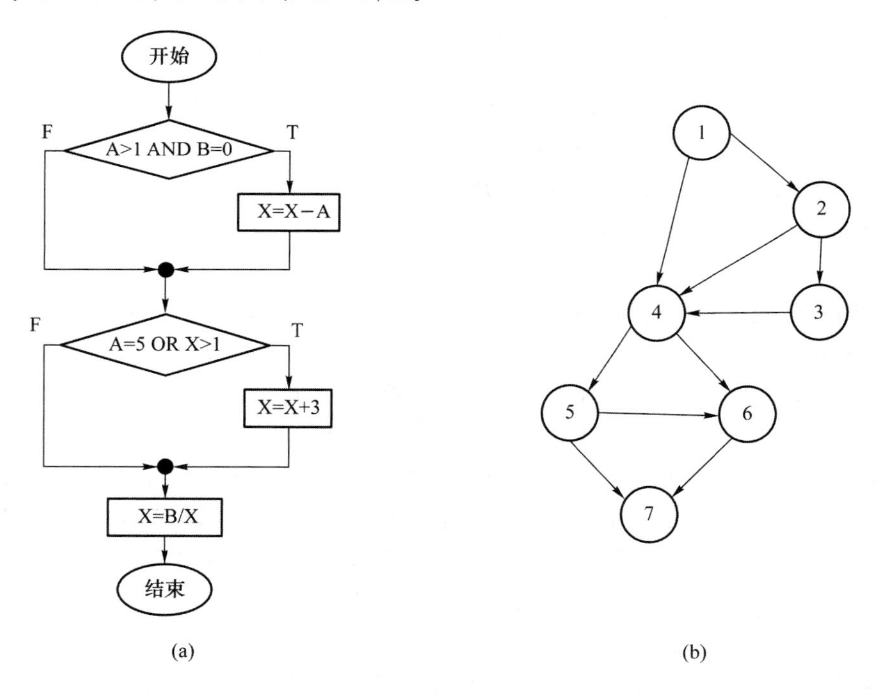

图 6-13　例 6-1 的程序流程图和控制流图

② 计算程序的环路复杂度 $V(G)$，这里用前述 3 种方法分别计算。

- 边和结点数分别为 10 和 7，可得 $V(G)=E-N+2=10-7+2=5$。
- 判定结点数为 4，可得 $V(G)=P+1=4+1=5$。
- 区域数为 5，可得 $V(G)=D=5$。

③ 确定线性独立路径的基本集合-基本路径集（不超过 $V(G)$ 条）。

因为 $V(G)$ 表示程序基本路径集合中的独立路径条数的上限，因此基本路径集至多包含

$V(G)$条独立路径，可以采用不同的确定方法。以下是5条独立路径构成的基本路径集，方法是找到从程序入口到出口的路径，每次都要加入一条新边。

路径1:1—2—3—4—5—7

路径2:1—2—3—4—5—6—7

路径3:1—2—4—5—7

路径4:1—2—4—6—7

路径5:1—4—5—7

④ 为每条独立路径生成测试用例，包括输入数据和预期输出结果，确保每条路径执行，如表6-1所示。

表6-1 5条独立路径的测试用例

独立路径	输入数据			预期输出结果
	A	B	X	X
1—2—3—4—5—7	2	0	1	0
1—2—3—4—5—6—7	2	0	5	0
1—2—4—5—7	2	1	1	1
1—2—4—6—7	5	4	1	1
1—4—5—7	1	0	1	0

至此，对程序语句按照基本路径测试法设计了测试用例。可以看出，这些独立路径执行的同时，程序的每条语句和判定分支的真假逻辑取值均可以覆盖到。那么，还有没有其他方法设计基本路径集？有没有可能独立路径数少于$V(G)$？答案是肯定的，下面是由3条独立路径构成的基本路径集，同样保证了程序中的每条语句和判定分支的真假逻辑取值均可覆盖。3条独立路径的测试用例如表6-2所示。

路径1:1—2—3—4—5—7

路径2:1—2—4—6—7

路径3:1—4—5—6—7

表6-2 3条独立路径的测试用例

独立路径	输入数据			预期输出
	A	B	X	X
1—2—3—4—5—7	2	0	1	0
1—2—4—6—7	5	4	1	1
1—4—5—6—7	1	0	2	0

可以看出，对于同样的程序代码进行基本路径测试，可以采用不同的基本路径集实现，但独立路径数最多不超过$V(G)$。独立路径数越多，测试用例的数目越多，对程序的测试越充分。在实际测试工作中，可根据软件开发周期和成本决定测试方法。

【例6-2】 有一段测试学生成绩的PDL程序，要求最多输入N个学生的分数(以−999为输入结束标志)，并计算有效成绩的平均值、输入的成绩个数和有效成绩个数。采用基本路径测试法，为程序设计测试用例。

① 已知程序的流程图如图 6-14 所示，可导出控制流图如图 6-15 所示。

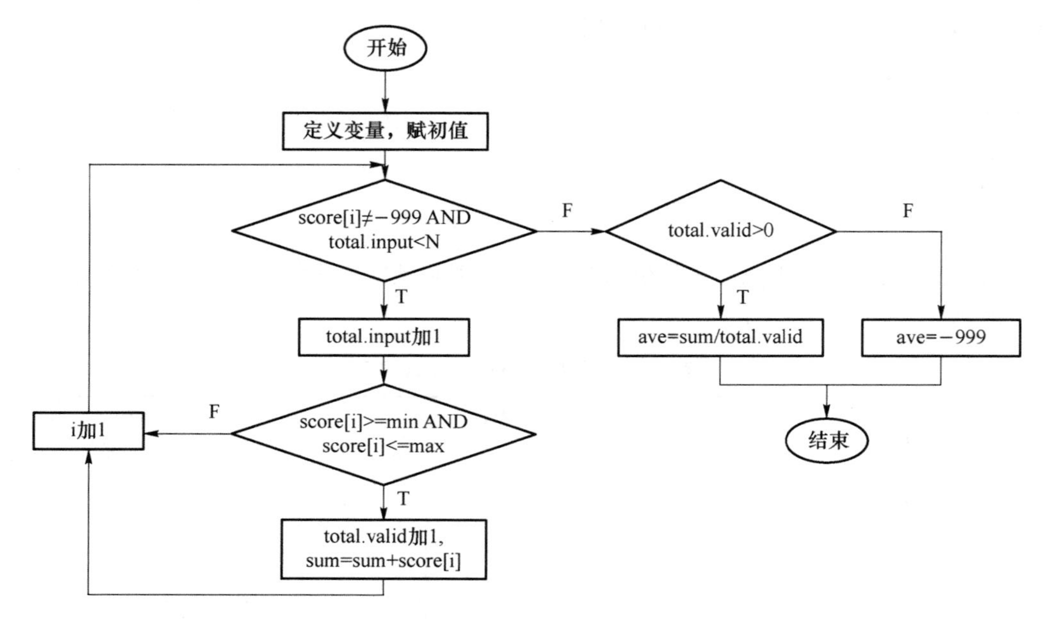

图 6-14　例 6-2 程序的流程图

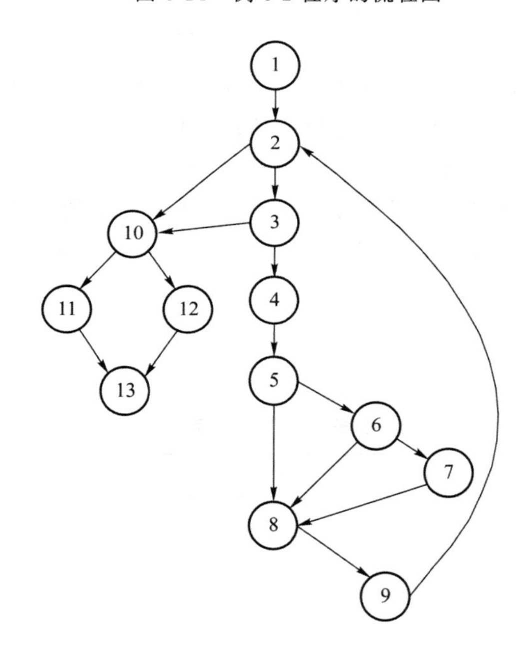

图 6-15　例 6-2 程序的控制流图

② 计算程序的环路复杂度 $V(G)$，用前述 3 种方法分别计算。

➢ 边和结点数分别为 17 和 13，可得 $V(G)=E-N+2=17-13+2=6$。

➢ 判定结点数为 5，可得 $V(G)=P+1=5+1=6$。

➢ 区域数为 6，可得 $V(G)=D=6$。

③ 确定线性独立路径的基本集合-基本路径集，共包含 6 条独立路径。

路径 1:1—2—10—11—13

路径 2:1—2—10—12—13

路径 3:1—2—3—10—11—13

路径 4:1—2—3—4—5—8—9—2—10—12—13

路径 5:1—2—3—4—5—6—8—9—2—10—12—13

路径 6:1—2—3—4—5—6—7—8—9—2—10—11—13

④ 为每条独立路径生成测试用例,包括输入数据和预期输出结果,确保每条路径执行。为了表述方便,这里假设 $N=5$。

➢ 路径 1(1—2—10—11—13)

输入数据:score={90,−999,0,0,0}。

预期输出结果:ave=90,total.input=1,total.valid=1。

➢ 路径 2(1—2—10—12—13)

输入数据:score={—999,0,0,0,0}。

预期输出结果:ave=−999,total.input=0,total.valid=0。

➢ 路径 3(1—2—3—10—11—13)

输入数据:score={−1,90,70,−1,80}。

预期输出结果:ave=80,total.input=5,total.valid=3。

➢ 路径 4(1—2—3—4—5—8—9—2—10—12—13)

输入数据:score={−1,−2,−3,−4,−999}。

预期输出结果:ave=−999,total.input=4,total.valid=0。

➢ 路径 5(1—2—3—4—5—6—8—9—2—10—12—13)

输入数据:score={120,110,101,−999,0}。

预期输出结果:ave=−999,total.input=3,total.valid=0。

➢ 路径 6(1—2—3—4—5—6—7—8—9—2—10—11—13)

输入数据:score={95,90,70,65,−999}。

预期输出结果:ave=80,total.input=4,total.valid=4。

4. 图形矩阵

导出控制流图和决定基本测试路径的过程均需要机械化。作为辅助基本路径测试的软件工具,图形矩阵(graph matrix)的数据结构很有用,利用它可以实现自动地确定一个基本路径集。

一个图形矩阵是一个方阵,其行/列数即控制流图中的结点数,每行和每列依次对应一个被标识的结点,矩阵元素对应到结点间的连接(即边)。在图中,控制流图的每一个结点都用数字加以标识,每一条边都用字母加以标识。如果在控制流图中第 i 个结点到第 j 个结点有一个名为 x 的边相连接,则在对应的图形矩阵中第 i 行/第 j 列有一个非空的元素 x。

对每个矩阵项加入连接权值(link weight),图形矩阵就可以用于在测试中评估程序的控制结构,连接权值为控制流提供了另外的信息。在最简单的情况下,连接权值是 1(存在连接)或 0(不存在连接),但是,连接权值可以被赋予更有趣的属性:

➢ 执行连接(边)的概率;

➢ 穿越连接的处理时间;

➢ 穿越连接时所需的内存;

➢ 穿越连接时所需的资源。

根据上面的方法对例 6-1 的控制流图画出图形矩阵，如图 6-16 所示。

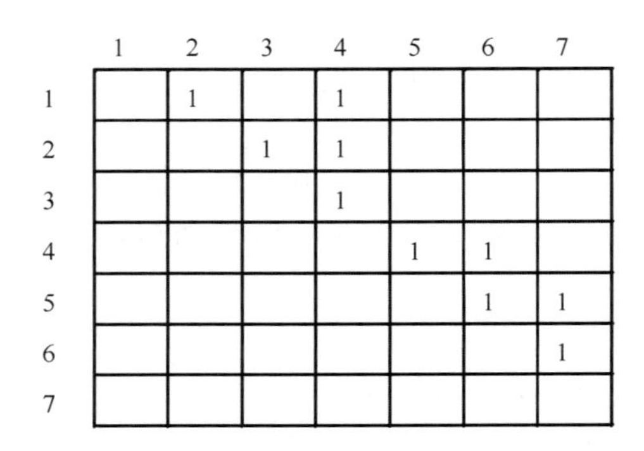

	1	2	3	4	5	6	7
1		1		1			
2			1	1			
3				1			
4					1	1	
5						1	1
6							1
7							

图 6-16　例 6-1 控制流图对应的图形矩阵

连接权值为"1"表示存在一个连接，在图中如果一行有两个或更多的元素"1"，则这行所代表的结点一定是一个判定结点，通过连接矩阵中有两个以上(包括两个)元素为"1"的个数，就可以得到确定该图环路复杂度的另一种算法。

6.4.3　逻辑覆盖法

逻辑覆盖主要考察使用测试数据运行被测程序时对程序逻辑的覆盖程度，通常希望选择最少的测试用例来满足所需的覆盖标准。主要的覆盖标准有：语句覆盖、判定覆盖、条件覆盖、判定-条件覆盖、条件组合覆盖、路径覆盖。一般情况下，逻辑覆盖对程序的覆盖强弱关系如图 6-17 所示，大致的关系可以表达为

语句覆盖＜判定覆盖＜条件覆盖＜判定-条件覆盖＜条件组合覆盖＜路径覆盖

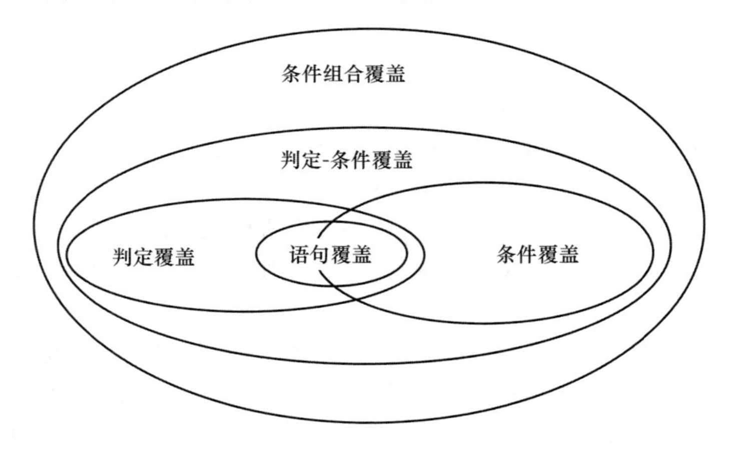

图 6-17　各种逻辑覆盖标准的相对覆盖率关系

1. 语句覆盖

语句覆盖要求程序里的每条可执行的语句都至少执行一次，是软件测试的最低要求。语句覆盖可以比较直观地设计测试用例数据，不必拆分复杂的判定条件，但无法保证对判定分支覆盖完全。

【例 6-3】 用逻辑覆盖法设计测试用例，程序代码如下。其中 A、B、X 作为程序的输入数据，X 同时作为输出数据。

```
double fun(double A, double B, double X)
{
    if (A > 1&&B == 0)
    {
        X = X/A;
    }
    if(A == 2||X > 1)
    {
        X = X + 1;
    }
    return X;
}
```

根据代码画出程序的流程图,如图 6-18 所示。可以看出,程序中所有可执行语句均在两个判定取值为真的分支上,即只要保证程序执行 a—b—c—d—e—f 这条路径,就可以达到语句覆盖的要求。分析两个判定条件,易得:若 A=2,B=0,X=4,便可保证程序测试满足语句覆盖,预期输出结果 X=3。

作为测试要求的最低标准,语句覆盖的强度最弱,因为它对无程序语句的判定分支并未进行测试,对判定逻辑的测试并不充分。例如,当第 1 个判定中的"&&"错写为"||",或者第 2 个判定中的"||"错写为"&&"时,用上述测试用例执行程序时,并不会影响程序的输出结果,也就无法发现此类代码错误。

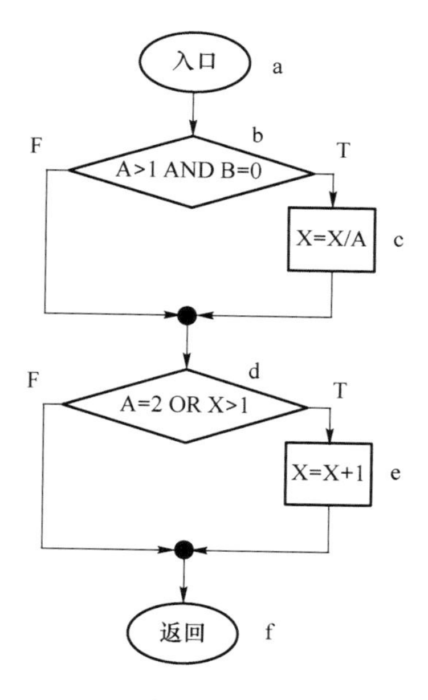

图 6-18　例 6-3 的程序流程图

2. 判定覆盖

判定覆盖也称分支覆盖,指选择足够的测试用例,使得运行这些测试用例时,被测程序的每个判定的所有可能结果都至少执行一次,即判定的每个真假分支至少经过一次。因为判定覆盖将程序分支完全覆盖,而程序语句必定在某个分支上,所以这种方法对程序中的所有语句也必定都至少执行一次。因此,满足判定覆盖标准的测试用例也一定满足语句覆盖标准。

对例 6-3 所示程序设计测试用例，使其满足判定覆盖标准。分析两个判定条件，可以看出各判定的所有可能结果为 4 种，如表 6-3 所示。

表 6-3　判定的所有可能结果

判定	成立	不成立
A>1 AND B=0	t_1	f_1
A=2 OR X>1	t_2	f_2

从图 6-18 易得，若要满足判定的真假分支均经过一次，只要保证程序执行 a—b—c—d—e—f和 a—b—d—f 这两条路径即可。分析两个判定条件，在语句覆盖的基础上再增加一组测试用例，即如表 6-4 所示的测试数据，即可满足判定覆盖标准。

表 6-4　满足判定覆盖的测试用例

测试用例输入数据	预期输出结果	通过路径	判定取值
A=2,B=0,X=4	X=3	a—b—c—d—e—f	$t_1 t_2$
A=1,B=1,X=1	X=1	a—b—d—f	$f_1 f_2$

可见，对于一般的程序来讲，判定覆盖标准的覆盖率要比语句覆盖的覆盖率高几乎一倍。但是，在判定语句中含有复合条件表达式的情况下，也会遗漏许多路径，例如上述测试用例并未测试到 a—b—d—e—f 这条路径，即使测试到的路径，也存在着单条件测试遗漏的情况，如若条件“X>1”错写为“X<1”是无法检查出来的，因为每个条件的取值并不在考虑范围内。

3. 条件覆盖

条件覆盖是指选择足够的测试用例，使得运行这些测试用例时，被测程序的每个判定中的每个条件的所有可能结果都至少出现一次。条件覆盖和判定覆盖思路一样，只是把重点从判定移动到条件上来了，每个判定中的每个条件的真假取值至少满足一次。

对例 6-3 所示程序设计测试用例，使其满足条件覆盖标准。分析两个判定条件，可以看出各条件的所有可能取值为 8 种，如表 6-5 所示。

表 6-5　条件的所有可能取值

条件	成立	不成立
A>1	T_1	F_1
B=0	T_2	F_2
A=2	T_3	F_3
X>1	T_4	F_4

若要覆盖上述 8 种取值，仅需设计满足 4 个条件的真假取值对应的测试用例数据，如表 6-6和表 6-7 所示的测试用例均可满足条件覆盖标准。

表 6-6　满足条件覆盖的测试用例(第 1 种)

测试用例输入数据	预期输出结果	通过路径	条件取值
A=2,B=1,X=1	X=2	a—b—d—e—f	$T_1 F_2 T_3 F_4$
A=1,B=0,X=4	X=5	a—b—d—e—f	$F_1 T_2 F_3 T_4$

表 6-7 满足条件覆盖的测试用例(第 2 种)

测试用例输入数据	预期输出结果	通过路径	条件取值
A=2,B=0,X=4	X=3	a—b—c—d—e—f	$T_1T_2T_3T_4$
A=1,B=0,X=1	X=1	a—b—d—f	$F_1T_2F_3F_4$
A=2,B=1,X=1	X=2	a—b—d—e—f	$T_1F_2T_3F_4$

可以看出,上述两种测试用例数据的设计虽均可满足条件覆盖标准,但第 1 种不满足语句覆盖和判定覆盖标准,遗漏了判定 b 取真值和判定 d 取假值的路径,测试非常不充分;第 2 种满足语句覆盖和判定覆盖标准,并未遗漏路径,相对来讲测试较充分。因此,满足条件覆盖标准并不一定满足判定覆盖标准,需要二者综合考虑。

4. 判定-条件覆盖

判定-条件覆盖是指选择足够的测试用例,使得运行这些测试用例时,被测程序的每个判定的所有可能结果都至少执行一次,并且每个判定中的每个条件的所有可能结果都至少出现一次。从此定义可以看出,满足判定-条件覆盖标准必定满足判定覆盖和条件覆盖,当然同时满足语句覆盖,弥补了前述覆盖标准的不足。

对例 6-3 所示程序设计测试用例,使其满足判定-条件覆盖标准。若要覆盖上述 4 种判定和 8 种条件取值,在前面已分析过,表 6-7 的测试用例数据即可满足判定-条件覆盖标准,具体的覆盖情况如表 6-8 所示。

表 6-8 满足判定-条件覆盖标准的测试用例

测试用例输入数据	预期输出结果	通过路径	判定取值	条件取值
A=2,B=0,X=4	X=3	a—b—c—d—e—f	t_1t_2	$T_1T_2T_3T_4$
A=1,B=0,X=1	X=1	a—b—d—f	f_1f_2	$F_1T_2F_3F_4$
A=2,B=1,X=1	X=2	a—b—d—e—f	f_1t_2	$T_1F_2T_3F_4$

那么,满足判定-条件覆盖的测试用例是否完美无瑕呢?进一步分析可知,判定-条件覆盖虽然同时覆盖了判定的真假取值和条件的真假取值,但容易掩盖某些条件中可能出现的错误。例如,对于第 1 个判定中的条件表达式“A>1 AND B=0”来说,需要两个条件同时取真值才能使得判定取真值,但当第 1 个条件“A>1”不满足,程序就不再判断第 2 个条件“B=0”是否满足了,此时若出现代码错误便容易忽视;同理,对于第 2 个判定中的条件表达式“A=2 OR X>1”来说,需要一个条件取真值即可使得判定取真值,当第 1 个条件“A=2”满足,程序就不再判断第 2 个条件“X>1”是否满足了,同样容易忽视代码中的错误。

5. 条件组合覆盖

条件组合覆盖又称多条件覆盖,是指选择足够的测试用例,使得运行这些测试用例时,被测程序的每个判定中条件结果的所有可能组合都至少出现一次。

对例 6-3 所示程序设计测试用例,使其满足条件组合覆盖标准。分析两个判定中条件结果的所有可能组合,如表 6-9 所示。

表 6-9 两个判定中条件的可能组合结果

判定	条件	可能的条件取值	组合结果及覆盖判定
b	A>1	T_1，F_1	①$T_1T_2(t_1)$ ②T_1F_2，③F_1T_2，④$F_1F_2(f_1)$
	B=0	T_2，F_2	
d	A=2	T_3，F_3	⑤T_3T_4，⑥T_3F_4，⑦$F_3T_4(t_2)$ ⑧$F_3F_4(f_2)$
	X>1	T_4，F_4	

若要覆盖上述 8 种条件取值组合，设计如表 6-10 所示的测试用例数据，即可满足条件组合覆盖标准。

表 6-10 满足条件组合覆盖标准的测试用例

测试用例输入数据	预期输出结果	通过路径	判定取值	覆盖条件组合
A=2，B=0，X=4	X=3	a—b—c—d—e—f	t_1t_2	①⑤
A=2，B=1，X=1	X=2	a—b—d—e—f	f_1t_2	②⑥
A=1，B=0，X=2	X=3	a—b—d—e—f	f_1t_2	③⑦
A=1，B=1，X=1	X=1	a—b—d—f	f_1f_2	④⑧

可以看出，每个判定中各条件的所有可能组合必定能够覆盖所有判定情况，但可能会大大增加测试用例的数量，增加项目成本，因此覆盖标准的选取要视项目情况而定。另外，条件组合覆盖可能会遗漏部分路径，如本例中的测试用例并未覆盖 a—b—c—d—f 这条路径。

6. 路径覆盖

路径覆盖是指选择足够的测试用例，使得运行这些测试用例时，被测程序的每条可能执行到的路径都至少经过一次(若程序中包含环路，则要求每条环路至少经过一次)。

对例 6-3 所示程序设计测试用例，使其满足路径覆盖标准。显然，所有可能执行的路径有：

L1：a—b—c—d—e—f

L2：a—b—d—f

L3：a—b—d—e—f

L4：a—b—c—d—f

对于每条路径设计测试用例，达到路径覆盖标准，如表 6-11 所示。

表 6-11 满足路径覆盖标准的测试用例

测试用例输入数据	预期输出结果	通过路径	判定取值
A=2，B=0，X=4	X=3	L1：a—b—c—d—e—f	t_1t_2
A=1，B=1，X=1	X=1	L2：a—b—d—f	f_1f_2
A=1，B=0，X=2	X=3	L3：a—b—d—e—f	f_1t_2
A=3，B=0，X=3	X=1	L4：a—b—c—d—f	t_1f_2

路径覆盖实际上考虑了程序中各种判定结果的所有可能组合，但它未必能覆盖判定中条件结果的各种可能情况。因此，它是一种比较强的覆盖标准，但不能替代条件覆盖和条件组合覆盖标准。

6.4.4 循环测试法

循环测试专注于测试循环结构的有效性，原则上在循环的边界和运行界限执行循环体。循环分为4种不同类型：简单循环、嵌套循环、串接循环和非结构循环。

1. 简单循环

对于最多为 n 次的简单循环，其示意如图6-19所示。

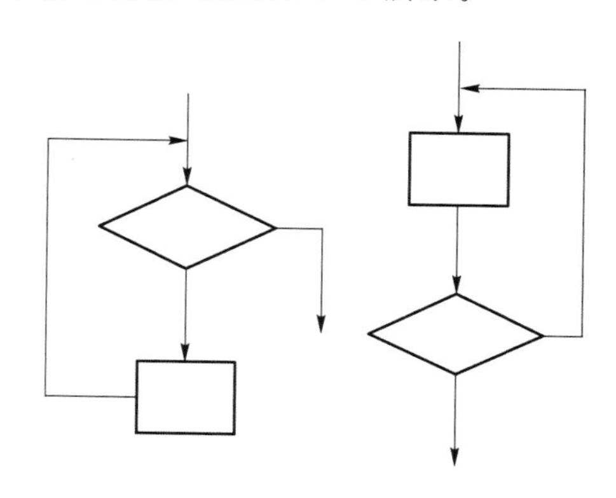

图6-19　简单循环示意图

简单循环要按照下列规则设计测试用例。

- 零次循环：从循环入口到出口，直接跳过循环体；
- 一次循环：检查循环初始值，只执行一遍循环体；
- 二次循环：连续执行两遍循环体，检查多次循环；
- m 次循环（$2<m<n-1$）：检查多次循环；
- 比最大次数少一次的循环；
- 最大次数循环；
- 比最大次数多一次的循环。

2. 嵌套循环

嵌套循环示意如图6-20所示，要按照下列规则设计测试用例。

- 从内层循环开始，将其他循环设置为最小值；
- 逐步外推，对其外面一层循环进行测试。测试时保持所有外层循环的循环变量取最小值，所有其他嵌套内层循环的循环变量按简单循环取"典型"值；
- 反复进行，直到各层循环测试完毕。

3. 串接循环

串接循环测试又称并列循环测试，其示意如图6-21所示。如果串接在一起的多个循环相互独立，互不相干，应选择简单循环测试的方法进行测试。如果多个串接的循环不独立，相关联，则应选择嵌套循环测试的方法进行测试。

4. 非结构循环

非结构循环示意如图6-22所示，应先将程序结构化后再进行测试。

【例6-4】　对以下求最小值的程序代码进行简单循环测试，其中 i 和 n 表示数组中考查数据的起止下标值，要求测试0次、1次和2次循环的情况。

```
int min(int i, int n)
{
    k = i;
    j = i + 1;
    while (j <= n)
     {
        if(A[j]< A[k])
            k = j;
        j ++ ;
     }
     return k
}
```

程序流程图如图 6-23 所示。

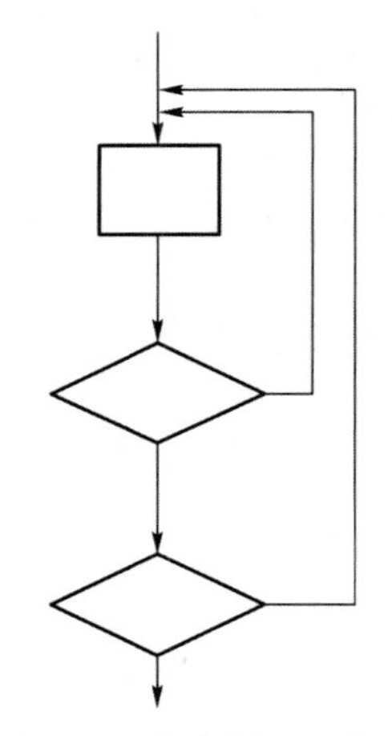

图 6-20　嵌套循环示意图

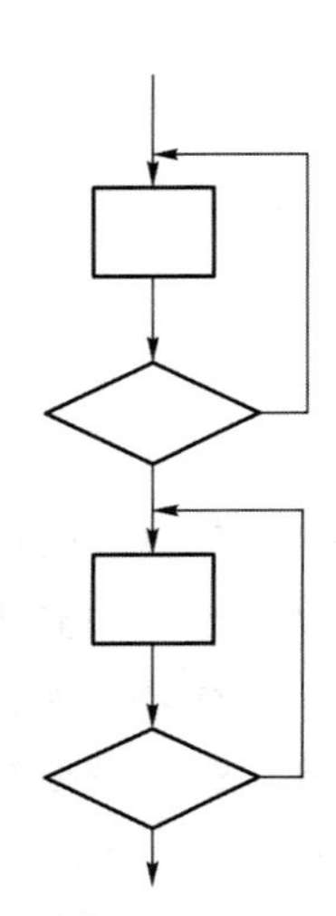

图 6-21　串接循环示意图

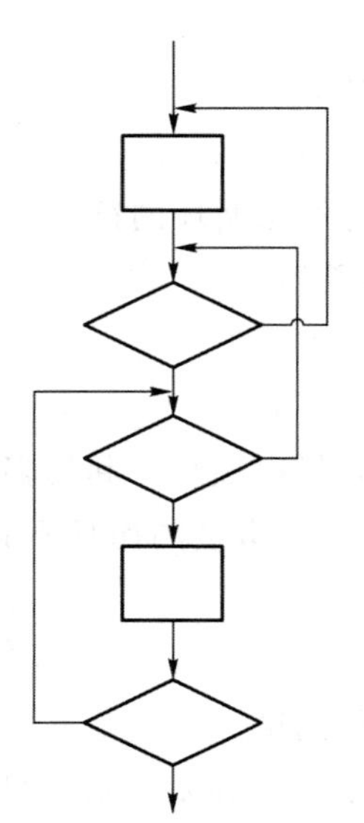

图 6-22　非结构循环示意图

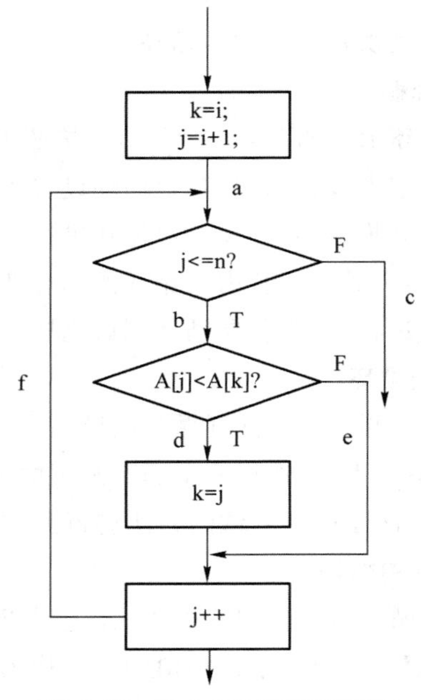

图 6-23　例 6-4 的程序流程图

例 6-4 的循环测试用例设计如表 6-12 所示。

表 6-12 例 6-4 的循环测试用例设计

循环次数	i	n	A[i]	A[i+1]	A[i+2]	k	路径
0	1	1				i	a—c
1	1	2	1	2		i	a—b—e—f—c
			2	1		i+1	a—b—d—f—c
2	1	3	1	2	3	i	a—b—e—f—b—e—f—c
			2	3	1	i+2	a—b—e—f—b—d—f—c
			3	2	1	i+2	a—b—d—f—b—d—f—c
			3	1	2	i+1	a—b—d—f—b—e—f—c

注:其中 b 和 d 分别代表条件表达式"j<=n"和"A[j]<A[k]"成立,取真值,c 和 e 分别表示两个条件表达式不成立,取假值。

6.5 黑盒测试

6.5.1 基本概念

黑盒测试是将被测软件看作一个黑盒子,程序的内部逻辑结构或代码是不可见的,测试人员仅能根据需求规格说明书操作软件的有限接口,检查软件是否符合功能需求或性能需求,而不关心程序的内部实现。因此黑盒测试又称功能测试或数据驱动测试。

图 6-24 是黑盒测试示意图,通过采用适当的测试用例,从数据输入和输出结果中,能够发现程序在功能或性能上存在的问题,并与用户的实际需求相比较,判断软件产品能否被用户接受。但是,对于软件代码中隐藏的问题,以及输入和输出之间的具体转化细节,是无法测试的。

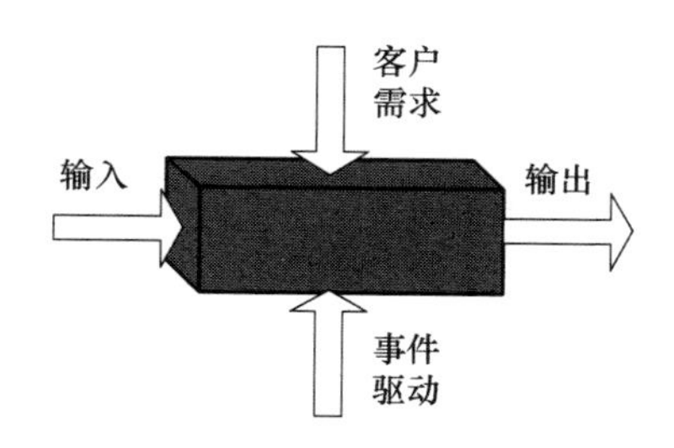

图 6-24 黑盒测试示意图

黑盒测试可用于各种测试,它试图发现以下类型的错误:

- 不正确或遗漏的功能;
- 接口错误,如输入/输出参数的个数、类型等;
- 数据结构错误或外部信息访问错误;
- 性能错误;
- 初始化或终止错误。

黑盒测试一般可分为功能性测试和非功能性测试两大类,本部分着重介绍功能性测试方法,主要有等价类划分法、边界值分析法、判定表驱动法、因果图法和场景设计法等。

6.5.2 等价类划分法

1. 等价类划分法概述

等价类是指输入域的某个子集,该子集中的每个输入数据对揭露软件中的错误都是等效的,测试等价类的某个代表值就等价于对这一类其他值的测试。

等价类划分法是黑盒测试中一种典型且常用的测试方法,通过降低测试用例数目实现"合理"的覆盖率,以便发现更多的软件缺陷。我们知道,测试过程中,由于成本和项目实际的限制,一般无法将所有可能的输入数据作为测试用例进行测试。等价类划分法是将所有可能的输入数据划分为若干等价类,由于等价类中的数据在测试时的效果等价,因此从每个等价类中选取一个代表性数据进行测试即可。

等价类划分包括有效等价类和无效等价类。

有效等价类:指对于程序规格说明来说,合理的、有意义的输入数据构成的集合。利用有效等价类可以检验程序是否实现了规格说明预先规定的功能和性能。

无效等价类:与有效等价类相反,指对于软件规格说明而言,不合理的、没有意义的输入数据集合。利用无效等价类,可以找出程序异常说明情况,检查程序的功能和性能的实现是否有不符合规格说明要求的地方。

有效等价类和无效等价类可以是一个,也可以是多个,根据系统的输入域划分若干部分,然后从每个部分中选取少数有代表性的数据当作测试用例。

在设计测试用例时,需要根据规格说明分析有效数据和无效数据,并划分出若干等价类。在此过程中,有效等价类和无效等价类必须同时考虑。既要对合理的、有意义的数据进行测试,也要考虑程序的各种意外情况,对不合理的、无意义的数据进行测试,以便保证软件的高可靠性。

2. 等价类的划分原则

等价类的划分原则如下。

- 在输入条件规定了取值范围或值的个数的情况下,可以确定一个有效等价类和两个无效等价类。
- 在规定了输入数据的一组值(假定有 n 个值),并且程序要对每个输入值分别处理的情况下,可以确定 n 个有效等价类和一个无效等价类。
- 在规定输入数据必须遵守的规则的情况下,可以确定一个有效等价类和若干个无效等价类。
- 在输入条件规定了输入值的集合或规定了"必须如何"的条件下,可以确定一个有效等价类和一个无效等价类。
- 若已划分的等价类中各元素在程序中处理方式不同,则应将该等价类进一步地划分为更小的等价类。

表 6-13 给出了等价类的划分原则及对应的示例。

表 6-13 等价类划分原则及举例

	输入条件	有效等价类	无效等价类
1	取值范围	1个(范围内)	2个(范围外)
	成绩在 0 到 100 之间	0≤成绩≤100	①成绩＜0 ②成绩＞100
2	值的个数	1个(正确个数)	2个(小于或大于)
	输入三角形的 3 条边	输入边数=3	①边数＜3 ②边数＞3
3	值的集合(n 个),不同处理	n 个(每个值为一类)	1个(任何集合外的值)
	成绩:优、良、中、及格、不及格	①优②良③中④及格⑤不及格	五级之外的值
4	必须遵循的规则	1个(符合规则)	若干(不同角度违反)
	输入简体中文	简体中文	其他各种文字
5	输入规定值的集合	1个	1个(集合之外)
	输入数据为星期几	一周中的某一天	其他值

3. 等价类划分法设计测试用例的步骤

(1) 确定等价类

根据软件的规格说明,对每一个输入条件(通常是规格说明中的一句话或一个短语)确定若干个有效等价类和若干个无效等价类。

在确定了等价类之后,建立等价类表,列出所有划分出的等价类,并为每个有效等价类和无效等价类编号。可以使用表 6-14 来表示这个过程。

表 6-14 等价类表

输入条件	有效等价类	无效等价类
……	……	……
……	……	……

(2) 设计测试用例

按照等价类的编号,逐一从划分的等价类中按以下原则确定测试用例。

对合理的、有意义的测试数据的选取,尽可能多地覆盖有效等价类,直到所有的有效等价类都被覆盖为止;

对不合理的、无意义的测试数据的选取,令其仅覆盖一个无效等价类,以防错误漏检。重复设计,直到所有的无效等价类都被覆盖为止。

【例 6-5】 某企业招工,要求登记求职者的年龄,必须是 6 位数字,要求出生日期在 1980—2000 年之间,前 4 位表示年,后 2 位表示月,试用等价类划分法设计测试用例。

分析:根据等价类划分法设计测试用例的步骤可知,先要确定等价类,包括有效等价类和无效等价类。根据表 6-14 所示格式,对不同的输入条件分别划分等价类。通读规格说明可以发现,题目中涉及年龄,用年月日的日期形式表达,输入时需要 6 位数字,并具体划分为年份和月份两个方面。可以抽象出 3 个输入条件:日期类型和长度、年份范围和月份范围。下面分两步来做。

第 1 步:对不同的输入条件确定等价类并编号,如表 6-15 所示。

表 6-15　例 6-5 的等价类

输入条件	有效等价类	无效等价类
日期类型和长度	①6 位数字	④含非数字 ⑤大于 6 位 ⑥小于 6 位
年份范围	②1980—2000	⑦小于 1980 ⑧大于 2000
月份范围	③01—12	⑨00 ⑩大于 12

第 2 步：针对以上等价类设计测试用例，遵循两个设计原则：对①～③这些有效等价类，因其隶属于不同的输入条件，可以用一个测试数据同时覆盖；对④～⑩这些无效等价类，针对每个设计测试数据，以防错误漏检。测试用例的输入数据和预期输出如表 6-16 所示。

表 6-16　例 6-5 的测试用例

输入数据	预期输出	对应的等价类
199001	输入有效	①②③
198abc	含非数字	④
1980011	大于 6 位	⑤
1980	小于 6 位	⑥
196002	年龄太大	⑦
200102	年龄太小	⑧
199100	月份无效	⑨
199113	月份无效	⑩

需要强调的是，在设计输入数据时，一旦覆盖某个无效等价类，则应尽量避免覆盖其他等价类。如覆盖无效等价类⑧所设计的输入数据 200102，年份为 2001，从年份上超出了合理范围，此时月份的设计就不要超出范围了，以便针对性地得到预期输出，提示年龄太小。对于月份超出范围的情况，另设计测试数据来检查。

6.5.3　边界值分析法

1. 边界值分析法概述

边界值分析法就是对输入或输出的边界值进行测试的一种黑盒测试方法，通常作为等价类划分法的补充，其测试用例来自等价类的边界。长期的测试工作经验告诉我们，大量的错误发生在输入或输出范围的边界上，而不是发生在输入或输出范围的内部。因此针对各种边界情况设计测试用例，可以查出更多的错误。

如例 6-5 中招工的年龄，1980 年和 2000 年出生的人是否在招工范围，是比较容易出错的。在测试时应该着重测试这两个年份出生的人群，还有与这两个年份相邻年份出生的人群也需要着重测试。又如，在每年的例行体检中，单位会发布“关于 35 岁以上教职工体检的通知”，对于刚好 35 岁的员工，可能就会产生疑问，本次体检是否需要参加？而对于大于 35 岁和小于

35 岁的员工，就不存在此问题。体检的管理系统需要检验 35 作为边界值的处理情况。通常，边界值是指直接在边界上、或稍高于其边界值、或稍低于其边界值的一些特定情况。

由等价类的概念可知，使用等价类划分法设计测试用例时，原则上，等价类中的任一输入数据都可作为该等价类的代表用作测试用例。边界值分析法则是专门挑选那些位于边界附近的值(即正好等于、刚刚大于或刚刚小于边界的值)作为测试用例。需要注意的是，边界值分析不仅要考虑输入条件，还要考虑输出空间的测试。

2. 边界值分析法选择测试用例的原则

边界值分析法选择测试用例的原则如下。

- 如果输入条件规定了值的范围，则应取刚达到这个范围的边界的值，以及刚刚超越这个范围的边界的值作为测试输入数据。
- 如果输入条件规定了值的个数，则用最大个数、最小个数、比最小个数少 1、比最大个数多 1 的数作为测试数据。
- 将上述两条规则应用于输出条件，即设计测试用例使输出值达到边界值及其左右的值。
- 如果程序的规格说明给出的输入域或输出域是有序集合，则应选取集合的第一个元素和最后一个元素作为测试用例。
- 如果程序中使用了一个内部数据结构，则应当选择这个内部数据结构的边界上的值作为测试用例。
- 分析规格说明，找出其他可能的边界条件。

表 6-17 给出了边界值分析法选择测试用例的原则及对应示例。

表 6-17 边界值分析法选择测试用例的原则及举例

	待测软件	边界值
1	输入条件规定了值的范围	①范围边界 ②刚刚超出边界
	成绩在 0 到 100 之间	0、100、−1、101
2	输入条件规定了值的个数	最大个数(+1)、最小个数(−1)
	参赛项目 1～3 项	1、3、0、4
3	每个输出条件使用第 1 条	①范围边界 ②刚刚超出边界
	$X+Y$ 的值在 10 到 20 之间	选择输出为 10、20、9、21 的 X 和 Y
4	每个输出条件使用第 2 条	最大个数(+1)、最小个数(−1)
	要求输出发票明细为 1～5 行	选择输出为 1、5、0、6 行的输入数据
5	输入或输出数据为有序集合	第一个元素和最后一个元素
	全班按学号顺序输出名单	学号第一个和最后一个学生

3. 边界值分析法设计测试用例的步骤

因为边界值分析法通常作为等价类划分法的补充，因此只需在等价类划分法设计测试用例的基础上，补充边界值作为测试用例即可。

【例 6-6】 某学生成绩管理系统，要求录入全体学生的成绩，在[0,100]范围内，要求针对分数设计测试用例，验证录入功能。

第 1 步：确定等价类，如表 6-18 所示。

表 6-18　确定等价类

输入条件	有效等价类	无效等价类
分数范围	①0 到 100	②大于 100 ③小于 0

第 2 步:生成测试用例,分别覆盖一个有效等价类和两个无效等价类(如表 6-19 中前 3 个测试用例)。

表 6-19　生成测试用例

输入数据	预期输出	对应的等价类
50	输入有效	①
150	输入无效	②
−50	输入无效	③
0	输入有效	①
100	输入有效	①
−1	输入无效	③
101	输入无效	②

第 3 步:补充边界值(如表 6-19 中后 4 个测试用例)。

6.5.4　判定表驱动法

1. 判定表驱动法概述

判定表又称决策表,是一个用来表示条件和行动的二维表,是分析和表达多逻辑条件下执行不同操作的情况的工具。等价类划分法和边界值分析法主要针对单条件问题设计测试用例,而对条件之间的各种组合关系无法测试。判定表能够对多个条件的组合进行分析,清晰表达条件、决策规则和应采取的行动之间的逻辑关系,从而设计测试用例来覆盖各种组合。

判定表驱动法(或决策表法)是根据需求描述建立判定表后,导出测试用例的方法。以表 6-20 的阅读指南为例来认识判定表。

表 6-20　阅读指南判定表

选项		规则							
		1	2	3	4	5	6	7	8
问题	你觉得疲倦吗?	Y	Y	Y	Y	N	N	N	N
	你对内容感兴趣吗?	Y	Y	N	N	Y	Y	N	N
	书中内容使你糊涂吗?	Y	N	Y	N	Y	N	Y	N
建议	请回到本章开头重读					√			
	继续读下去						√		
	跳到下一章去读							√	√
	停止阅读,请休息	√	√	√	√				

阅读指南判定表由问题和建议两部分构成。问题包含 3 个,对其不同的判断结果进行组合,可以得到 8 种情况;建议部分是对 8 种情况提出的建议。问题和建议共同构成了 8 条规则,即在各种情况下建议采取的动作。

判定表通常包含 4 个组成部分,如图 6-25 所示。

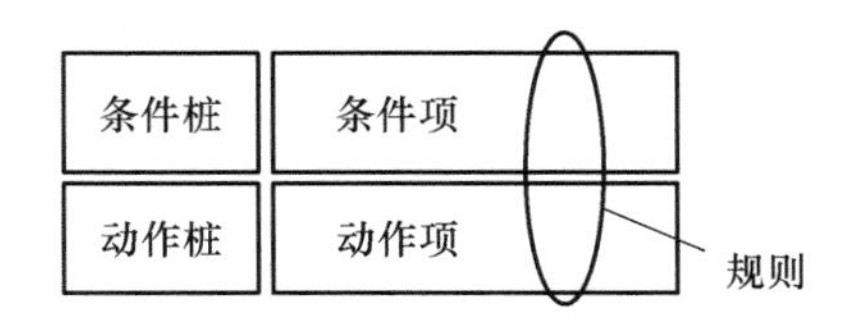

图 6-25 判定表的构成

条件桩:列出了问题的所有条件。通常认为列出的条件的次序无关紧要。

动作桩:列出了问题规定可能采取的操作。这些操作的排列顺序没有约束。

条件项:列出针对条件的取值(在所有可能情况下的真假值)。

动作项:列出在条件项的各种取值情况下应该采取的动作。

规则:任何一个条件组合的特定取值及其相应要执行的操作。

从阅读指南的判定表中容易看出,贯穿条件项和动作项的一列就是一条规则。显然,判定表中列出多少组条件取值,条件项和动作项就有多少列,也就有多少条规则。若有两条或多条规则具有相同的动作,并且其条件项之间存在着极为相似的关系,则可对规则进行合并,以便减少规则数目,同时减少设计的测试用例数目。

简化判定表可以从以下两个角度来进行。

一是规则合并。若两条或多条规则的动作项相同,条件项只有一项不同,则可将该项合并,合并后的条件项用符号"-"表示,说明执行的动作与该条件的取值无关,称为无关条件。规则合并示例如图 6-26(a)所示。

二是规则包含。无关条件项"-"在逻辑上又可包含其他的条件项取值,具有相同动作的规则还可进一步合并。规则包含示例如图 6-26(b)所示。

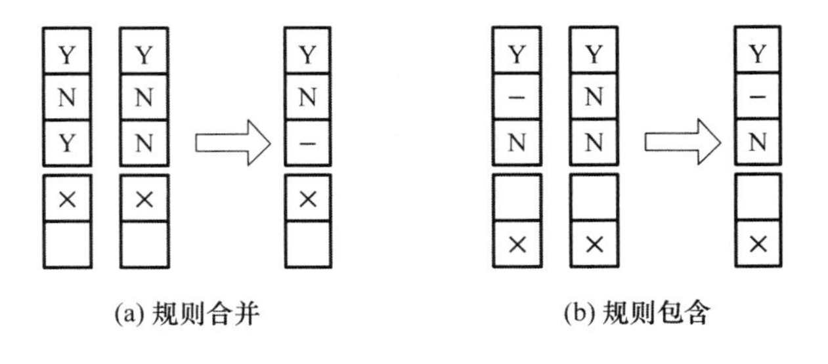

图 6-26 判定表的简化

按照上述规则,对阅读指南判定表进行简化,如表 6-21 所示。可以看出,规则 1 和规则 2 的动作项相同,条件项只有一项不同,可将两条规则合并,合并后的相异条件项用符号"-"表示;规则 3 和规则 4 的动作项相同,条件项只有一项不同,可将两条规则合并,合并后的相异条件项用符号"-"表示;规则 7 和规则 8 的动作项相同,条件项只有一项不同,可将两条规则合并,合并后的相异条件项用符号"-"表示。

表 6-21　对表 6-20 阅读指南判定表的简化

选项		规则				
		1/2	3/4	5	6	7/8
问题	你觉得疲倦吗？	Y	Y	N	N	N
	你对内容感兴趣吗？	Y	N	Y	Y	N
	书中内容使你糊涂吗？	—	—	Y	N	—
建议	请回到本章开头重读			√		
	继续读下去				√	
	跳到下一章去读					√
	停止阅读，请休息	√	√			

继续观察表 6-21 中规则 1 和规则 3，发现两条规则的动作项相同，条件项只有一项不同，可将两条规则继续合并，合并后的相异条件项用符号“—”表示，如表 6-22 所示。

表 6-22　对表 6-20 阅读指南判定表的进一步简化

选项		规则			
		1/2/3/4	5	6	7/8
问题	你觉得疲倦吗？	Y	N	N	N
	你对内容感兴趣吗？	—	Y	Y	N
	书中内容使你糊涂吗？	—	Y	N	—
建议	请回到本章开头重读		√		
	继续读下去			√	
	跳到下一章去读				√
	停止阅读，请休息	√			

2. 判定表的建立步骤

由以上相关概念，给出判定表的建立步骤如下。

① 列出所有的条件桩和动作桩。

② 确定规则的个数。假如有 n 个条件，每个条件有真假两种取值，则共有 2^n 种规则。

③ 填入条件项，所有条件均有真假两种取值。

④ 填入动作项，构成规则，得到初始判定表。

⑤ 简化判定表，合并相似规则（相同动作）。

建立判定表并简化后，即可根据规则设计测试用例，一般每条规则对应一条测试用例。对表 6-22 所示的简化判定表设计测试用例，如表 6-23 所示。

表 6-23　对表 6-22 所示的简化判定表设计测试用例

测试用例 ID	输入条件	预期输出
1	觉得疲倦	建议停止阅读，请休息
2	不觉得疲倦，对内容感兴趣，但内容使你糊涂	建议回到本章开头重读
3	不觉得疲倦，对内容感兴趣，内容没有使你糊涂	建议继续读下去
4	不觉得疲倦，对内容不感兴趣	建议跳到下一章去读

【例 6-7】 某学生成绩管理系统，要求对"平均成绩在 90 分以上，且没有不及格科目，或班级排名在前 5 位"的学生，在程序中将其姓名用红色标识，请建立该场景的判定表。

根据规格说明分析可得各项前提条件之间存在某些逻辑关系，易于用判定表的方法设计测试用例。下面按照步骤建立判定表。

① 列出条件桩和动作桩。

注意，条件桩是没有真假取值的客观条件，需要对规格说明进行适当调整后确定。

条件桩：

- 平均成绩是否大于 90；
- 是否没有不及格科目；
- 班级排名是否在前 5 位。

动作桩：

- 姓名用红色标识；
- 其他处理。

② 确定规则的个数。

条件桩共 3 个，所以共有 $2^3=8$ 条规则。

③ 填入条件项。

④ 填入动作项，构成规则，得到如表 6-24 所示的初始判定表。

表 6-24 初始判定表

选项		规则							
		1	2	3	4	5	6	7	8
条件	a	Y	Y	Y	Y	N	N	N	N
	b	Y	Y	N	N	Y	Y	N	N
	c	Y	N	Y	N	Y	N	Y	N
动作	d	√	√	√		√		√	
	e				√		√		√

⑤ 简化判定表。合并规则 1 和 2、5 和 7、6 和 8，得到简化判定表，如表 6-25 所示。

表 6-25 简化判定表

选项		规则				
		1/2	3	4	5/7	6/8
条件	a	Y	Y	Y	N	N
	b	Y	N	N	—	—
	c	—	Y	N	Y	N
动作	d	√	√		√	
	e			√		√

判定表简化后即可设计测试用例，每一列对应一条测试用例数据。

判定表可将逻辑复杂问题的可能情况一一列举出来，简明、易于理解，也会避免遗漏。其缺点在于不能表达重复执行的动作，如循环结构。

6.5.5 因果图法

1. 因果图和因果图法概述

在实际问题中，等价类划分法和边界值分析法都着重考虑输入条件，如果程序输入之间没有什么联系，采用等价类划分和边界值分析是比较有效的方法；如果程序输入之间有逻辑关系，则可采用判定表法设计测试用例。然而，判定表适合列出问题条件的所有组合，数目庞大，并非所有的条件组合都有意义或合理，还可能在条件之间存在相互制约的关系。当条件组合较为复杂或存在制约关系时，从用自然语言书写的程序规格说明的描述中找出因(输入条件)和果(输出或程序状态的改变)，从而找出输入与输入、输入与输出、输出与输出之间的关系，画出便于观察的图示，即为因果图。

因果图法着重测试规格说明中的输入与输出间的依赖关系。从程序规格说明书的描述中找出因(输入条件)和果(输出或程序状态的改变)，通过因果图转换为判定表，从而设计相应的测试用例。

因果图法的特点是：

- 考虑输入条件的组合关系；
- 考虑输出条件对输入条件的依赖关系，即因果关系；
- 测试用例发现错误的效率高；
- 能检查出功能说明中的某些不一致或遗漏情况。

2. 因果图的因果关系和约束关系

(1) 因果关系

因果关系指原因(输入)和结果(输出)之间的关系，常用的包括 4 种，如图 6-27 所示。通常在因果图中用 C_i 表示原因，用 E_i 表示结果，各结点表示状态，可取值“0”或“1”。“0”表示某状态不出现，“1”表示某状态出现。

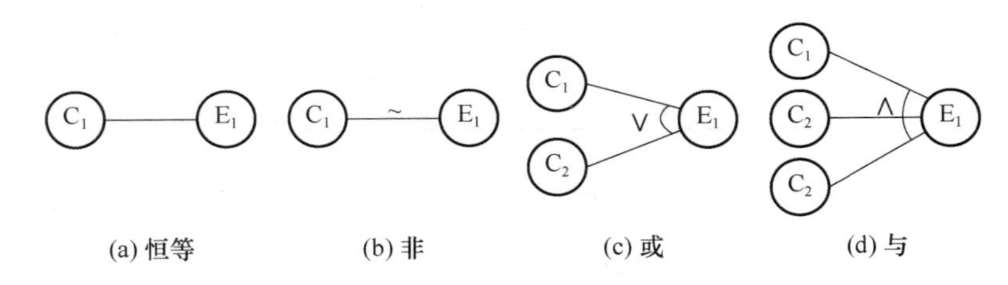

图 6-27 因果关系

恒等：若 C_1 为 1，则 E_1 也为 1，否则 E_1 为 0。

非：若 C_1 为 1，则 E_1 为 0，否则 E_1 为 1。

或：若 C_1 或 C_2 为 1，则 E_1 为 1，否则 E_1 为 0，“或”可有任意个输入。

与：若 C_1、C_2 和 C_3 都为 1，则 E_1 为 1，否则 E_1 为 0，“与”也可有任意个输入。

注意：画因果图时原因在左，结果在右，由上到下排列，必要时可引入中间结点。

(2) 约束关系

与因果关系不同，约束关系指原因(输入)之间的相互制约关系或结果(输出)之间的相互制约关系。在很多情况下，多个输入条件不可能同时出现，或多个输出结果不可能同时出现。输入之间的约束关系一般有 4 种：E 约束、I 约束、O 约束和 R 约束；输出之间的约束关系只有一种：M 约束。约束关系的表示如图 6-28 所示。

E约束(互斥):a、b、c不可能同时成立,至多有一个为1。

I约束(包含):a、b、c至少有一个为1。

O约束(唯一):a、b、c有且仅有一个为1。

R约束(要求):若a为1,则要求b必为1。

M约束(强制或屏蔽):若a为1,则b必须为0。

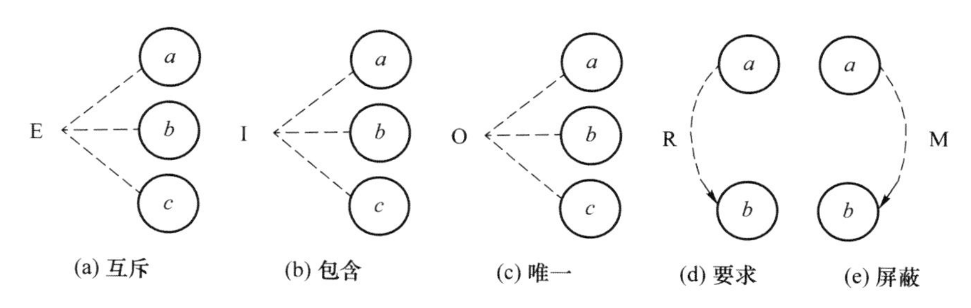

图6-28 约束关系

3. 因果图法设计测试用例的步骤

利用因果图法导出测试用例一般要经过以下几个步骤。

① 分割功能说明书。

将输入条件分成若干组,然后分别对每组使用因果图,这样可减少输入条件组合的数目。

② 识别软件规格(需求)中的"原因"和"结果",并加以编号。

原因是指输入条件或输入条件的等价类,结果是指输出条件或系统变换。原因(或结果)成立时,结点值为1,不成立时结点值为0。

③ 确定原因和结果之间的逻辑关系,画出因果图。

④ 在因果图中加上各个约束条件。

⑤ 将因果图转换为判定表,并根据情况简化。

列出满足约束条件(规格说明允许)的所有原因组合,写出每种原因组合下的结果。

⑥ 为判定表的每一列设计一个测试用例。

【例6-8】 第1列字符必须是A或B,第2列必须是一个数字,在此情况下修改文件。若第1列不是A或B给出信息L,第2列不是数字给出信息M,用因果图法设计测试用例。

第1步:分割功能说明(略)。

第2步:识别原因和结果,并编号。

C_1:第1列字符为A;

C_2:第1列字符为B;

C_3:第2列字符为数字;

E_1:修改文件;

E_2:给出信息L;

E_3:给出信息M。

第3步:确定原因和结果之间的逻辑关系,画出因果图。通读规格说明,可得因果关系,如图6-29所示。其中11为中间结点,表示"第1列字符为A或B"。

第4步:在因果图中加上约束条件。因为第1列字符只有一个位置,A和B不可能同时出现,至多有一个出现,所以C_1和C_2存在E约束,在因果图中标出。

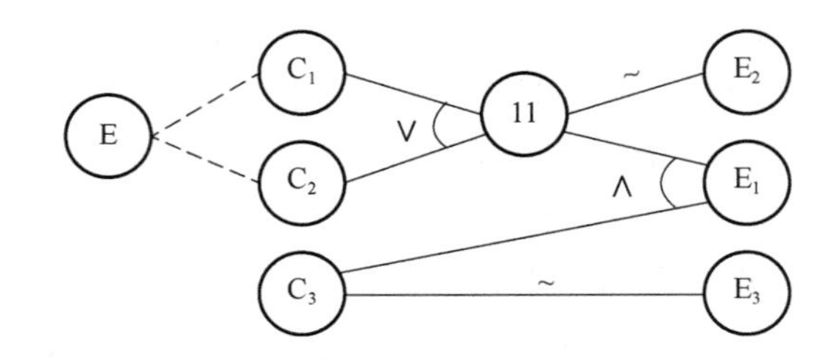

图 6-29　因果图

第 5 步：将因果图转换为判定表，如表 6-26 所示。规则为 $2^3=8$ 条，而 C_1 和 C_2 同时为“1”的规则为 2 条，是不可能出现的。可得有效的规则为 $8-2=6$ 条。

表 6-26　因果图转换为判定表

选项		规则							
		1	2	3	4	5	6	7	8
条件（原因）	C1	1	1	1	1	0	0	0	0
	C2	1	1	0	0	1	1	0	0
	C3	1	0	1	0	1	0	1	0
中间结点	11	—	—	1	1	1	1	0	0
动作（结果）	E1	—	—	0	0	0	0	1	1
	E2			1	0	1	0	0	0
	E3			0	1	0	1	0	1
测试用例	输入数据			A3	AC	B5	BN	C2	DY
	预期输出			F	M	F	M	L	LM

第 6 步：为判定表的每一列设计一个测试用例，如表 6-26 中的测试用例所示。其中“F”表示修改文件，“L”表示给出信息 L，“M”表示给出信息 M。

【例 6-9】　有一个出售单价为 5 角的盒装饮料的自动售货机，其软件的规格说明如下：饮料自动售货机允许投入 5 角或 1 元的硬币，用户可通过“橙汁”和“啤酒”按钮选择饮料，相应的饮料就送出来。售货机装有一个表示“零钱找完”的指示灯，当售货机中有零钱找时指示灯暗，当售货机中无零钱找时指示灯亮。当用户投入 5 角硬币并按下“橙汁”或“啤酒”按钮后，售货机送出橙汁或啤酒。当用户投入 1 元硬币并按下“橙汁”或“啤酒”按钮后，如果售货机有零钱找则送出相应的饮料，并退还 5 角硬币；如果售货机没有零钱找，则饮料不送出，并且退回 1 元硬币。

分析：由于“售货机有（或无）零钱找”是在投入 1 元硬币时判断能否找零钱的依据，因此也可把它看作一个输入条件，即原因。与之对应的结果是售货机指示灯暗（或亮）。

第 1 步：分割功能说明（略）。

第 2 步：分析规格说明，列出其中存在的因果关系，给出原因和结果。

C_1：售货机有零钱找；

C_2：投入 1 元硬币；

C_3：投入 5 角硬币；

C_4：按下“橙汁”按钮；

C_5:按下“啤酒”按钮;

E_1:售货机“零钱找完”灯亮;

E_2:退还 1 元硬币;

E_3:退还 5 角硬币;

E_4:送出“橙汁”饮料;

E_5:送出“啤酒”饮料。

第 3 步:确定原因和结果之间的逻辑关系,画出因果图。通读规格说明,可以做出以下分析。

首先,初始状态下,售货机处于“无零钱”或“有零钱”的状态,结果会表现为“红灯亮”与“红灯暗”,因此“有零钱”与“红灯亮”具有“非”的关系;

再次,买两种饮料也就是按下“橙汁”或“啤酒”按钮后,购买的过程是相似的,因此可以“橙汁”为例来分析,二者为“或”的关系;

最后,投入 5 角或 1 元的硬币时,售货机的处理方式是不同的,因此二者需要分别考虑。投入 5 角时,无须考虑售货机是否有零钱找,售货机直接送出饮料即可。投入 1 元时,可能出现两种情况:若售货机有零钱找,则同时退回 5 角并送出饮料;若售货机没有零钱找,则退回 1 元,没有饮料送出。

以按下“橙汁”按钮为例,该售货机工作过程可用图 6-30 表示。

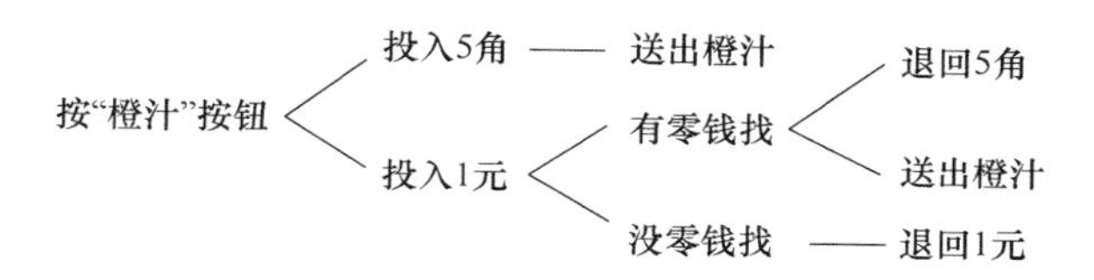

图 6-30 售货机工作过程分析

根据以上分析过程画出因果图,如图 6-31 所示。其中,中间结点的含义如下。

45:按下“橙汁”或“啤酒”按钮;

24:投入 1 元买“橙汁”或“啤酒”;

12:找 5 角钱并送出饮料;

23:送出饮料。

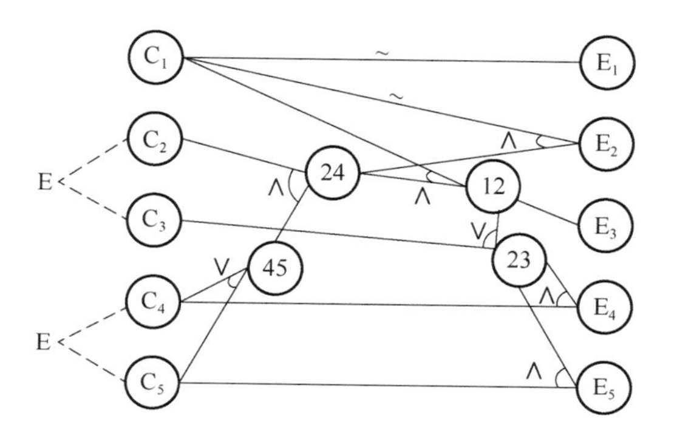

图 6-31 售货机程序的因果图

第 4 步:在因果图中加约束条件。因为每次投币只能有一种面值,所以 C_2 和 C_3 不能同时出现,存在 E 约束;同理,每次操作按钮只能有一种选择,所以 C_4 和 C_5 不能同时出现,存在 E 约束。

第 5 步：将因果图转换为判定表，如表 6-27 所示。规则为 $2^5=32$ 条，而 C_2 和 C_3 同时为“1”的规则为 8 条，C_4 和 C_5 同时为“1”的规则为 8 条，都是不可能出现的。其中，C_2、C_3、C_4 和 C_5 四者同时为“1”的规则为 2 条，存在重复计算。可得有效的规则为 32－8－8＋2＝18 条。

表 6-27　因果图转化为判定表

选项		规则																	
		1	2	3	4	5	6	7	8	9	10	11	12	13	14	15	16	17	18
条件（原因）	C_1	0	0	0	0	0	0	0	0	0	1	1	1	1	1	1	1	1	1
	C_2	0	0	0	0	0	0	1	1	1	0	0	0	0	0	0	1	1	1
	C_3	0	0	0	1	1	1	0	0	0	0	0	0	1	1	1	0	0	0
	C_4	0	0	1	0	0	1	0	0	1	0	0	1	0	0	1	0	0	1
	C_5	0	1	0	0	1	0	0	1	0	0	1	0	0	1	0	0	1	0
中间结点	45	0	1	1	0	1	1	0	1	1	0	1	1	0	1	1	0	1	1
	24	0	0	0	0	0	0	0	1	1	0	0	0	0	0	0	0	1	1
	12	0	0	0	0	0	0	0	0	0	0	0	0	0	0	0	0	1	1
	23	0	0	0	1	1	1	0	0	0	0	0	0	1	1	1	0	1	1
动作（结果）	E_1	1	1	1	1	1	1	1	1	1	0	0	0	0	0	0	0	0	0
	E_2	0	0	0	0	0	0	0	1	1	0	0	0	0	0	0	0	0	0
	E_3	0	0	0	0	0	0	0	0	0	0	0	0	0	0	0	0	1	1
	E_4	0	0	0	0	0	1	0	0	0	0	0	0	0	0	1	0	0	1
	E_5	0	0	0	0	1	0	0	0	0	0	0	0	0	1	0	0	1	0

判定表中，由 18 种情况的原因和因果图关系，可以导出中间结点和结果的取值。

第 6 步：为判定表的每一列设计一个测试用例。

如第 18 列规则，售货机有零钱找，投入 1 元购买橙汁，预期执行的动作是：退回 5 角并送出橙汁。

6.6　单元测试

6.6.1　概述

1. 单元测试及其必要性

在实际工作中，我们每天都在做单元测试。你写了一个函数，就想要执行一下，看看功能是否正常，有时还要想办法输出些数据，如弹出信息窗口或期望的结果，这也是单元测试，这种单元测试被称为临时单元测试。只进行了临时单元测试的软件，针对代码的测试很不完整，代码覆盖率要超过 70%都很困难，未覆盖的代码可能遗留大量的细小的错误，这些错误还会互相影响，当 Bug 暴露出来的时候难以调试，大幅度提高后期测试和维护成本，直接影响软件后期测试的效率。可以说，进行充分的单元测试，是提高软件质量、降低开发成本的必由之路。

同时，若未足够重视单元测试，急于将模块集成为软件系统，可能会隐藏一些未被纠正的 Bug，甚至导致软件无法运行。这时即使做大量的集成测试和系统测试，也难以排除所有的缺陷，而且会提升软件成本，延长开发周期。大量实践工作表明，完整充分的单元测试能够促进更高效的系统集成工作，事半功倍。研究表明，单元测试能够尽早发现错误，节约整个软件测试的时间，软件错误在不同测试阶段排查所需的测试时长如图 6-32 所示。显然，错误发现越早，成本越低，发现问题也比较容易，修正问题更容易。

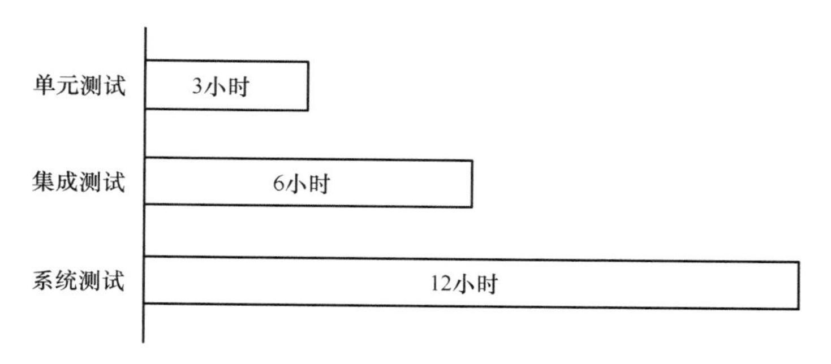

图 6-32 软件错误在不同测试阶段排查所需的测试时长

工厂在组装一台电视机前，会对每个元件进行测试，这就是单元测试。显而易见，电视机由成百上千个元件组成，而每个微小元件的质量，在很大程度上决定一台电视机的整体质量。对于汽车、飞机等现代高精尖的设备来说，任何一个小的元件出现问题，都会降低系统整体的可靠性，进而发生事故，甚至造成巨大损失或威胁生命安全。

以含有 10 个关键零件的设备为例，表 6-28 给出了单元可靠性与系统可靠性的关系。若每个关键零件的可靠性是 90%，那么这个设备的整体可靠性就只有 34.87%，显然这样的可靠性非常低；若每个关键零件的可靠性提高到 99%，那么这个设备的整体可靠性就能达到 90.44%，可靠性显著改善；若每个关键零件的可靠性达到 99.99%，那么这个设备的整体可靠性就可高达 99.9%，接近零件的可靠性。由此可见，单个零件的可靠性对系统整体的可靠性至关重要。

表 6-28 单元可靠性与系统可靠性的关系

单元可靠性	系统可靠性 （以含有 10 个单元的系统为例）
90%	34.87%
99%	90.44%
99.99%	99.9%

一个软件系统通常由众多单元模块组成，全部单元集成到一起，才可能完成复杂的软件功能。因此，单元模块的可靠性是系统整体可靠性的基础，直接关系到软件系统的成败。从软件测试的过程和策略角度，单元测试是在软件开发周期中最早进行的测试。单元测试主要针对软件设计的最小单位进行测试，以检验单元的质量。

单元测试可以由开发者本人执行，也可以由独立的专业测试人员执行，两者各有优势。建议开发人员必须完整地做单元测试，同时测试人员针对重点模块实施独立的单元测试。

2. 单元的划分

所谓“单元”，就是人为规定的最小的被测功能模块。通常要根据软件的实际情况来划分，但要确保是一个独立的对象。在单元测试过程中，要强调独立单元与程序其他部分是便于分离的，以便测试对象不受其他单元的影响，易于查找本身存在的问题。单元测试是在软件开发过程中要进行的最低级别的测试活动，软件的独立单元将在与程序的其他部分相隔离的情况下进行测试。确定单元的最基本原则是“高内聚，低耦合”，常见示例如下：

- 在过程化编程语言开发设计的软件中，单元可以是一个函数或过程，也可以是紧密相关的一组函数或过程；
- 在面向对象编程开发设计的软件中，单元可以是一个类或对象，也可以是方法实现的一个功能表示；
- 在可视化编程或图形用户界面环境下，单元可以是一个窗口，或者是这个窗口中相关元素的集合，如一个组合框等；
- 在基于组件开发的环境中，单元可以是一个预先定义的可重用的组件；
- 在 Web 编程的网页程序中，单元可以是页面上的一个子功能，如一个文字输入窗口或一个功能按钮。

单元测试的目的是确认每个模块的功能并发现每个程序模块内部可能存在的差错，如逻辑、语法、算法和功能错误，还要评审代码是否完善、安全、可靠。单元测试主要基于白盒测试方法，辅以黑盒测试方法。

3. 单元测试的误区

(1) 单元测试是一种浪费时间的工作

一旦编码完成，开发人员总是迫切希望进行软件的集成工作，但通常系统能够正常工作的可能性很小，更多的情况是充满了各式各样的 Bug。在实践中，这样的开发步骤常常导致的结果是软件甚至无法运行。更进一步的结果是大量的时间将被花费在跟踪那些包含在独立单元里的简单的 Bug 上，在个别情况下，这些 Bug 也许是琐碎和微不足道的，但是总的来说，它们会导致在软件集成为一个系统时增加额外的工期，而且当这个系统投入使用时也无法确保它能够可靠运行。

在实践工作中，进行完整计划的单元测试和编写实际的代码所花费的精力大致相同。一旦完成了这些单元测试工作，很多 Bug 将被纠正，稳定可靠的部件将使开发人员能够进行更高效的系统集成工作。因此，完整计划下的单元测试是对时间的更高效利用。

(2) 单元测试只能证明代码做了什么

若没有事先为每个单元编写一个详细的规格说明而直接跳到编码阶段，那么在编码完成后面临代码测试任务时，单元测试能够做的事情仅仅是证明编译器工作正常或抓住编译器的 Bug；但若在编码前写好一个详细的规格说明，那么单元测试就能够以规格说明为基础，而不是仅仅针对自身进行测试。这样的测试仍然能抓住编译器的 Bug，同时也能找到更多的编码错误，甚至是一些规格说明中的错误。好的规格说明可以使测试的质量更高，因此高质量的测试需要高质量的规格说明，必要时画出流程图是非常有帮助的。

(3) 我是个很棒的程序员，我是不是可以不进行单元测试？

在每个开发组织中都至少有一个这样的开发人员，他非常擅于编程，他们开发的软件总是在第一时间就可以正常运行，因此不需要进行测试。

所谓“人非圣贤，孰能无过”，在真实世界里，每个人都会犯错误。即使某个开发人员可以抱着这种态度在很少的一些简单的程序中应付过去，但真正的软件系统是非常复杂的，不可以寄希望于它们在没有进行广泛的测试和 Bug 修改过程的情况下就可以正常工作。在真实世界中，软件产品必须进行维护以对操作需求的改变做出反应，并且要对最初的开发工作遗留下来的 Bug 进行修改。

(4) 集成测试能捕捉到所有的 Bug

显然,规模越大的代码集成意味着复杂性越高。如果软件的单元没有事先进行测试,那么开发人员很可能会花费大量的时间仅仅是为了使软件能够运行,而任何实际的测试方案都无法执行。一旦软件可以运行了,开发人员又要面对这样的问题:在考虑软件全局复杂性的前提下对每个单元进行全面的测试。这是一件非常困难的事情,甚至在创造单元调用的测试条件的时候,要全面地考虑单元被调用时的各种入口参数。在软件集成阶段,对单元功能全面测试的复杂程度远远超过独立进行的单元测试过程。最后的结果是测试将无法达到它所应该有的全面性。一些缺陷将被遗漏,很多 Bug 将被忽略过去。

(5) 单元测试的成本效率不高

一个特定的开发组织或软件应用系统的测试水平取决于对那些未发现的 Bug 的潜在后果的重视程度。这种后果的严重程度可以从一个 Bug 引起的小小的不便到发生多次死机的情况。这种后果可能常常会被软件开发人员所忽视(但是用户可不会这样),这种情况会长期损害这些向用户提交带有 Bug 的软件的开发组织的信誉,并且会对未来的市场产生负面影响。相反地,一个可靠的软件系统的良好声誉将有助于一个开发组织获取未来的市场。

很多研究成果表明,无论什么时候做出修改都要进行完整的回归测试,在生命周期中尽早地对软件产品进行测试将使效率和质量得到最好的保证。Bug 发现越晚,修改它所需的费用就越高,因此从经济角度来看,应该尽可能早地查找和修改 Bug。在修改费用变得过高之前,单元测试是一个在早期抓住 Bug 的机会。

相比后期的测试,单元测试的创建更简单,维护更容易,并且可以更方便地进行重复。从全程的费用来考虑,比起那些复杂且旷日持久的集成测试,或是不稳定的软件系统来说,单元测试所需的费用是很低的。

4. 单元测试的主要任务

(1) 模块独立执行通路测试

检查每一条独立执行路径的测试,保证每条语句被至少执行一次。

- 误解或用错了运算符优先级;
- 混合类型运算;
- 变量初始化错误、赋值错误;
- 错误计算或精度不够;
- 表达式符号错误等。

(2) 模块局部数据结构测试

检查局部数据结构的完整性。

- 不适合或不相容的类型说明;
- 变量无初值;
- 变量初始化或缺省值有错;
- 不正确的变量名或从未被使用过;
- 出现上溢或下溢和地址异常。

(3) 模块接口测试

检查模块接口是否正确。

- 输入的实际参数与形式参数是否一致;

- 调用其他模块的实际参数与被调模块的形式参数是否一致；
- 调用预定义函数时所用参数的个数、属性和次序是否正确；
- 全程变量的定义在各模块是否一致；
- 外部输入、输出(文件、缓冲区、错误处理)。

(4) 模块边界条件测试

检查临界数据处理的正确性。

- 普通合法数据的处理；
- 普通非法数据的处理；
- 边界值内合法边界数据的处理；
- 边界值外非法边界数据的处理。

(5) 模块的各条错误处理通路测试

预见、预设的各种出错处理是否正确有效。

- 输出的出错信息难以理解；
- 记录的错误与实际遇到的错误不相符；
- 在程序自定义的出错处理代码运行之前,系统已介入；
- 异常处理不当；
- 错误陈述中未提供足够的定位出错的信息。

6.6.2 单元测试方法

单元测试与其他测试不同,单元测试可看作编码工作的一部分,应该由程序员完成,也就是说,经过了单元测试的代码才是已完成的代码,提交产品代码时也要同时提交测试代码。单元测试一般由程序员完成,原因在于程序员最熟悉自己开发的程序代码,包括单元的功能和内部细节。

单元测试一般可划分为以下 5 个阶段。

计划阶段:完成单元测试计划,制定单元测试策略。

设计阶段:根据单元测试计划,提取测试需求,完成测试设计。

实施阶段:根据测试用例开发测试数据或测试脚本,建立单元测试环境,准备正式开始测试执行。

执行阶段:以手动方式或利用测试脚本自动执行单元测试用例,记录测试结果。

评估阶段:利用测试用例和缺陷计算相关指标。

单元测试方法包括人工静态检查和动态执行跟踪。人工静态检查就是以人工的、非形式化的方法对软件的源代码进行研读,查找错误或收集一些度量数据,并不需要对代码进行编译和执行。动态执行跟踪就是通过观察软件运行时的动作,来提供执行跟踪、时间分析,以及测试覆盖度方面的信息。理想情况下,每段程序代码都必须经过测试,一个单元能够正常工作之后,再写下一段代码。

1. 人工静态检查

人工静态检查一般包括代码检查、代码走查和桌面检查等方式。

① 代码检查:以组为单位阅读代码,是一系列规程和错误检查技术的集合。

代码检查小组由小组主导者、代码编写者、设计人员、测试专家组成。代码编写者逐条语句讲解程序的逻辑结构,小组参考代码检查错误列表分析程序。

代码检查错误列表中包括数据引用错误、数据声明错误、运算错误、比较错误、控制流错误、接口错误、输入/输出错误、其他错误。

② 代码走查：与代码检查相似，但是代码走查小组中指定的测试人员会携带书面的测试用例（程序或模块具有代表性的输入集及预期的输出集）来参加会议。

这些测试用例必须结果简单数量少，在代码走查会议期间，每个测试用例都在人们头脑中进行推演，即把测试数据沿程序的逻辑结构走一遍，并把程序的状态（如变量的值）记录在纸张或白板上以供监视。

③ 桌面检查：是由单人进行的代码检查或代码走查，效率较低。

2. 动态执行跟踪

动态执行跟踪即通过执行待测程序来跟踪比较实际结果与预期结果的差别，从而发现软件中的错误。经验表明，使用人工静态检查能够有效地发现30%～70%的逻辑设计和编码错误，但是代码中仍会有大量的隐性错误无法通过视觉检查发现，必须采用跟踪调试法并进行细心分析才能够捕捉到。所以，动态跟踪调试方法也成了单元测试的重点与难点。

动态执行测试通常分为黑盒测试与白盒测试。黑盒测试指已知产品的功能设计规格，可以进行测试证明每个实现了的功能是否符合要求。白盒测试指已知产品的内部工作过程，可以通过测试证明每种内部操作是否符合设计规格的要求，所有内部成分是否已经经过检查。

对于单元测试，主要应该采用白盒测试法对每个模块的内部做跟踪检查测试。对于单元白盒测试，应该对程序模块进行如下检查：

- 对模块内所有独立的执行路径至少测试一次；
- 对所有的逻辑判定，取"真"与"假"的两种情况都至少执行一次；
- 在循环的边界和运行界限内执行循环体；
- 测试内部数据的有效性，等等。

利用白盒测试设计测试用例的方法在前面已有详细介绍，这里不再赘述。

6.6.3 单元测试环境

我们知道，在软件产品中，一个模块或一个方法与外界的联系是必然的。在测试过程中要求被测代码隔离起来进行测试，此时需要建立单元测试环境，用到两种辅助模块（模拟与所测模块相联系的其他模块）——驱动模块和桩模块。所测模块和与它相关的驱动模块及桩模块共同构成了一个"测试环境"，如图6-33所示。

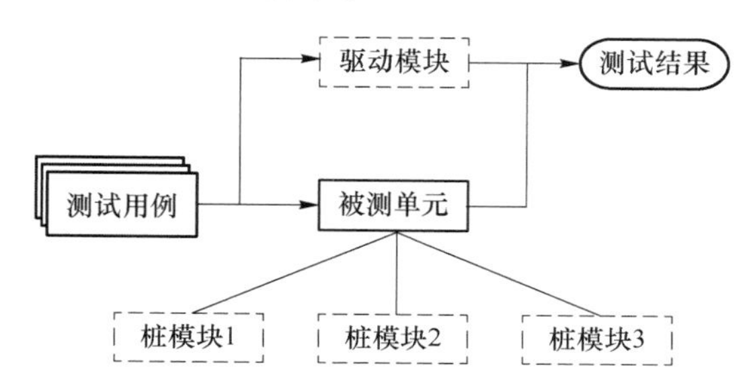

图6-33 单元测试环境

这里涉及驱动模块和桩模块的概念。

驱动模块：相当于所测模块的主程序。驱动模块接收测试数据，并把数据传递给所测试单元，最后再将被测单元的实际输出和预期输出进行比较，得到测试结果并输出。

桩模块：用于代替所测模块调用的子模块。桩模块的功能是从测试角度模拟被调用的单元，需要针对不同的输入，返回不同的期望值，模拟不同的功能。

当被测单元有其他依赖的函数时，我们就要使用桩模块替代被测单元依赖的函数。驱动模块执行被测单元得到实际的测试结果，驱动模块的执行依赖桩模块的正确性。

6.6.4 单元测试策略

在实际测试过程中可能包含大量函数，不可能对所有的函数进行单元测试，所以选择单元测试的策略是很重要的，选择不同的测试策略所花费的时间和带来的效果是不一样的。一般的单元测试策略有 3 种：孤立的单元测试策略、自顶向下的单元测试策略和自底向上的单元测试策略。

1. 孤立的单元测试策略

孤立的单元测试策略不考虑每个模块与其他模块之间的关系，为每个模块设计桩模块和驱动模块，对每个模块进行独立的单元测试。

图 6-34 所示为一个被测程序的体系结构，它由 6 个模块组成。在进行单元测试时，为模块 B 和 D 设计了驱动模块和桩模块，对模块 C、E 和 F 只设计了驱动模块。主模块 A 处于结构图的顶端，无其他模块调用它，仅设计 3 个桩模块即可，以模拟被其调用的模块 B、C 和 D。在孤立的单元测试策略下，对每个模块的单元测试如图 6-35 所示。

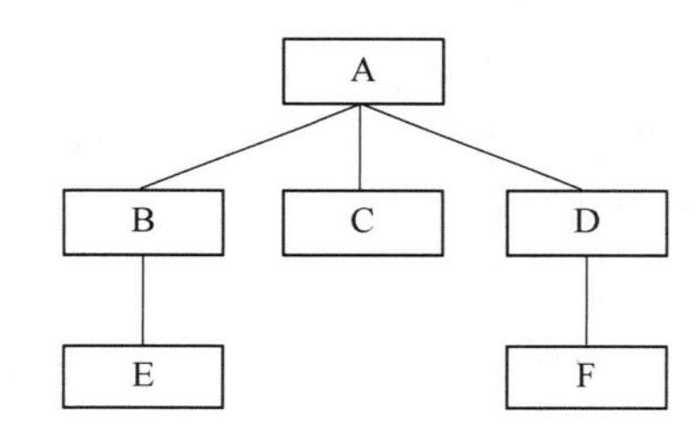

图 6-34 被测程序的体系结构

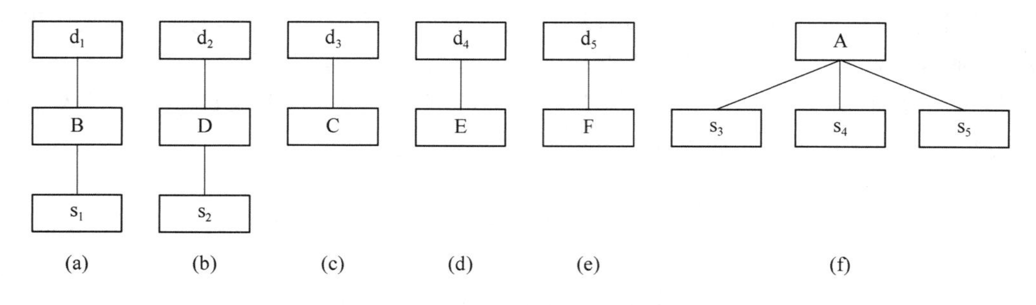

图 6-35 对图 6-34 程序的孤立的单元测试过程

2. 自顶向下的单元测试策略

自顶向下的单元测试策略步骤如下：

① 从最顶层的单元开始进行测试，把顶层调用的单元做成桩模块；

② 对下一层进行测试，使用上面已测试的单元做驱动模块；

③ 依此类推，直到全部单元测试结束。

在自顶向下的单元测试策略下，对图 6-34 所示被测程序每个模块的单元测试如图 6-36 所示。

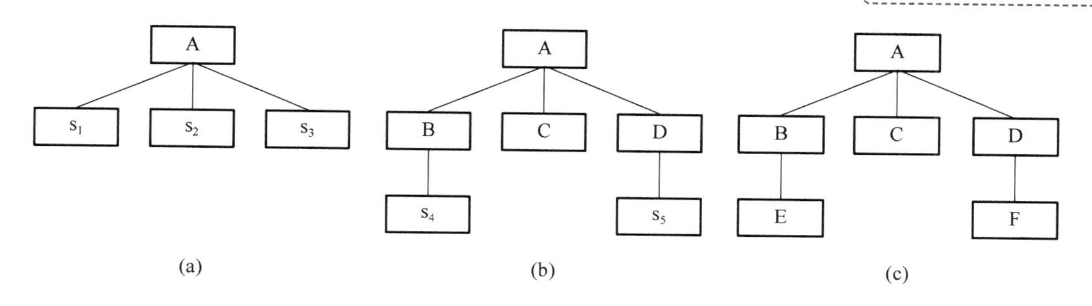

图 6-36 对图 6-34 程序的自顶向下单元测试过程

3. 自底向上的单元测试策略

自底向上的单元测试策略步骤如下：

① 先对模块调用图上的最底层模块开始测试，模拟调用该模块的模块为驱动模块；

② 其次，对上一层模块进行单元测试，用已被测试过的模块做桩模块；

③ 依此类推，直到全部单元测试结束。

在自底向上的单元测试策略下，对图 6-34 所示被测程序每个模块的单元测试如图 6-37 所示。

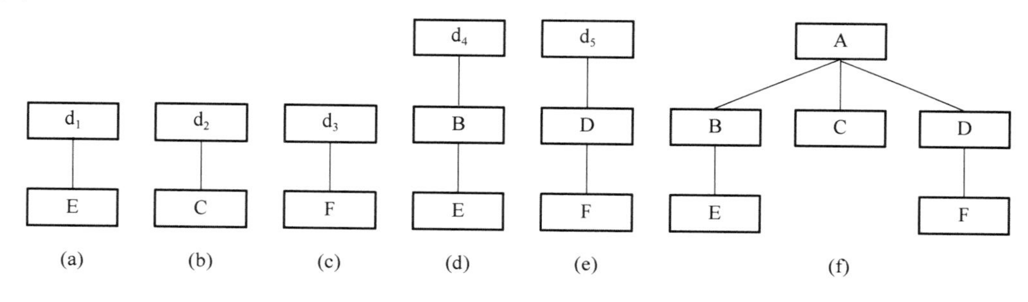

图 6-37 对图 6-34 程序的自底向上单元测试过程

以上 3 种测试策略各有优缺点，如表 6-29 所示，具体的策略选择可以根据实际测试情况进行。

表 6-29 单元测试策略的比较

单元测试策略	优点	缺点
孤立的单元测试策略	简单，容易操作； 可以达到很高的结构覆盖率； 可以并行，所需时间短； 是纯粹的单元测试	依赖结构设计信息； 需要设计多个桩模块和驱动模块，测试成本高
自顶向下的单元测试策略	可以提供早期的集成路径； 节省驱动函数的开发工作量，测试效率较高	要做桩模块； 随着被测单元的增加，测试过程变得越来越复杂，并且开发和维护成本将增加
自底向上的单元测试策略	不需要单独设计桩模块，测试效率高	不是纯粹的单元测试； 底层函数的测试质量对上层函数的测试影响较大

在实际测试工作中，对于结构化程序的单元测试，通常桩模块开发的数量较大。为了有效

地减少开发桩模块的工作量，可以综合考虑自底向上的单元测试策略和孤立的单元测试策略。

6.6.5 单元测试分析

单元测试不能仅测试最理想的情况，正如轮船引擎的测试，不能仅做在风和日丽的情况下航行的测试，还应考虑轮船引擎在应对狂风暴雨时的能力。

一般情况下，单元测试可从以下几方面进行分析。

① 判断得到的结果是否正确。如加法函数功能的程序，是否因为运算符错误而没有实现加法运算。

② 判断是否满足所有的边界条件，常用的边界条件列举如下。

- 输入一个格式错误的数据。如：年月要求以“YYYY-MM”格式输入，则可以输入其他格式来进行测试。
- 提供一个空值或者不完整的值。如：数据要求主键不能为空，则将主键设定为空值进行测试。
- 与意料之中的值相差很远的值。如：对学生成绩设定在[0，100]范围之外的值进行测试。
- 要求唯一，可以输入两个或多个相同的数值来进行测试。
- 如果要求按照一定的顺序来存储一些数据，那么可以输入一些打乱顺序的数据来做测试。
- 对于做了安全限制的部分，尽量通过各种途径尝试能否进行绕过安全限制的测试。如：在 ATM 取款功能的测试中，尝试在输入密码前，能否显示余额和进行取款。
- 如果功能的启用有一定的顺序限制，就用和期望不一致的顺序来进行测试。

③ 分析能否使用反向关联检查。如：检查插入功能是否正确，可以使用查询功能进行验证。

④ 分析是否能使用其他手段来交叉检查结果。一般而言，对某个值进行计算会有一种以上的算法，但我们会因考虑运行效率或其他方面而选择其中的一种。如：判断三角形全等时，可以同时使用 SSS、AAS、SAS 进行验证。

⑤ 分析是否可以强制一些错误发生。如：强制发生网络故障、内存不足或磁盘空间不足等情况，测试系统的反应。

⑥ 分析模块接口。只有数据在能正确流入、流出模块的前提下，其他测试才有意义。如：函数间调用时形式参数和实际参数的匹配性。

⑦ 分析局部数据结构的有效性。

⑧ 分析独立路径，保证每条语句至少被执行一次。

⑨ 分析出错处理是否正确，预设各种出错处理通路。

6.7 集成测试

6.7.1 概述

在实际工作中，一些模块虽然能够单独地工作，但并不能保证将其连接起来也能正常工作。一些局部反映不出来的问题，在全局上很可能暴露出来。出现这种情况的原因，往往是模块之间的接口出现问题。如一些模块之间因为存在相互调用关系，引入函数之间参数不匹配、全局变量被误用以及误差不断积累达到不可接受的程度等在单元测试中不能发现的问题。

集成测试又称“组装测试”“联合测试”，是在单元测试的基础上，根据实际情况对程序模块采用适当的集成测试策略组装起来，测试系统的接口以及集成后的功能是否达到或实现相应技术指标及要求的活动。需要强调的是，在集成测试之前，单元测试应该已经完成，各模块或对象应该已经通过单元测试。若不经过单元测试，集成测试的效果将会大打折扣，不仅大量的软件缺陷无法发现，即使发现也会存在定位很难的问题，大幅增加软件测试的成本。通常情况下，集成测试在软件测试的过程中所处阶段如图 6-38 所示。

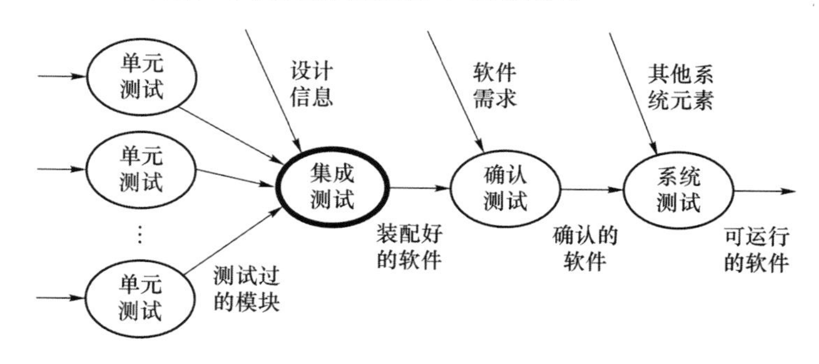

图 6-38 集成测试在软件测试的过程中所处阶段

所有的软件项目都不能摆脱系统集成这个阶段。不管采用什么开发模式，具体的开发工作总得从一个一个的软件单元做起，软件单元只有经过集成才能形成一个有机的整体。具体的集成过程可能是显性的也可能是隐性的。只要有集成，总是会出现一些常见问题，在工程实践中，几乎不存在软件单元组装过程中不出任何问题的情况。集成测试需要花费的时间远远超过单元测试，直接从单元测试过渡到系统测试是极不妥当的做法。

集成测试重点从以下方面排查存在的问题：

- 各个模块之间的数据是否能够按期望值传递；
- 是否仍然存在单元测试时所没发现的资源竞争问题；
- 集成到一起能否实现所期望的父功能；
- 兼容性，一个模块是否对其他与之相关的模块产生负面影响；
- 集成后，每个模块的误差是否会累计扩大，是否将达到不可接受的程度。

6.7.2 集成测试策略

集成测试的策略主要分为两大类：非增量式集成测试和增量式集成测试。其中非增量式集成测试方法简单，一次性集成所有模块；与之相反，增量式集成测试策略将程序一段一段地扩展，测试的范围一步一步地增大。增量式集成测试又可细分为自顶向下集成测试、自底向上集成测试、三明治集成测试、基干集成测试和分层集成测试等。

1. 非增量式集成测试

非增量式集成也称大爆炸集成、一次性组装或整体拼装。其目的是使用最少的测试用例，尽可能缩短测试时间。

非增量式集成测试比较简单，操作的步骤如下：

① 先分别对每个模块进行单元测试；

② 再把所有模块按设计要求集成在一起进行测试。

以图 6-34 所示的被测程序的体系结构为例，在进行非增量式集成测试时，按照图 6-35(a)～(f)所示分别进行单元测试后，再按图 6-34 所示的结构图连接起来，进行集成测试。图 6-39 是非增量式集成测试示意图。

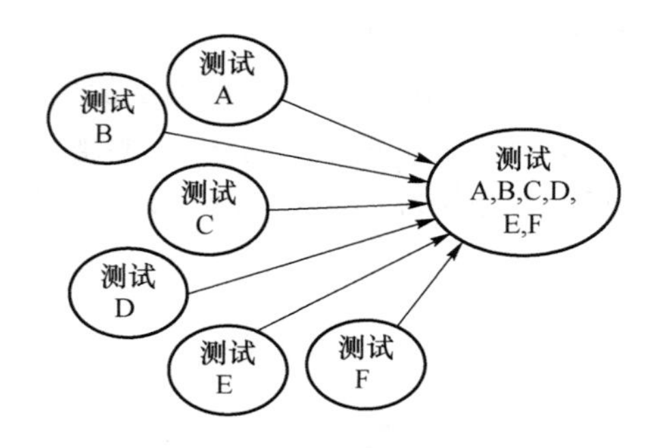

图 6-39　非增量式集成测试示意图

非增量式集成测试具有以下优点：

➢ 可以并行调试所有模块，对人力、物力资源利用率较高；
➢ 需要的测试用例数目少；
➢ 测试方法简单、易行；
➢ 迅速完成集成测试，并且只需要极少数的驱动和桩模块设计。

同时，非增量式集成测试具有以下缺点：

➢ 因程序中不可避免地存在模块间接口、全局数据结构等方面的问题，所以一次运行成功的可能性不大；
➢ 因模块之间的关系复杂，错误交织在一起，当有大量的错误出现时，错误定位和修改变得非常困难；
➢ 即使集成测试通过，也可能会遗漏很多接口错误，导致进入系统测试阶段后问题排查任务加重。

综合其优缺点，非增量式集成测试一般适用于以下范围的项目：

➢ 只需要修改或增加少数几个模块的前期产品稳定的项目；
➢ 被测程序功能少，模块数量不多，程序逻辑简单，并且每个组件都已经过充分的单元测试的小型项目。

2. 自顶向下集成测试

自顶向下集成测试指按照系统层次结构图，以主程序模块为中心，自上而下按照深度优先或广度优先策略，对各个模块一边组装一边进行测试。其目的是从顶层控制(主控模块)开始，采用同设计顺序一样的思路对被测系统进行测试，来验证系统的稳定性。

深度优先：从最顶层单元开始，持续向下到下一层，选择一个分支，自顶而下一个一个地集成这条分支上的所有单元，直到最底层，然后转向另一个分支，重复这样的集成操作直到所有的单元都集成进来。

广度优先：从最顶层单元开始，持续向下到下一层，一个个完成下一层上所有单元集成后，再转向下面一层，重复这样的集成操作直到所有的单元都集成进来。

自顶向下集成测试的步骤如下。

① 把主控模块作为所测模块兼测试驱动，把与主控模块直接相连的下属模块全部用桩模

块替换，对主控模块进行测试。

② 与下一层集成。根据集成的方式（深度优先或广度优先），逐渐使用实际模块替换相应的下层桩模块；再用桩模块代替它们的直接下属模块，与已通过测试的模块或子系统组装成新的子系统。

③ 进行回归测试，确定集成后没有引入错误。

④ 从上述过程中的第②步开始重复执行，直到所有模块都已经集成到系统中为止。

以图 6-34 所示被测程序的体系结构为例，采用广度优先策略进行自顶向下集成测试。首先，对顶层的主模块 A 进行单元测试，设计桩模块 s_1、s_2 和 s_3，分别模拟被它调用的模块 B、C 和 D。然后，把模块 B、C 和 D 依次与顶层模块 A 连接起来，同时设计桩模块 s_4 和 s_5 分别模拟被调用模块 E 和 F。最后，用模块 E 和 F 代替桩模块与其他模块集成，对软件整体进行测试。

对图 6-34 所示软件的自顶向下集成测试（广度优先策略）过程如图 6-40（a）～（f）所示，依次将各模块加入进行集成测试。

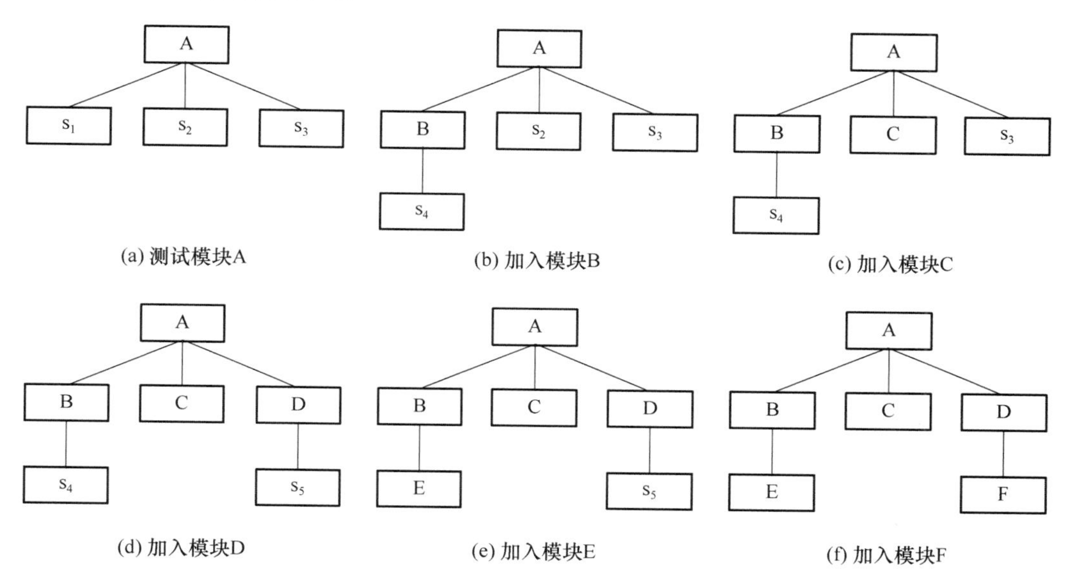

图 6-40 对图 6-34 所示软件的自顶向下集成测试（广度优先策略）过程

同理，可得图 6-34 所示软件的自顶向下集成测试（深度优先策略）过程如图 6-41（a）～（f）所示，依次将各模块加入进行集成测试。

自顶向下集成测试具有以下优点：

➢ 不需要开发驱动模块；
➢ 能够在测试阶段的早期验证系统的主要功能逻辑；
➢ 能在早期发现上层模块中的接口错误。

自顶向下集成测试具有以下缺点：

➢ 需要开发桩模块，要使桩模块能够模拟实际子模块的功能十分困难；
➢ 底层验证被推迟，而基础函数模块一般在底层，也是最容易出问题的模块，到集成的后期才测试这些模块，一旦发现问题将导致过多的回归测试。

自顶向下增量式集成测试适用范围如下：

➢ 产品控制结构比较清晰和稳定；

➢ 高层接口变化较小；
➢ 底层接口未定义或经常可能被修改；
➢ 产品控制组件具有较大的技术风险，需要尽早被验证；
➢ 希望尽早能看到产品的系统功能行为。

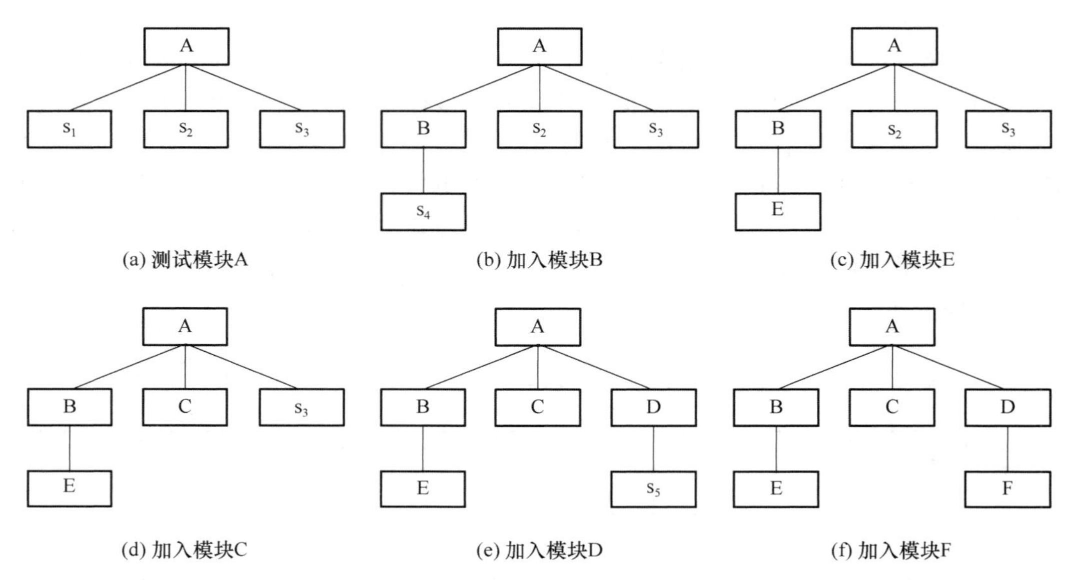

图 6-41　对图 6-34 所示软件的自顶向下集成测试(深度优先策略)过程

3. 自底向上集成测试

自底向上集成测试是从依赖性最小的底层模块开始，按照层次结构图，逐层向上集成，验证系统的稳定性的测试。

自底向上集成测试的步骤如下：

① 从最底层的模块开始组装，按照调用图的结构，组合成一个能够完成制定子功能的构件；

② 编制驱动模块，协调测试用例的输入与输出，测试集成后的构件；

③ 使用实际模块代替驱动模块，按程序结构向上组装测试后的构件；

④ 重复上面的行为，直到系统的最顶层模块被加入系统中为止。

以图 6-34 所示被测程序的体系结构为例，进行自底向上的集成测试，这与自底向上的单元测试出现了交叉工作。首先，对最下层的模块 E、C 和 F 进行单元测试，由于它们不再调用其他模块，只需设计如图 6-35 中(a)、(b)和(c)所示的驱动模块 d_1、d_2 和 d_3，用来模拟 B、A 和 D 对它们的调用。完成这 3 个单元测试后，再按图 6-35(d)和(e)的形式，分别将模块 B 和 E 及模块 D 和 F 连接起来，再配以驱动模块 d_4 和 d_5 实施部分集成测试。最后按图 6-35(f)的形式完成整体的集成测试。

自底向上集成测试的优缺点与自顶向下集成测试的刚好相反。自底向上集成测试具有以下优点：

➢ 不需要开发桩模块；
➢ 由于涉及复杂算法和真正输入/输出的模块最先得到集成和测试，可以把最容易出问题的部分在早期解决；

➢ 可以实施多个模块的并行测试,提高测试效率。

自底向上集成测试具有以下缺点:

➢ 对影响面很广的主控模块直到最后才测试到,后期一旦发现问题,修改困难;

➢ 驱动模块的开发工作量大。

自底向上增量式集成测试适用范围如下:

➢ 底层接口比较稳定的软件产品;

➢ 高层接口变化比较频繁的软件产品;

➢ 底层组件较早被完成的软件产品。

4. 三明治集成测试

由于自顶向下和自底向上两种集成测试策略各有优缺点,为了综合利用它们的优点,规避它们的缺点,可将二者有机结合,采用混合测试策略来完成集成测试。三明治集成测试是一种混合增量式集成测试策略,把系统划分为 3 层,中间一层为目标层,测试的时候,对目标层上面的一层使用自顶向下的集成测试策略,对目标层下面的一层使用自底向上的集成测试策略,最后测试在目标层会合。其目的是综合自顶向下的集成测试策略和自底向上的集成测试策略的优点。

三明治集成测试的步骤如下:

① 确定以哪一层为界来使用三明治集成策略,即确定目标层;

② 对目标层下面的各层使用自底向上的集成测试策略;

③ 对目标层上面的各层使用自顶向下的集成测试策略;

④ 把目标层各模块同相应的下层集成;

⑤ 对系统进行整体测试。

以图 6-34 所示被测程序的体系结构为例,进行三明治集成测试的过程如图 6-42 所示。

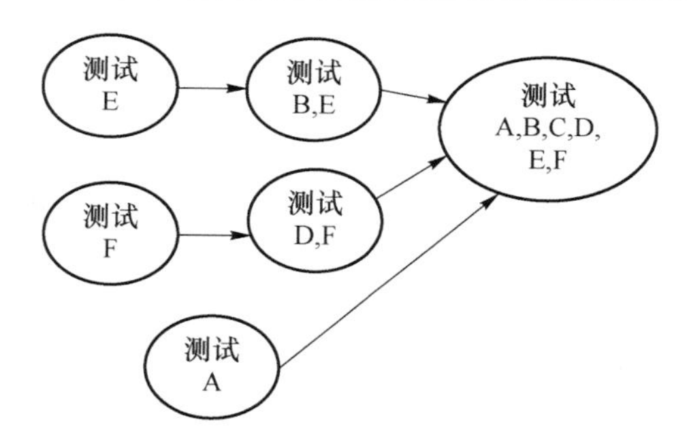

图 6-42 对图 6-34 所示软件的三明治集成测试过程

三明治集成测试具有以下优点:

➢ 集合了自顶向下和自底向上两种集成测试策略的优点;

➢ 运用一定的技巧,能够减少桩模块和驱动模块的开发。

三明治集成测试具有以下缺点:

在被集成之前,中间层不能尽早得到充分的测试。

三明治集成测试适用于大部分软件开发项目。

5. 改进的三明治集成测试

为了充分发挥测试的并行性,弥补三明治集成测试中不能充分测试中间层的缺点,提出改进的三明治集成测试策略。

改进的三明治集成测试在三明治集成测试步骤的基础上，增加了如下操作：

➢ 并行测试目标层，目标层上面一层，目标层下面一层；

➢ 并行测试目标层与目标层上面一层的集成和目标层与目标层下面一层的集成。

以图 6-34 所示被测程序的体系结构为例，进行改进的三明治集成测试的过程如图 6-43 所示。

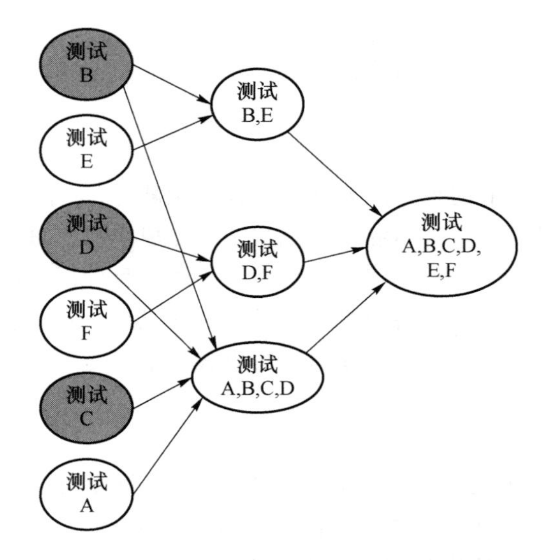

图 6-43　对图 6-34 所示软件的改进的三明治集成测试过程

6.8　系统测试

6.8.1　概述

单元测试和集成测试阶段的任务完成后，需要对软件产品进行确认测试和系统测试，二者通常一起进行，目的是对软件的功能和性能做进一步的验证和缺陷排查。

首先要了解确认测试的工作。确认测试又称有效性测试，其目的是要表明软件是可以工作的，并且符合“软件需求说明书”中规定的全部功能和性能要求。确认测试是按照这些要求定出的“确认测试计划”进行的，而且测试要从用户观点出发。集成测试完成后，分散开发的模块被连接起来，构成完整的程序。其中各模块之间的接口存在的问题都已消除，这时就进入了确认测试阶段。确认测试即在模拟的环境下，运用黑盒测试的方法，验证软件的功能和性能及其他特性是否与用户的要求一致。

确认测试完成后，进入系统测试阶段。系统测试是针对软件产品系统进行的测试，主要验证整机系统是否满足系统需求规格的定义。系统测试是将经过集成和确认测试的软件，作为计算机系统的一个元素，与计算机硬件、外设、某些支持软件、数据和人员等其他元素结合在一起，在实际运行环境下对计算机系统进行的一系列严格有效的测试，以发现软件潜在的问题，保证系统的正常运行。

系统测试的最终目的是确保软件产品能够被用户或操作者接受。通过与系统的需求定义比较，检查软件是否存在与系统定义不符合或与之矛盾的地方。系统测试普遍采用黑盒测试方法,不再对软件的源代码进行分析和测试。

以生活中访问某购物网站为例来认识系统测试的作用。登录网站后,首先关注网站功能是否齐全,如能否实现对商品的分类、检索等功能和界面是否友好,是否能够正常完成商品交易等。进一步地,在功能实现方面没有问题后,还会关注网站的稳定性、访问效率及交易的安全性等。一般对于网站刷新速度慢、交易可靠性低等问题,用户是难以忍受的。

系统测试将会把以上问题作为工作重心对软件产品展开测试,来验证最终软件系统是否满足用户的需求。系统测试主要包括两大类内容:功能性测试和非功能性测试。

功能性测试即确保应用程序的功能符合需求规范,其依据是需求文档,如产品需求规格说明书。功能性测试主要用于检查业务流、功能点是否正确实现,检查输入/输出是否正确实现。由于正确性是软件最重要的质量因素,所以功能性测试必不可少。

非功能性测试是一种用于检查软件应用程序的非功能方面的测试,主要包括性能、可用性、可靠性和安全性等方面。这些测试主要用来评估应用程序在挑战性条件下的性能。

6.8.2 系统测试类型

前面提到,系统测试包括功能性测试和非功能性测试,其中功能性测试在软件产品前期的单元测试、集成测试和确认测试中有所涉及,因此非功能性测试是系统测试的重要组成部分。下面列举典型的系统测试类型。

1. 功能测试

功能测试属于黑盒测试技术的范畴,是系统测试中要进行的最基本测试。其主要根据产品需求规格说明书和测试需求列表,验证产品是否符合产品的需求规格。测试的基本输入是需求规格说明。

常进行的功能测试项目如下:

- 页面链接的正确性检查;
- 相关性检查,如删除/增加项的影响;
- 检查按钮的功能是否正确,如确定、取消、添加等;
- 字符串长度检查,如字符串过长时,有无提示;
- 字符类型检查,如用户名中数字、字母等;
- 标点符号检查;
- 中文字符处理,如是否会乱码;
- 检查带出信息的完整性,如查询或更新时的结果;
- 信息重复,如主键重复;
- 检查删除功能;
- 检查添加和修改是否一致;
- 检查修改重名;
- 重复提交表单;
- 检查多次使用 back 键的情况;
- search 检查;
- 输入信息位置;
- 上传下载文件检查;
- 必填项检查;

➢ 快捷键检查。

2. 性能测试

一个产品通过了功能测试之后，就要测试产品性能了。性能测试是指通过自动化的测试工具模拟多种正常、峰值以及异常负载条件来对系统的各项性能指标进行的测试。中国软件评测中心将性能测试概括为三个方面：应用在客户端性能的测试、应用在网络上性能的测试和应用在服务器端性能的测试。在进行性能测试之前，应该在产品的需求文档中具体说明性能指标，用具体数据进行量化，而不能简单描述为"系统性能良好、反应速度快"等模糊标准。有观点认为性能测试包括负载测试、容量测试和压力测试等，也有观点认为它们属于不同的测试类型。但不可否认，这几种测试类型有着密切联系，这里分别做介绍。

3. 负载测试

负载测试通过模拟实际软件系统所承受的负载条件、改变系统负载大小和负载方式来发现系统中存在的问题。譬如软件在一定时期内，最大支持多少并发用户数，软件请求出错率等。负载测试主要对软件系统的性能进行测试。它更多地被看作一种技术和方法，用于性能测试、容量测试和压力测试中。

4. 压力测试

压力测试主要是在各种资源超负荷情况下（如大数据量、大量并发用户连接等）观察系统的反应速度，测试系统是否达到需求文档设计的性能目标。通过压力测试，可以知道导致系统崩溃的极限情况或者系统是否具有自我恢复能力。

5. 容量测试

容量测试是指在系统正常运行的范围内测试并确定系统能够处理的数据容量的测试。容量测试的目的是通过测试预先分析出反映软件系统应用特征的某项指标的极限值，确定系统最大承受量，如系统最大用户数、最大存储量、最多处理的数据流量等。知道了系统的实际容量，若是不能满足设计要求，就应该寻求新的技术解决方案，以提高系统的容量。

6. 安全性测试

安全性测试要验证系统内的保护机制是否能够抵御入侵者的攻击，检查系统对非法侵入的防范能力。安全性测试期间，测试人员假扮非法入侵者，采用各种办法试图突破防线，如想方设法截取或破译口令。理论上讲，只要有足够的时间和资源，没有不可进入的系统。因此系统安全设计的准则是使非法侵入的代价超过被保护信息的价值。

7. 可恢复性测试

可恢复性测试是指测试一个系统从灾难或出错中能否很好地恢复的过程，如遇到系统崩溃、硬件损坏或其他灾难性出错时。可恢复性测试一般通过人为的各种强制性手段让软件或硬件出现故障，然后检测系统是否能正确恢复，主要关注恢复所需的时间和恢复的程度。

8. GUI 测试

GUI(Graphic User Interface，图形化用户接口)测试是针对软件系统界面进行的测试，其目标是从外观上测试界面实现与界面设计的吻合情况，并从功能上确认界面处理的正确性。

9. 兼容性测试

兼容性测试考虑被测试软件对其他系统（如操作系统）或应用的兼容性。包括与操作系统、其他应用程序、测试软件、监控软件和浏览器等辅助软件的兼容，有时还考虑与硬件设计的兼容情况，但要求较为严格复杂。因此，兼容性测试一般指对软件的兼容测试。

10. 可用性测试

可用性测试是面向用户的系统测试，让代表性用户尝试对产品进行典型操作，同时观察员和开发人员进行观察、记录和测量，从而准确反馈用户的使用表现，反映用户的需求。一般有以下方面的内容：

- 系统中是否存在烦琐的功能以及指令；
- 安装过程是否复杂；
- 错误信息提示内容是否详细；
- GUI接口是否标准；
- 登录是否方便；
- 需要用户记住内容的多少；
- 帮助文本是否详细；
- 页面风格是否一致；
- 是否会造成理解上的歧义；
- 执行的操作是否与预期的功能相符，如点击保存按钮时记录是否存入数据库。

11. 可安装性测试

为了确保软件在正常情况和异常情况的条件下都能进行安装，并在安装后可立即正常运行，需要进行可安装性测试。无论首次安装、升级、完整的或自定义的安装都属于测试范围，还需要考虑一些异常情况，包括磁盘空间不足、缺少目录创建权限等。安装测试包括测试安装代码以及安装手册，目的是找出软件安装的错误以及安装手册的错误。

安装测试前所要做的检查工作包括：

- 安装文档是否齐全；
- 安装软件的程序文件是否齐全；
- 被测试的安装文件是否齐全；
- 软件的文件格式是否与安装指导中要求的文件格式相符。

12. 文档测试

文档测试主要针对软件需求说明书、安装手册、配置指南等文档进行，其目的是保证用户文档是正确的并且操作手册中所写的过程能够正确工作。文档测试的内容主要是文档编写的规范性，内容的正确性、无歧义性和完整性等。

6.8.3 系统测试人员和系统测试过程

1. 系统测试人员

系统测试作为软件交付用户之前的最后一道屏障，应将软件缺陷排除在交付用户之前。为了保证系统测试的效果，需要精心组建系统测试小组开展系统测试工作。一般情况下，系统测试小组由测试组长、监察员和若干成员构成。测试组长负责保证在合理的质量控制和监督下采用合适的技术执行充分的系统测试，监察员负责监控整个测试过程，并见证测试用例的执行情况，小组成员一般由专业的系统测试专家、一位或两位最终用户代表、一位人类工程学工程师和主要的分析人员或设计者组成。

对于一些无法使用手工实现的系统测试要借助工具来实施，但应遵循自动化测试的原则，不能盲目引入测试工具。

2．系统测试过程

系统测试一般遵循以下测试过程。

(1) 制订系统测试计划

参照系统规格说明书，系统测试小组人员共同协商制订测试计划，确定系统测试范围、测试方法、测试环境、测试工具和时间安排，起草系统测试计划报告，并交由测试部门审批。

(2) 设计系统测试用例

严格依据系统测试计划和需求规格说明书，设计系统测试用例，并通过评审。确定采用测试用例进行系统测试的大致过程。

(3) 实施系统测试

根据采用的自动化测试工具和所做的测试类型，对测试用例录制必要的测试脚本或手工开发测试脚本，确定基线。

(4) 执行系统测试

系统测试小组各成员依据系统测试计划和系统测试用例执行系统测试，若采用自动化测试可对测试脚本进行回放。需将测试结果记录下来，并用缺陷管理工具来管理所发现的缺陷，及时通报给开发人员。

(5) 评估系统测试

分析评估系统测试结果，形成系统缺陷管理报告和系统测试分析报告，并将评估结果及时反馈给开发人员。

获取阅读材料《格伦福德・梅尔斯》可扫描二维码。

格伦福德・梅尔斯

习题六

1. 解释以下软件测试的相关术语。

静态测试；动态测试；基线；回归测试；等价类；判定表；压力测试；负载测试。

2. 简述软件测试的分类。

3. 列举软件测试的主要原则。

4. 以下是一个求素数的程序：每行开头为行号

```
1 public class Prime {
2 public boolean isPrime(int num){
3     int i,k;
4     k = Math.sqrt(num);
5     for(i = 2;i <= k;i ++ )
6          if(num % i == 0)
7               break;
8     if(i >= k + 1)
9          return true;
10    else
11         return false;
12    }
13 }
```

① 画出方法 isPrime()的流程图和控制流图；

② 根据控制流图用3种方法计算其环路复杂度；

③ 根据基本路径测试法设计测试用例。

5. 采用白盒测试法设计测试用例时，常用的逻辑覆盖法有哪几种，简述各种方法的目的。

6. 输入三角形的三条边，输出属于哪种三角形（可考虑不构成三角形、三边不等三角形、等腰三角形、等边三角形等各种情况），用等价类划分法设计测试用例。

7. 比较黑盒测试和白盒测试的优缺点。

8. 简述集成测试策略及其优缺点。

9. 简述系统测试包含的主要测试类型并做简要解释。

10. 作为一个优秀的测试人员，应该具备哪些专业素质？

第7章　自动化测试及应用

本章介绍自动化测试的基本概念及 IBM Rational Functional Tester 测试工具。读者可从中了解自动化测试的优势、自动化测试的智能比较技术和自动化测试工具实现功能测试和回归测试的使用方法等。

7.1　软件测试自动化

从20世纪90年代开始，软件测试行业迅猛发展，软件的规模越来越大。在一些大型软件开发过程中，测试活动需要花费大量的时间和成本。当时测试的手段几乎都是手工测试，测试的效率非常低，出现了很多通过手工方式无法完成测试的情况。尽管在一些大型软件的开发过程中，人们尝试编写了一些小程序来辅助测试，但还是不能满足大多数软件项目的需要。于是，很多测试实践者开始尝试开发商业测试工具来支持测试，辅助测试人员完成某一类型或某一领域内的测试工作，测试工具逐渐盛行起来。人们普遍意识到，工具不仅是有用的，若要对复杂的软件系统进行充分的测试，工具更是必不可少的。测试工具可以进行部分测试设计、实现、执行和比较的工作，通过运用测试工具，可以达到提高测试效率的目的。测试工具的发展，大大提高了软件测试的自动化程度，让测试人员从烦琐和重复的测试活动中解脱出来，专心从事有意义的测试设计等活动。采用自动比较技术，还可以自动完成测试用例执行结果的判断，从而避免人工比对存在的疏漏问题。设计良好的自动化测试，在某些情况下可以实现“夜间测试”和“无人测试”。在大多数情况下，软件测试自动化可以减少开支，增加有限时间内可执行的测试，在执行相同数量测试时节约测试时间。

在软件测试工具和平台方面，商业化的软件测试工具已有很多，如捕获/回放工具、Web测试工具、性能测试工具、测试管理工具、代码测试工具等。部分工具有严格的版权限制且价格较为昂贵，无法自由使用。当然，一些软件测试工具开发商对某些测试工具提供了 Beta 测试版本以供用户有限次使用。幸运的是，在开放源码社区中也出现了许多软件测试工具，这些软件测试工具已得到广泛应用且相当成熟和完善。

7.1.1　自动化测试的优势

通常，软件测试的工作量都很大（占软件总开发时间的40%～60%），并且有相当一部分测试工作都适合使用工具完成。因此，在对软件产品的质量要求越来越高的今天，软件测试的自动化逐步被软件开发人员认可和青睐。那么，使用自动化测试工具都有哪些好处呢？

1. 节约时间，提高工作效率

由于测试工作烦琐且需要保证测试质量，因此测试人员就不得不花费较多的时间进行测试的前期计划和测试用例的设计工作。而使用测试工具进行自动化测试，无疑会节省测试人员的时间，在测试的实施中不用过多的人工干预，从而提高工作效率，这成为一个明显的优势。

2. 易于进行回归测试

新版本的程序发布之后，往往需要进行之前已做的测试，这叫作回归测试。在一些软件产品的研发中，新版本往往与旧版本在功能、界面上非常相似甚至完全相同，若对这部分使用自动化测试，就会轻松达到测试每个功能的目的。由于新版本经过了频繁的修改，因此进行回归测试再合适不过。此时，使用自动化测试工具，对之前已经运行过的测试重新执行，便会高效地完成回归测试。

3. 可以进行一些手工测试难以完成或不可能完成的测试

在软件测试中，对于有些非功能方面的测试，如压力测试、并发测试、回归性测试、大数据量测试，用手工来测试是不可能实现的。例如，对于淘宝网站进行 1 600 个用户同时在线的测试，用手工进行并发操作的测试几乎是不可能的，但是用自动化测试工具就可以模拟1 600个用户同时登录的情形。另外，测试工具还可以发现一些手工测试不可能发现的问题，如内存方面的问题等。

4. 测试具有一致性和可重复性

软件被修改发生微小变化时，手工测试是难以发现的。而使用自动化测试工具进行测试时，由于每次回归测试的脚本是完全相同的，因此每次测试的过程是完全一致的，不会漏掉软件中任何小的修改，这是手工测试不可能做到的。

当然，自动化测试的优势远远不止这些，大家可以在长期的测试工作过程中逐步体会。

7.1.2　基本知识介绍

在自动化测试的工具和技术应用中，读者需要掌握的基本知识和后续需要用到的基本概念如下。

1. 对象的有效拆分

软件开发的任务是将多个独立对象进行组合，形成一套客户端程序。软件测试则是将整个程序拆分成一个个的对象，检测某个或某些对象属性是否符合测试需求，如某 textBox 的文本内容是否与预期相同。测试时拆分的原则是，分解程序中不同类型的对象，或根据测试路径筛选测试对象。

2. 测试的智能化处理

在软件测试过程中，对产品的不同版本之间对象的某些变化我们并不想过多关心，此时便可以采用模糊识别。那么，到底如何处理对象的各个属性感兴趣的程度呢？可以将不同权重赋予对象的不同属性。关心按钮的文本变化，可以将该权重设置得大一点，不关心按钮的大小变化，可以将该权重设置得小一点，最后算出总的识别分数，如小于某个阈值，则认为测试通过，否则被视为测试失败或发出警告。

3. ClassicsCD 应用程序

本章将以出售经典音乐、电影光盘和书籍的店铺的 ClassicsCD 应用程序作为案例，ClassicsCD 的使用者为商店的经理和店员。为了保证成功订货，需要测试 ClassicsCD 中的各项功能。订货的关键数据有订购数量、信用卡号、信用卡类型和有效期等。职员典型的操作顺序是启动 ClassicsCD 应用程序→选择货物→登录顾客账户→完成数据输入→订购成功。

4. 脚本记录和回放过程

脚本记录和回放过程包括：设定测试环境→设定记录选项→启动记录→执行用户动作→插入验证点→结束记录→复位环境→设定回放选项→回放脚本→查看分析结果。

5. 验证点

在设计测试时,一项重要的工作就是决定何时以及如何确认应用程序是否符合预期,这就需要在环境中设计验证点。验证点是一个脚本中创建的某一个要点,用于在运行过程中确定待测应用的状态,而不再需要通过视觉判断程序是否通过测试,代之以自动测试。可以说,若没有验证点就不叫测试。一般把以下对象作为数据验证点:下拉列表、菜单分级结构、表格、文本、树结构、状态等。

6. 脚本支持功能

脚本支持功能是在脚本记录过程中可以随时添加的一些辅助元素,包括调用脚本、日志条目、定时器、休眠、注释、剪贴板等。

除此之外,还有一些相关概念,在实验过程中将逐步解释,这里不再赘述。

7.2 IBM RFT 简介

7.2.1 概述

Rational Functional Tester(RFT)是一个面向对象的自动化测试工具,它能够测试多种应用程序。通过记录一个应用程序的测试可以很快产生测试脚本,还可以测试这个应用程序之中的任何对象,包括这个对象的属性和数据。RFT 可以提供一个编写脚本语言的机会和两种开发环境:Eclipse 框架中的 Java 或者 Microsoft Visual Studio 开发系统中的 Microsoft Visual Basic. NET。这意味着,无论开发小组的成员使用什么样的语言或平台,都应该能够将它们与 RFT 集成起来,并且在开发自动化测试的时候能够利用它们的一些功能。

7.2.2 记录 IBM RFT 脚本

一个 Functional Test 脚本是一个由 Java 语句组成的文本文件,它是由 Functional Tester 在记录脚本过程中生成的,并且可以向其中手工添加语句。当测试脚本被回放时,Functional Tester 通过执行脚本中的语句来重现功能测试的动作。

一个 Functional Test 脚本包括 4 个主要的语句分类:

- 由 RationalTestScript 继承的方法,如 startApp()和 logTestResult();
- 在测试对象上调用的方法,如 Click()或 Drag();
- 执行验证点的语句;
- 任何需要的但没有被 Functional Tester 生成的 Java 代码。

如果没有手工修改脚本,在 Functional Test 脚本中的第 1 条语句应该是 startApp()语句。例如,

```
public void testMain (Object[] args)
{ startApp("ClassicsJavaA"); .... }
```

startApp()方法的参数是要启动的应用程序的名字。

Functional Test 脚本需要在不同的计算机和操作系统下执行,所以要将应用的启动信息存储在一个配置文件中,而不是脚本中。

7.3 IBM RFT 的功能和界面

7.3.1 主要功能

IBM RFT 的主要功能包括记录和回放脚本、插入验证点、创建和使用测试对象映射、管理对象识别和数据驱动测试等，具体描述如下。

1. 回放更新的应用程序脚本

ScriptAssure 的特性是 Rational Functional Tester 的对象识别技术，可以保证在被测应用程序已经更新的时候成功地回放脚本。可以为测试对象必须通过的、用来作为识别候选的识别分数设置阈值，如果 Rational Functional Tester 接受了分值高于指定阈值的候选，则可以向日志文件中写入警告。

2. 插入验证点和脚本支持命令

在脚本记录过程中，为了测试某些对象在不同版本之间是否发生变化，可以插入验证点；为减少手工更改测试代码的工作量，部分辅助功能可通过插入脚本支持命令来实现。

3. 使用测试对象映射更新测试脚本

测试对象映射分为专用测试对象映射和共享测试对象映射。专用测试对象映射属于一个脚本并只由此脚本进行访问，共享测试对象映射由多个脚本共享，当需要更新对象时，只需一次更新便可以对多个脚本进行更改。在 RFT 的项目视图中创建新测试对象映射时，可将多个私有的或共享的测试对象映射合并成一个单个的共享测试对象映射。

4. 使用基于模式的对象识别

可以用正则表达式或一个数值范围来实现基于模式的对象识别，允许对象识别具有更好的灵活性。正则表达式计算器(Regular Expression Evaluator)允许在编辑表达式时进行测试，无须运行脚本即可观察模式是否工作。

5. 采用数据驱动测试实现一次记录，多次测试

为了对若干测试用例实现自动化测试，可以通过建立或导入数据池并与脚本相关联，将验证点转化为数据池引用来实现一次记录，多次测试，提高自动化测试的效率。

7.3.2 主要组件

启动 Rational Functional Tester For Java 时，可看到带有 8 个主要组件的 Test Perspective 窗口：主菜单、工具栏、Functional Test 项目、Java 编辑器、Script Explorer、Console 视图、Tasks 视图和状态栏。下面是对每个组件的简要描述。

1. 主菜单

可以在 Rational Functional Tester 的在线帮助中读到关于主菜单中每个选项的内容。

2. 工具栏

工具栏中包含以下图标。

- Open the New Wizard——显示对话框来创建一个项或记录 Functional Test 脚本，单击以显示要创建的可能项列表。
- Create New Functional Test Project——显示一个对话框，在 Functional Test 中生成新工程。

- Connect to an Existing Functional Test Project——显示一个连接到现有工程的对话框。
- Create an Empty Functional Test Script——显示一个创建用来手动添加 Java 代码的脚本的对话框。
- Create New Test Object Map——显示一个向工程添加新的测试对象映射的对话框。
- Create New Test Datapool——显示一个创建新的测试数据池的对话框。
- Create a New Test Folder——显示一个为工程或现有文件夹创建新文件夹的对话框。
- Record a Functional Test Script——显示一个输入关于新脚本的信息并开始记录的对话框。
- Insert Recording into Active Functional Test Script——在当前脚本的光标位置开始记录,可以启动应用程序、插入验证点或添加脚本支持命令。
- Configure Applications for Testing——显示 Application Configuration 工具,对要测试的 Java 和 HTML 应用程序添加并编辑配置信息,如名称、路径和其他用于启动并执行应用程序的信息。
- Enable Environments for Testing——显示一个用来启动 Java 运行环境和浏览器及配置 Java 运行环境和浏览器的对话框。
- Display the TestObject Inspector Tool——显示 TestObject Inspector 工具,显示测试对象信息,如父层次、继承层次、测试对象属性、无值属性和方法信息。
- Insert Verification Point——显示 Verification Point and Action Wizard 的 Select an Object 页,在要测试的应用程序中选择对象。
- Insert Test Object into Active Functional Test Script——显示一个添加测试对象到活动的脚本中的对话框。
- Insert Data Driven Commands into Active Functional Test Script——显示 Datapool Population Wizard 的 Data Drive Actions 页,选择被测应用程序中的对象来记录数据驱动的应用程序测试。
- Replace Literals with Datapool Reference——用测试脚本中的数据池引用代替文字值,向现有的测试脚本中添加现实数据。
- Run Functional Test Script——运行 Functional Test 脚本,单击来显示运行命令列表。
- Debug Functional Test Script——启动当前脚本并显示 Debug Perspective(在脚本调试时提供信息),单击以在当前脚本的方法 Main 中开始调试。
- Run or Configure External Tools——可以配置外部工具,单击显示选项列表。

3. Functional Test 项目

Functional Test 项目视图在 Test Perspective 窗口的左窗格中,为每个项目列出测试资产,包括文件夹、脚本、共享的测试对象映射、日志文件夹、日志、Java 文件。

4. Java 编辑器

使用 Java 编辑器(脚本窗口)编辑 Java 代码。正在编辑的脚本或类的名字出现在 Java 编辑器框架的选项卡上,选项卡左边的星号表示有未保存的变更。可以打开 Java 编辑器中的若干文件并通过单击相应的选项卡在它们之间移动。如果在此窗口中进行处理时出现代码问题,就会在受影响行附近显示一个问题标记。另外,在 Java 编辑器中右击会显示关于脚本的各种菜单选项。

5. Script Explorer

Test Perspective 窗口右边窗格中的 Script Explorer 列出了脚本助手、助手超类或助手基类、测试数据池、验证点和当前脚本的测试对象。

Verification Points 文件夹中包含所有为脚本记录的验证点。双击验证点会显示 Verification Point Editor。

Test Objects 文件夹中包含了一列脚本可用的所有测试对象。该列中每个测试对象前面都有代表其作用的图标。双击 Test Object Map 图标会显示测试对象映射。

右击验证点、测试对象映射或 Script Explorer 中的测试资产会显示各种菜单选项。

6. Console 视图

Console 视图显示来自脚本或应用程序的输出，例如，System. out. print 语句和未处理的 Java 异常。

7. Tasks 视图

Tasks 视图显示错误、警告或其他由编译器自动生成的信息。该视图默认地列出工程中所有文件的所有任务，若要限定显示与当前脚本相关的任务，可以通过单击 Tasks 视图标题中的过滤器按钮来应用一个过滤器。

8. 状态栏

Rational Functional Tester 利用 Test Perspective 窗口下的状态栏来显示消息。

7.3.3 实验案例

前面熟悉了 IBM Rational Functional Tester 的基本框架和概念，在此基础上，以一个出售音乐 CD 的 Java 程序 ClassicsCD 为例，使用 IBM Rational Functional Tester 完成对此软件的各方面测试。

首先需要安装两个应用程序，一是 ibm-java2-jre-50-win-i386. exe，这是为运行 Java 程序提供的环境；二是导入被测试程序，这里以 tst279_student_lab_project. exe 为例，包含版本 A 和 B。通过以下步骤熟悉 ClassicsCD 应用程序，执行各种类型用户的操作，为以后用 IBM Rational Functional Tester 测试做准备。

① 通过 ClassicsJavaA 桌面快捷方式运行 ClassicsCD 应用程序。程序的各种功能都可采用 IBM Rational Functional Tester 进行测试，测试应用程序如图 7-1 所示。

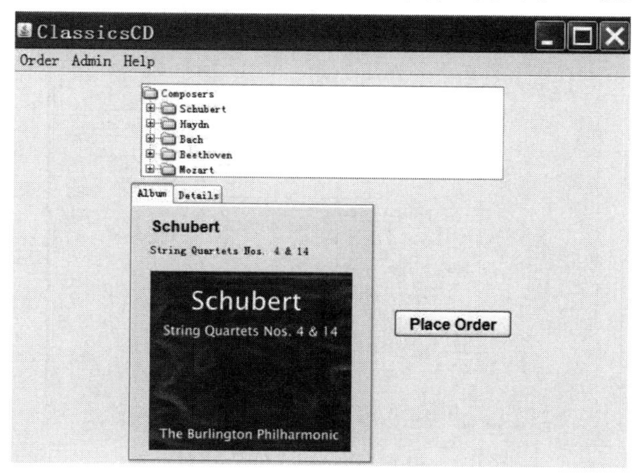

图 7-1　ClassicsCD 测试应用程序

② 依次单击“Haydn”旁边的“＋”展开列表，并选中“Symphonies Nos. 94 & 98”，如图 7-2所示。

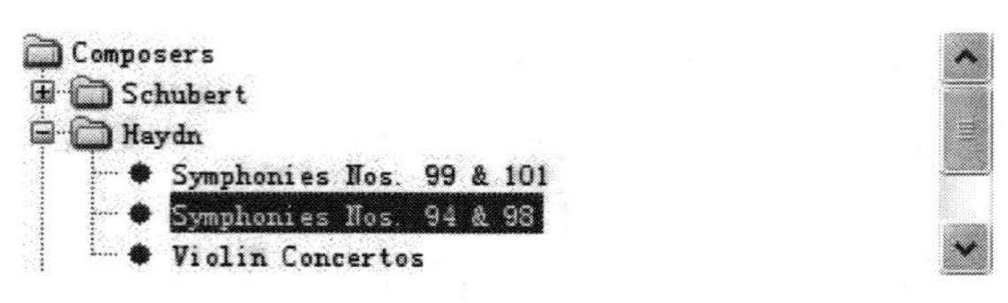

图 7-2　展开列表

③ 单击图 7-1 中的“Place Order”按钮。

④ 在“Member Logon”对话框，保持默认设置“Existing Customer”和“Trent Culpito”。不要输入任何密码。单击“OK”，如图 7-3 所示。

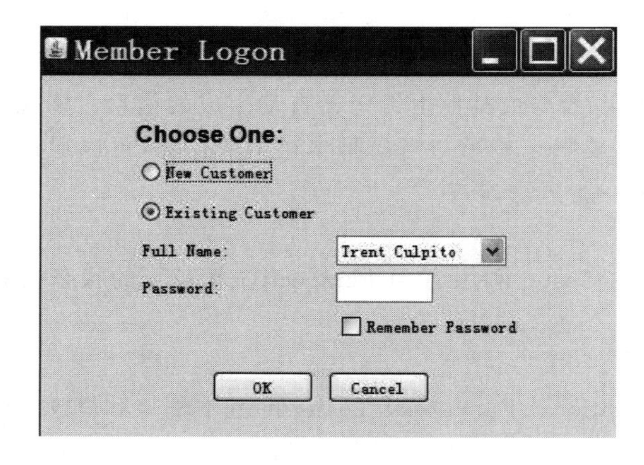

图 7-3　设置 Member Logon 对话框

⑤ 在图 7-4 所示界面的“Card Number”和“Expiration Date”处输入相应数据。这里注意要输入当前系统时间之后的日期。例如，“Card Number”中输入 7777 7777 7777 7777，“Expiration Date”中输入 07/11。

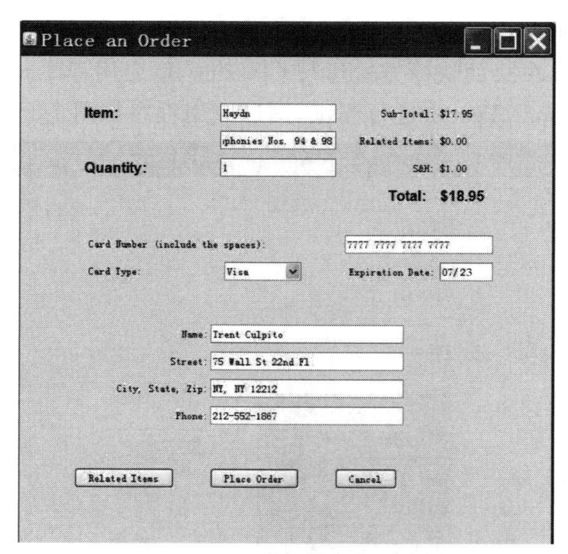

图 7-4　设置“Place an Order”对话框

⑥ 单击图 7-4 中的"Place Order"按钮。

⑦ 单击消息框中的"确定"按钮，如图 7-5 所示。

图 7-5　确认消息框

⑧ 单击窗口右上角的☒，关闭应用程序。

⑨ 暂停 10 分钟后重新运行这个应用程序再进行其他操作。

7.4　启用 IBM RFT

1. 查看 RFT 的功能视图

查看 RFT 的功能视图的基本步骤如下。

① 单击"开始→程序→IBM Software Delivery Platform→IBM Rational Functional Tester→Java 脚本"。

② 在工作空间启动程序，把"将此值用作缺省值并不再询问检查用作默认"前的复选框选中，然后单击"确定"。

③ 连接到 Training-TST279 项目。如果该项目没有出现在项目列表中，单击"文件→连接到 Functional Test 项目"。浏览到 C:\Training-TST279\Training-TST279 并单击"完成"，如图 7-6 所示。

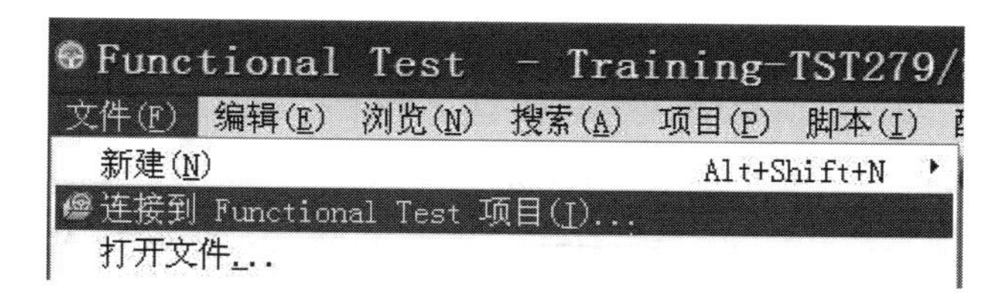

图 7-6　项目连接

④ 如果当前不在 Functional Test 透视图下，单击右上角"打开透视图"按钮。如果该按钮没有显示，单击"窗口→打开透视图→其他→Functional Tester"。

⑤ 在 Functional Tester 项目资源管理器中找到创建的 Training-TST279 项目。

⑥ 单击"帮助→帮助内容"。可以在此阅读 Rational Functional Tester 的帮助文档，用来学习 Rational Functional Tester，如图 7-7 所示。

⑦ 关闭帮助窗口。

2. 熟悉脚本的记录和回放

下面介绍使用 Rational Functional Tester 记录和回放脚本，基本步骤如下。

① 打开 Rational Functional Tester。单击"开始→程序→IBM Software Delivery Platform→IBM Rational Functional Tester→Java 脚本"。如果需要，连接到 Training-TST279 项目。

② 在 Functional Test 透视图中，单击"记录 Functional Test 脚本"按钮，如图 7-8 所示。

图 7-7 帮助文档

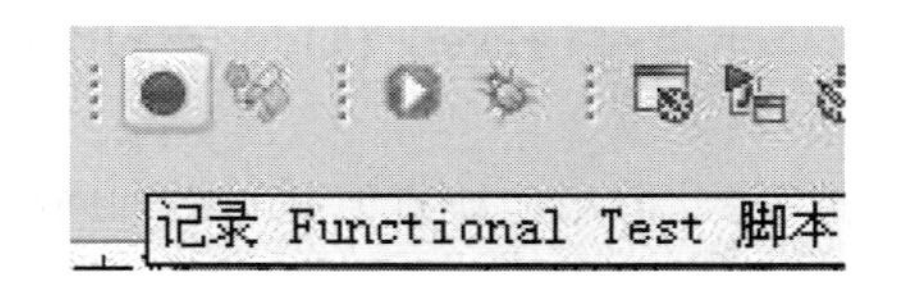

图 7-8 记录脚本按钮

③ 在"记录 Functional Test 脚本"对话框中,依次完成以下操作,如图 7-9 所示。

a) 选择 Training-TST279 项目。

b) 给该脚本取名为 Simple_OrderNewSchubertString_01。

c) 如果显示"添加到源代码管理"的复选框不要选择。

d) 单击"下一步"。

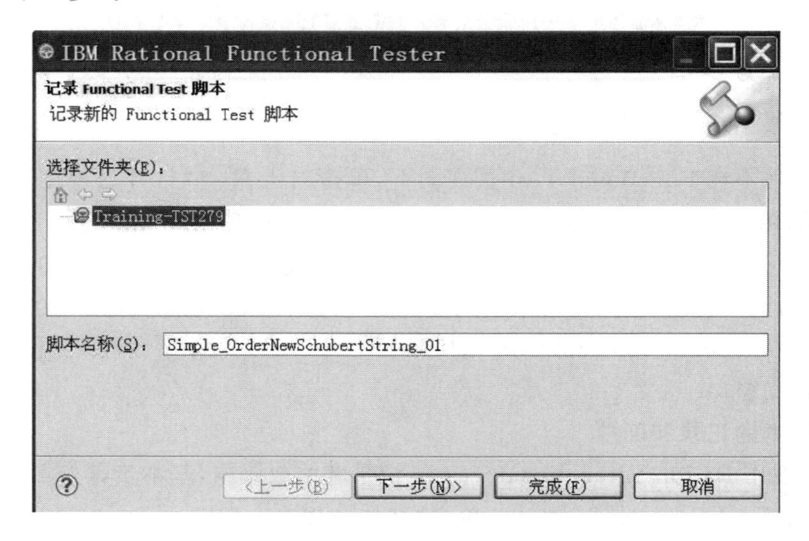

图 7-9 记录 Functional Test 脚本对话框

④ 在“选择脚本资产”对话框中，确保测试对象映射是选定“专用测试对象映射”，单击“完成”。现在就可以开始记录一个脚本。在记录监视器中，单击如图 7-10 所示的图标启动应用程序。

图 7-10　开始记录

⑤ 在“启动应用程序”对话框中，选择 ClassicsJavaA-java，单击“确定”，如图 7-11 所示。

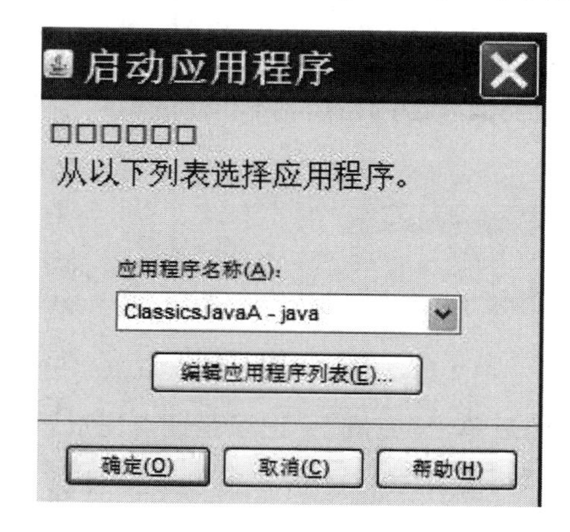

图 7-11　应用程序选择

⑥ 在 ClassicsCD 应用程序中执行以下操作。

a）单击 Schubert 旁边的“+”展开列表。

b）单击“String Quartets Nos. 4 & 14”。

c）单击“Place Order”按钮。

d）在“Member Logon”对话框，保持默认设置“Existing Customer”和“Trent Culpito”。不要输入任何密码。单击“OK”。

e）在“Card Number”中输入 7777 7777 7777 7777。

f）在“Expiration Date”中输入 07/23。

⑦ 在记录监视器中，单击“插入验证点或操作命令”按钮，如图 7-12 所示。该脚本暂停，并且“验证点和操作向导”对话框打开。

图 7-12　插入验证点或操作命令

⑧ 取消“选择对象后前进到下一页”的复选框。

⑨ 要插入验证点,必须先选择对象进行测试。

a) 用鼠标单击“对象查找器”图标。

b) 拖动图标到 Place an order 中的 Total 金额上。此时,“插入验证点或操作向导”对话框消失。选中对象被一个红色边框包围,并显示对象名称。

c) 释放鼠标按键。

d) 单击“下一步”。

⑩ 在“选择要对选中的测试对象执行的操作”对话框中,单击“下一步”。选中“执行‘数据验证点’”,如图 7-13 所示。

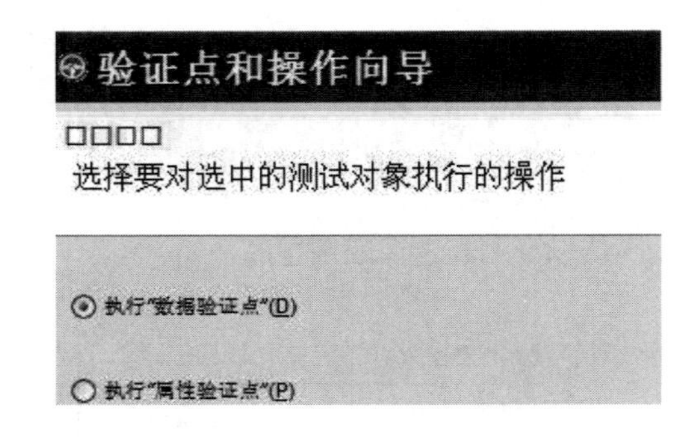

图 7-13　选中“执行‘数据验证点’”

⑪ 继续单击“下一步”,然后单击“完成”。记录验证点完成,恢复记录脚本。

⑫ 单击“Place Order”按钮。

⑬ 在订单已收到的对话框单击“确定”。

⑭ 单击 ClassicsCD 窗口右上角的关闭该应用程序。

⑮ 单击记录监视器“停止记录”按钮,如图 7-14 所示。

图 7-14　停止记录

⑯ 在测试的透视图中,所记录的脚本将在 Functional Tester 项目资源管理器中列出,其内容将在编辑器窗格中显示,测试对象将在脚本资源管理器中显示,如图 7-15 所示。

⑰ 现在可以回放所记录的脚本。在 Rational Functional Tester 的工具栏上,单击“运行 Functional Test 脚本”图标,并选择“Simple_OrderNewSchubertString_01”,也可右击脚本名称运行。

⑱ 在“选择日志”对话框中,保持默认设置并单击“完成”,如图 7-16 所示。

⑲ 观察脚本回放和 Rational Functional Tester 回放显示器上显示的消息,如图 7-17 所示。

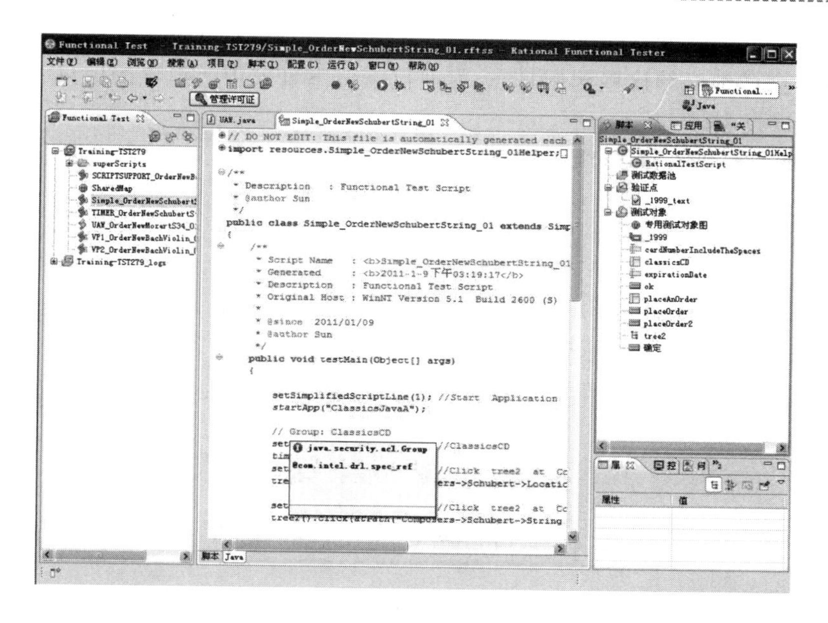

图 7-15 测试透视图

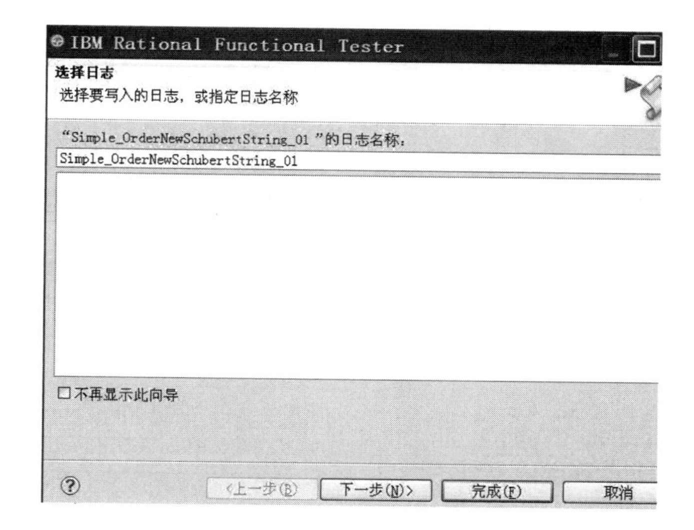

图 7-16 完成选择日志

图 7-17 脚本回放

⑳ 回放结束后，检查测试日志。如果日志没有自动出现，展开 Rational Functional Tester

资源管理器的 Training-TST279_logs，然后双击 Simple_OrderNewSchubertString_01 日志。注意：后续内容会详细介绍这些测试日志，目前仅需熟悉日志中所包含的信息。

㉑ 关闭测试日志。

㉒ 关闭 Simple_OrderNewSchubertString_01 脚本。

7.5 记录脚本

1. 记录数据验证点

记录数据验证点的基本步骤如下。

① 在 Functional Test 透视图中，单击“记录 Functional Test 脚本”按钮，如图 7-18 所示。

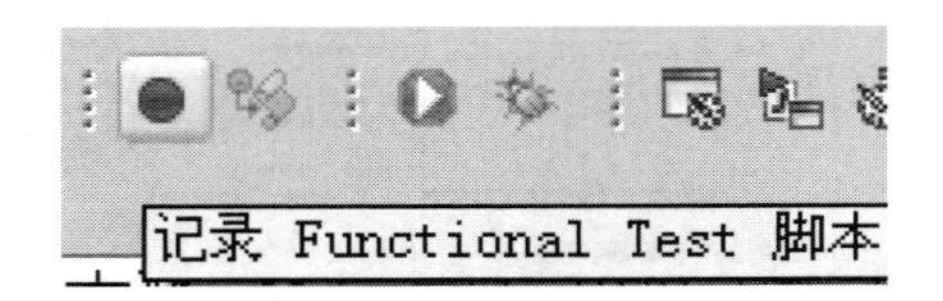

图 7-18 记录脚本

② 在“记录 Functional Test 脚本”对话框中，依次完成下列操作，如图 7-19 所示。

a）选择 Training-TST279 项目。

b）将该脚本命名为 VP1_OrderNewBachViolin_01。

c）如果显示“添加到源代码管理”的复选框不要选择。

d）单击“下一步”。

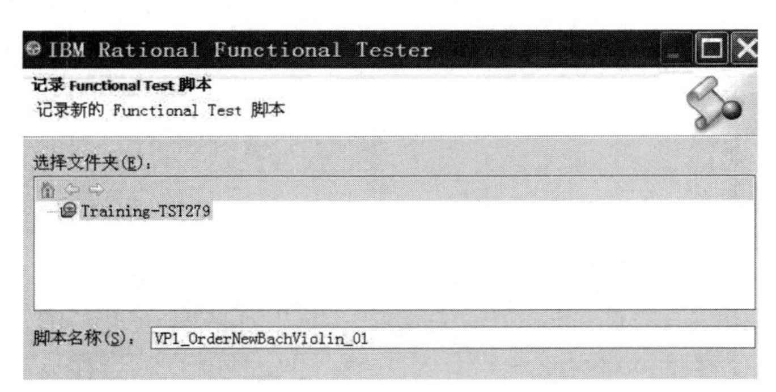

图 7-19 记录脚本对话框

③ 在“选择脚本资产”对话框中，测试对象映射栏目，单击“浏览”，如图 7-20 所示。在“选择测试对象映射”对话框中，选择“/SharedMap. rftmap”，单击“确定”。

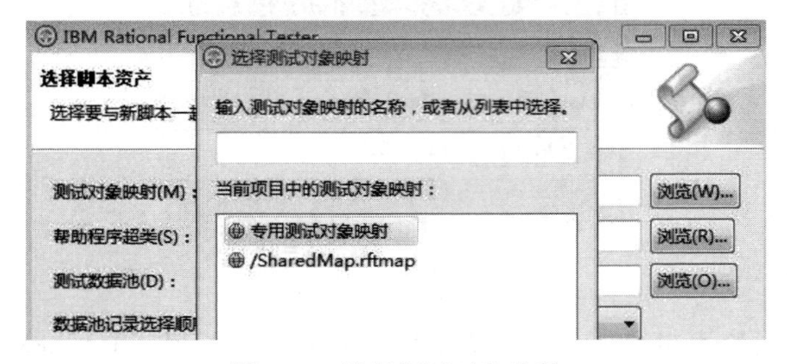

图 7-20 选择测试对象映射

④ 然后，在“设置为此项目中的新脚本的测试资产缺省值”中选择“测试对象映射”复选框，如图 7-21 所示。

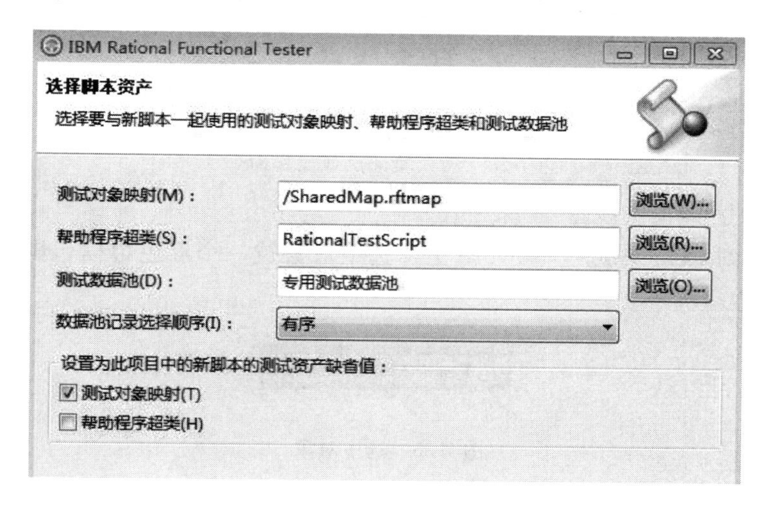

图 7-21　选择脚本资产

⑤ 在“选择脚本资产”对话框中，单击“完成”。

⑥ 在记录监视器中，单击“启动应用程序”按钮，如图 7-22 所示。

图 7-22　启动应用程序

⑦ 在“启动应用程序”对话框中，选择 ClassicsJavaA-java，单击“确定”，如图 7-23 所示。

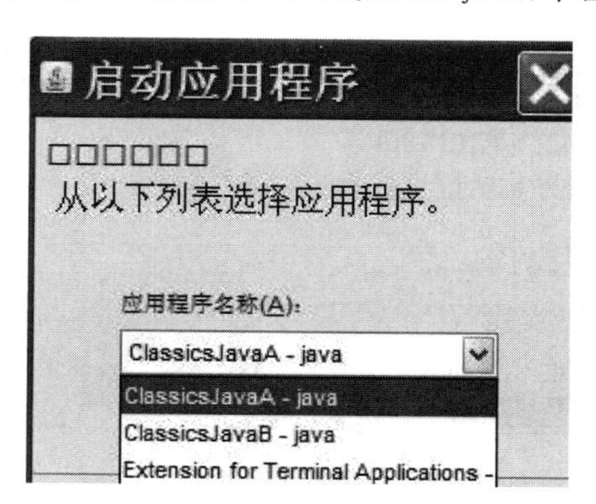

图 7-23　选择应用程序

⑧ 展开 Bach 文件夹，单击“Violin Concertos”。

⑨ 单击“Place Order”按钮。

⑩ 在记录监视器中，单击“插入验证点或操作命令”按钮，如图 7-24 所示。

⑪ 要插入验证点，必须先选择对象进行测试。

图 7-24　插入验证点或操作命令

a）用鼠标单击“对象查找器”图标。

b）拖动图标到 Remember Password 上。选中对象被一个红色边框包围，并显示对象名称，如图 7-25 所示。

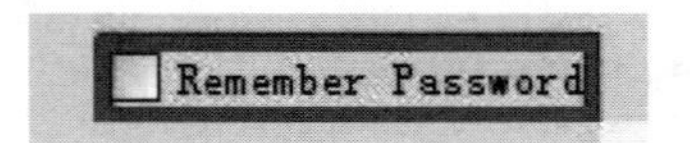

图 7-25　选中对象

c）释放鼠标按键。

d）单击“下一步”。

⑫ 选中“执行“数据验证点””，单击“下一步”，如图 7-26 所示。

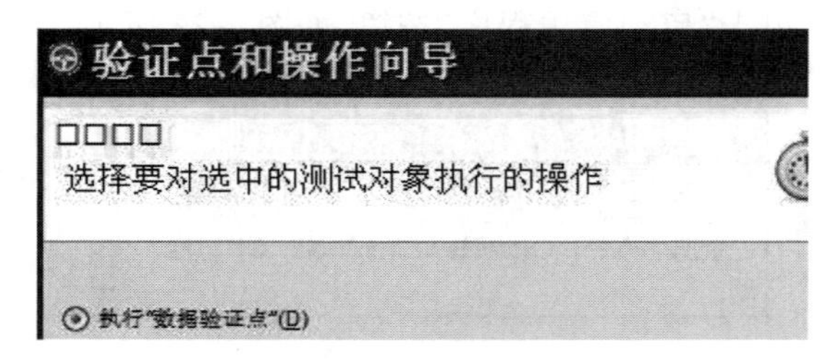

图 7-26　验证点和操作向导

⑬ 在“数据值”列表中，选择“复选框可视文本”，单击“下一步”，如图 7-27 所示。

图 7-27　选择“复选框可视文本”

⑭ 对话框显示该对象属性，核实后单击“完成”，可以看到记录监视器中的验证点。

⑮ 在 ClassicsCD 应用程序中，单击“Member Logon”对话框中的“OK”。

⑯ 在 ClassicsCD 应用程序中执行以下操作。

a）单击“Quantity”。

b）按 HOME 键。

c）按住 Shift 键和 End 键。

d）按 Delete 键。

e）在“Quantity”中输入 10。

f）按 Tab 键。（注：如果应用程序中的 Tab 键顺序有变化，则该脚本可能会失败。另一种方法是直接单击所需字段。）

g ）在“Card Number”中输入 1234 1234 1234 1234。

h）按两次 Tab 键跳到 Expiration Date 字段。

i）在“Expiration Date”中输入 12/23。

⑰ 在记录监视器中，单击“插入验证点或操作命令”按钮，记录另一个验证点。

⑱ 查看“选择对象后前进到下一页”前面的复选框，若未选中则选中它。

⑲ 选择对象进行测试。用鼠标单击“对象查找器”图标，拖动图标到 Place an order 中的 Total 金额，如图 7-28 所示。释放鼠标按键，单击“下一步”。

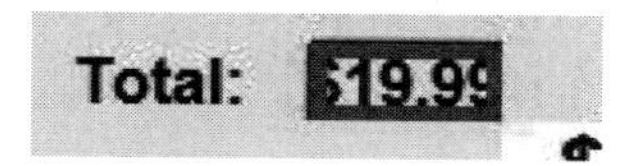

图 7-28　选择测试对象

⑳ 在“创建数据验证点并将测试插入脚本命令”页，修改验证点名称为 OrderTotalAmount，如图 7-29 所示，单击“下一步”。

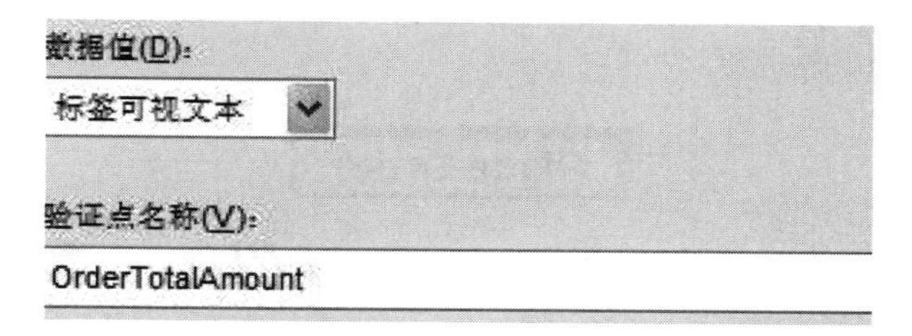

图 7-29　修改验证点名称

㉑ 检查页面信息，单击“完成”。此时，验证点被记录。

㉒ 在应用程序中，单击“Place Order”按钮。

㉓ 单击对话框上的“OK”，证明订单已经收到。

㉔ 关闭 ClassicsCD 窗口，然后停止记录。

㉕ 在 Functional Test 透视图下，从 Functional Test 项目视图中找到新的脚本。双击可在 Java 编辑器中打开。后面的实验将用到这个脚本。

㉖ 在脚本中找到添加的验证点，脚本中验证点以“performTest()；”结束。

㉗ 在脚本资源管理器中找到验证点，如图 7-30 所示。

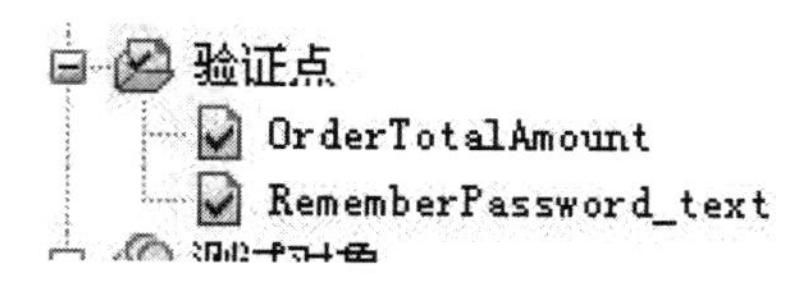

图 7-30　验证点

㉘ 关闭脚本 VP1_OrderNewBachViolin_01。

2. 记录属性验证点

记录属性验证点的基本步骤如下。

① 创建一个新脚本。

a）在 Functional Test 透视图中，单击“记录 Functional Test 脚本”按钮。

b）在“记录 Functional Test 脚本”对话框中，选择 Training-TST279 项目。

c）将该脚本命名为 VP2_OrderNewBachViolin_02。

d）如果显示“添加到源代码管理”的复选框不要选择。

e）“选择脚本资产”对话框保持默认设置，单击“完成”。

② 运行 ClassicsJavaA 应用程序。

③ 展开 Bach 文件夹，单击“Violin Concertos”。

④ 单击“Place Order”按钮。

⑤ 在“Member Logon”对话框单击“OK”。

⑥ 在 ClassicsCD 应用程序中执行以下操作，此时 Quantity 应该已经有一个值为 1。

a）单击“Card Number”。

b）在“Card Number”中输入 1234 1234 1234 1234。

c）单击“Expiration Date”。

d）在“Expiration Date”中输入 12/23。

⑦ 在记录监视器中，单击“插入验证点或操作命令”按钮。

⑧ 选择对象进行测试。用鼠标单击“对象查找器”图标，拖动图标到“Place Order”按钮，释放鼠标按键，如图 7-31 所示。

Place Order

图 7-31　选择对象效果

⑨ 在“选择要对选中的测试对象执行的操作”页面，选择“执行‘属性验证点’”选项，如图 7-32所示，然后单击“下一步”。

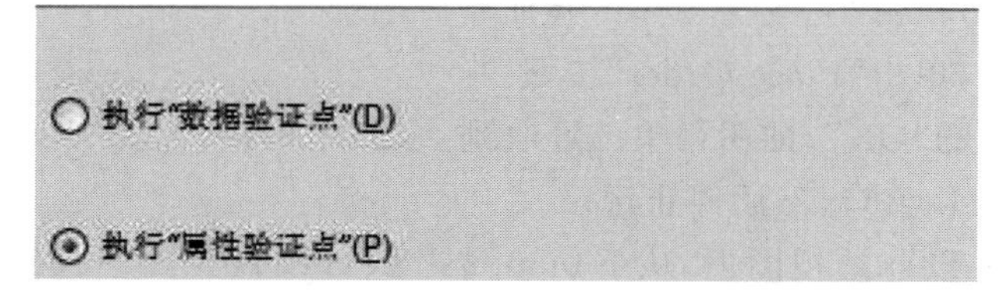

图 7-32　选择“执行‘属性验证点’”选项

⑩ 在“创建属性验证点并将测试插入脚本”页中，将定义属性来测试“Place Order”按钮。

a）在“包含下级”下拉菜单中选择“无”。

b）将验证点名称改为 PlaceOrderButtonProperties，如图 7-33(a)所示。

c）单击“下一步”。

d）调整“验证点和操作向导”窗口，显示右边窗格中的属性和值，如图 7-33(b)所示。不要选择全部属性。

e）找到 actionCommand 属性，选中。

f）找到 enabled 属性，选中。

g）单击“完成”。

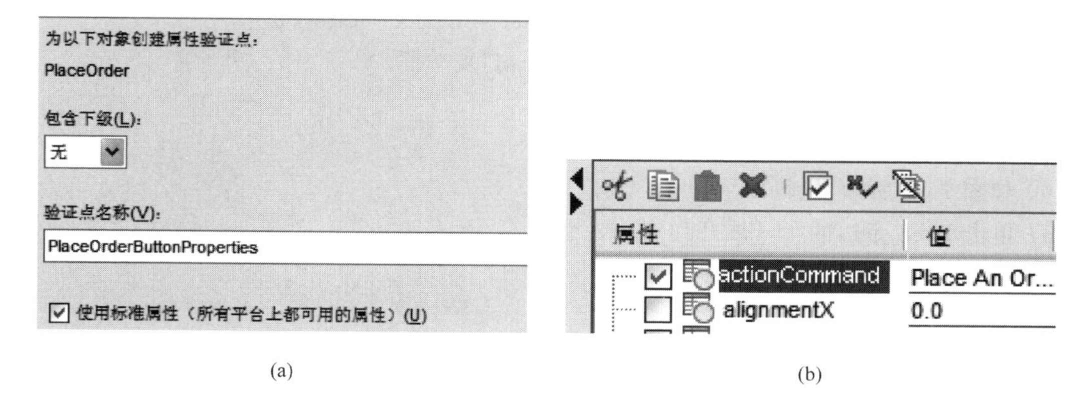

(a)　　(b)

图 7-33　定义属性

⑪ 单击应用程序的“Place Order”按钮。

⑫ 单击“Your order has been received.”窗口上的“OK”按钮。关闭 ClassicsCD 应用程序并停止记录，如图 7-34 所示。如果出现 SharedMap. rftmap 窗口，关闭它。

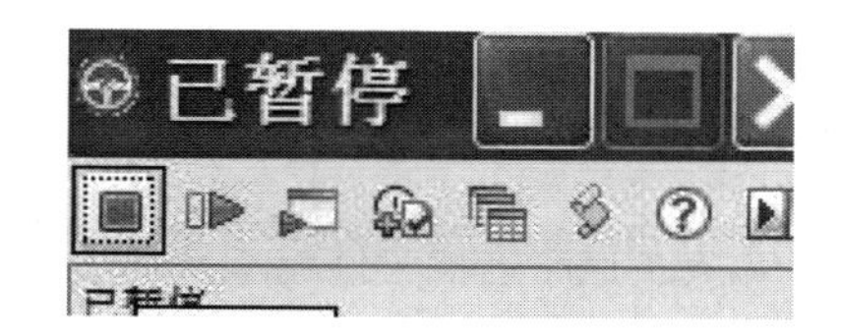

图 7-34　停止记录

⑬ 在 Functional Test 透视图中，找到在项目视图中列出的新脚本。

⑭ 在脚本中找到添加的验证点，即“PlaceOrderButtonPropertiesVP(). performTest();”。

⑮ 在脚本资源管理器中找到验证点，如图 7-35 所示。

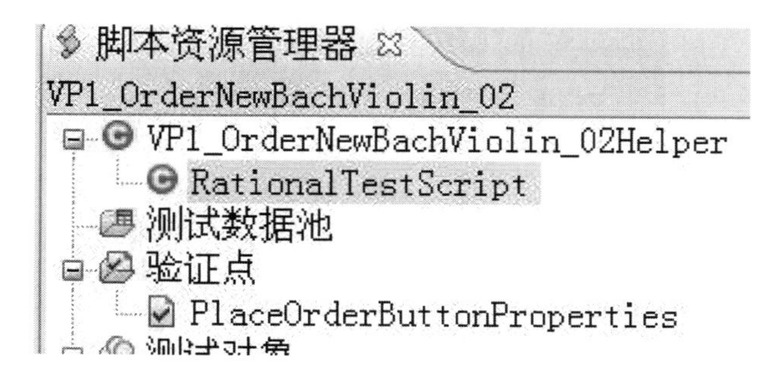

图 7-35　找到验证点

⑯ 关闭脚本 VP2_OrderNewBachViolin_02。

3. 在脚本中包含脚本支持功能

在脚本中包含脚本支持功能的基本步骤如下。

① 记录一个新脚本。

a）在 Functional Test 透视图中，单击“记录一个 Functional Test 脚本”图标。

b）在弹出的对话框中，选择 Training-TST279 项目。

c）将该脚本命名为 SCRIPTSUPPORT_OrderNewBachViolin_03。

d）不要选中“Add the script to Source Control”复选框。

e）单击“完成”。

② 启动 ClassicsJavaA 应用程序。

③ 如图 7-36 所示，执行以下操作。

a）单击 Bach 旁边的“＋”展开列表。

b）单击“Violin Concertos”。

c）单击“Place Order”。

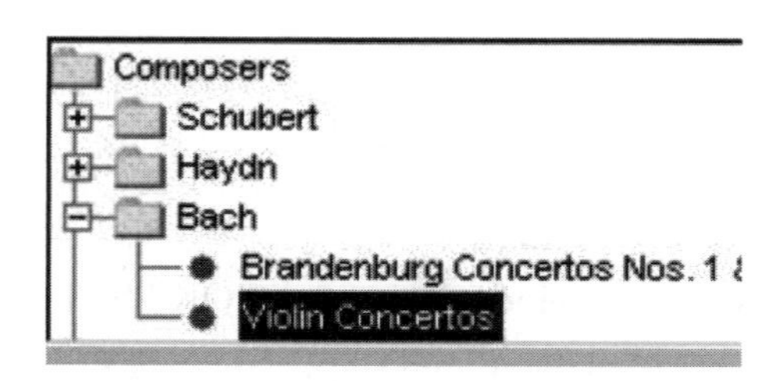

图 7-36　展开列表

④ 在记录监视器中，单击“插入脚本支持命令”按钮，如图 7-37 所示。

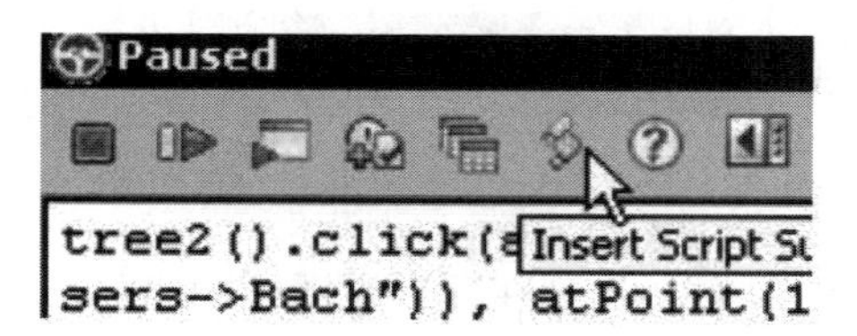

图 7-37　插入脚本支持命令

⑤ 在“脚本支持功能”对话框中，单击“Comment”选项卡，如图 7-38 所示。

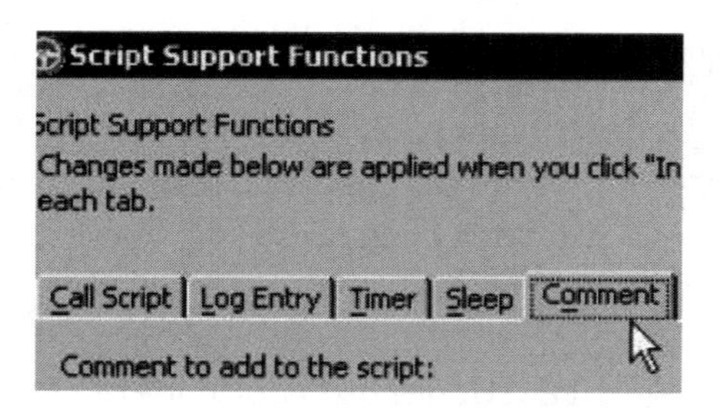

图 7-38　添加注释

⑥ 输入注释，如 Logon。单击“插入代码”按钮，然后单击“关闭”。注释将会插入脚本中。

⑦ 返回应用程序，单击“OK”。

⑧ 在记录监视器中，单击“插入脚本支持命令”按钮。

⑨ 在“脚本支持功能”对话框中，单击“Comment”选项卡。

⑩ 输入注释，如 Enter credit card number。单击“插入代码”按钮，然后单击“关闭”。

⑪ 在应用程序中，在“Card Number”处输入 1234 1234 1234 1234。

⑫ 使用脚本支持功能插入一条注释，如 Select AMEX as the credit card type。单击“插入代码”按钮，然后单击“关闭”。

⑬ 在应用程序中执行以下操作。

a）在“Card Type”的下拉菜单中选择“AMEX”。

b）在“Expiration Date”中输入 12/23。

c）单击“Place Order”。

⑭ 在记录监视器中，单击“插入验证点或操作命令”按钮。

⑮ 拖动“对象查找器”图标到消息框，选中整个窗口释放鼠标，单击“下一步”。

⑯ 定义测试属性。

a）在“包含下级”下拉菜单中选择“无”。

b）验证点名称改为 DialogTitle。

c）单击“下一步”。

d）找到标题属性并选中。

e）单击“完成”。

⑰ 在应用程序中，单击“OK”，订单完成。

⑱ 单击“插入脚本支持命令”按钮，单击“Log Entry”选项卡，输入 Order has been placed，作为一条日志条目插入脚本中，如图 7-39 所示。

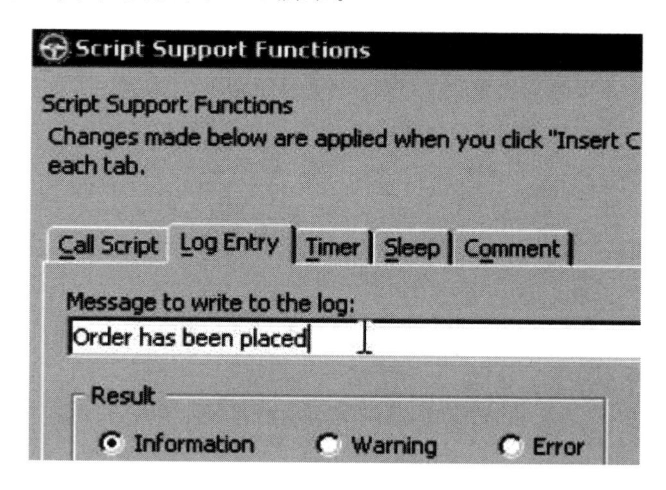

图 7-39　插入日志条目

⑲ 关闭应用程序，停止记录。

⑳ 在 Functional Test 透视图中，在项目视图部分找到新的脚本。在 Java 编辑器中，查看添加的注释和日志条目，如图 7-40 所示。

㉑ 关闭脚本 SCRIPTSUPPORT_OrderNewBachViolin_03。

4. 在脚本中插入定时器

在脚本中插入定时器的基本步骤如下。

① 创建一个新脚本并将其命名为 TIMER_OrderNewSchubertString_02。

② 启动 ClassicsJavaA 应用程序。

```
cardNumberIncludeTheSpacesText().click(atPoint(34,14));
placeAnOrder().inputKeys("1234 1234 1234 1234 1234");
// Select AMEX as the credit card type
creditCombo().click();
creditCombo().click(atText("Amex"));
expirationDateText().click(atPoint(20,13));
placeAnOrder().inputChars("1");
placeAnOrder().inputChars("2/04");
placeOrder2().click();
DialogTitleVP().performTest();

//
ok2().click();
logInfo("Order has been placed");

// Frame: ClassicsCD
classicsJava2(ANY,MAY_EXIT).close();
```

图 7-40　新脚本中的脚本支持功能

③ 展开 Schubert 文件夹,单击“String Quartets Nos. 4&14”。

a) 单击“Place Order”。

b) 以用户名“Trent Culpito”登录。

④ 在记录监视器中,单击“插入脚本支持命令”按钮。

⑤ 在“脚本支持功能”对话框中,单击“定时器”标签。

⑥ 在“启动定时器”中的“名称”处输入 Order_10,单击“插入代码”按钮,然后单击“关闭”。确认 Order 与 10 之间的下划线“_”,如图 7-41 所示。

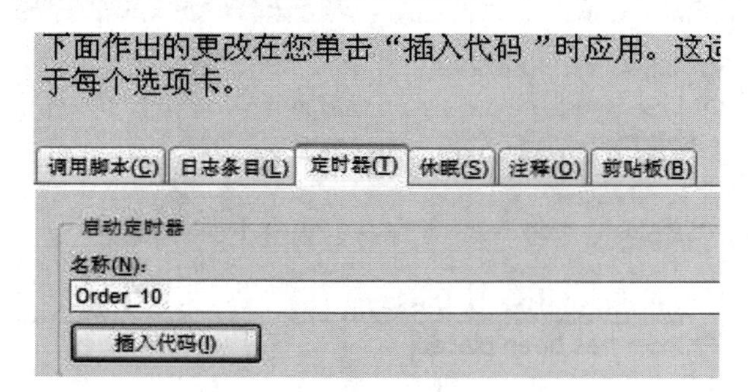

图 7-41　启动定时器

⑦ 在 ClassicsCD 应用程序中执行以下操作。

a) 单击“Quantity”。

b) 按 Home 键。

c) 按住 Shift 键再按 End 键。

d) 按 Delete 键。

e) 在“Quantity”中输入 10。

f) 按 Tab 键(注:如果应用程序中的 Tab 键顺序有变化,该脚本可能会失败。另一种方法是直接单击所需字段)。

g) 在“Card Number”中输入 1234 1234 1234 1234。

h) 在“Expiration Date”中输入 12/23。

⑧ 在记录监视器中，单击“插入验证点或操作命令”按钮。

⑨ 选择对象进行测试。用鼠标单击“对象查找器”图标，拖动图标到 Place an order 中的 Total 金额，释放鼠标按键。

⑩ 创建一个数据验证点并将其命名为 TotalSchubertString10，单击“下一步”，然后单击“完成”。

⑪ 在 ClassicsCD 应用程序中：

a）单击 “Place Order”按钮；

b）单击对话框上的“OK”，订单完成。

⑫ 在记录监视器中，再次单击“插入脚本支持命令”按钮。

⑬ 在“脚本支持功能”对话框中，再次单击“定时器”标签，准备停止定时器。

⑭ 停止定时器时，需要选择 Order_10 定时器。单击“插入代码”按钮，如图 7-42 所示，然后单击“关闭”。

图 7-42　停止定时器

⑮ 关闭 ClassicsCD 应用程序，停止记录。

⑯ 在 Functional Test 透视图下，在 Functional Test 项目视图中找到新脚本。后面的实验会用到这个测试脚本。

⑰ 在脚本中找到定时器代码，如下所示。

定时器开始：“timerStart("Order_10");”。

定时器结束：“timerStop("Order_10");”。

⑱ 关闭脚本 TIMER_OrderNewSchubertString_02。

5. 在脚本中插入记录

在脚本中插入记录的基本步骤如下。

① 在项目视图中，双击脚本 VP2_OrderNewBachViolin_02。

② 在 Java 编辑器中，在 input for the Expiration Date of 12/23 后插入一个空白行，在新的一行中输入“stop();”，如图 7-43 所示。

```
// Frame: Place an Order
cardNumberIncludeTheSpac
placeAnOrder().inputKeys
placeAnOrder().inputChar
expirationDateText().cli
placeAnOrder().inputKeys
stop();
```

图 7-43　插入 stop()

③ 使用默认的日志信息运行该脚本。

④ 查看测试日志然后关闭。

⑤ 从脚本中删除“stop();”行。这是一个简单手工编码的实例。

⑥ 将光标定位在“Expiration Date”后的 12/23 处。

⑦ 单击“将记录插入活动的 Functional Test 脚本”按钮,如图 7-44 所示。

图 7-44 记录插入

⑧ 创建一个数据验证点。

a) 拖动图标选中订单中的 Total 金额。

b) 将验证点命名为 TotalBachViolin01。

⑨ 停止记录。

⑩ 关闭“对象映射”对话框。

⑪ 在 ClassicsCD 中取消订单,然后关闭 ClassicsCD 应用程序。

⑫ 在 Functional Test 透视图中,查看在脚本 VP2_OrderNewBachViolin_02 中新添加的代码。

⑬ 关闭脚本 VP2_OrderNewBachViolin_02,并保存修改。

7.6 脚本回放及相关设置

1. 回放脚本并查看结果

回放脚本并查看结果的基本步骤如下。

① 显示 Functional Test 透视图。

② 在 Functional Test 项目视图中双击脚本 TIMER_OrderNewSchubertString_02,此脚本包含定时器,双击后在 Java 编辑器中打开。

③ 在 Functional Test 工具栏上,单击“运行 Functional Test 脚本”图标,如图 7-45 所示。

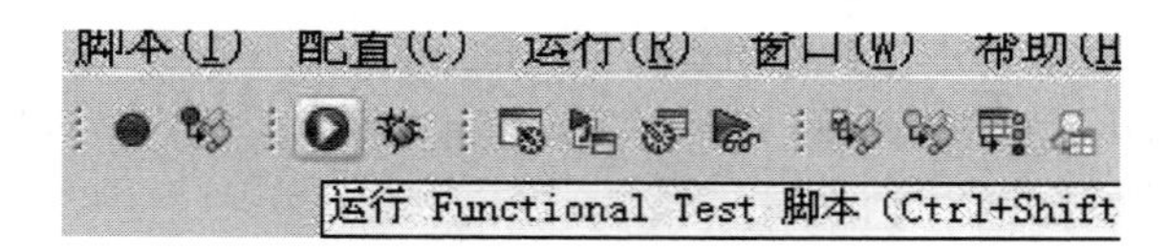

图 7-45 运行脚本

④ 在“选择日志”对话框中使用默认值,单击“完成”。

⑤ 回放结束后,通过日志查看所有信息,如图 7-46 所示。

⑥ 滚动日志到“停止定时器”事件,注意 additional_info 属性中的 elapsed_time,如图 7-47 所示。

⑦ 关闭日志显示窗口。

⑧ 关闭脚本 TIMER_OrderNewSchubertString_02。

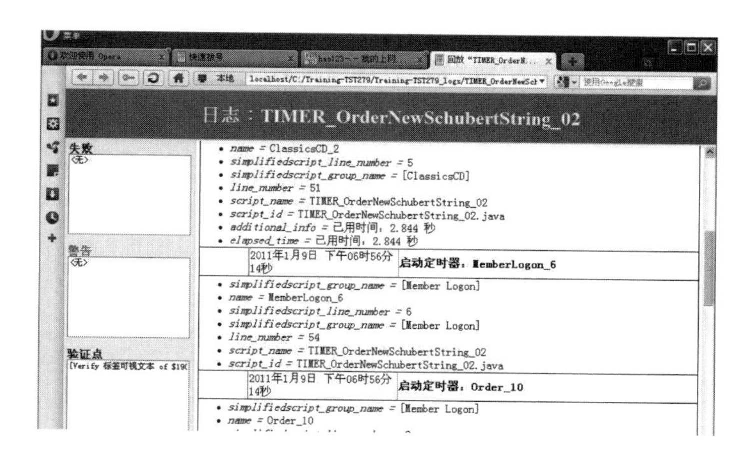

图 7-46　查看日志

2011年1月9日 下午06时56分35秒　**停止定时器：Order_10**

- *simplifiedscript_group_name* = [消息]
- *name* = Order_10
- *simplifiedscript_line_number* = 19
- *simplifiedscript_group_name* = [消息]
- *line_number* = 94
- *script_name* = TIMER_OrderNewSchubertString_02
- *script_id* = TIMER_OrderNewSchubertString_02.java
- *additional_info* = 已用时间：20.422 秒
- *elapsed_time* = 已用时间：20.422 秒

图 7-47　elapsed time 信息

2. 查看特定的日志

在本练习中，将选择并打开一个特定的 HTML 日志，查看早期回放日志的基本步骤如下。

① 在 Functional Test 项目视图中，展开 Training-TST279_logs 图标。

② 在日志列表中，双击 Simple_OrderNewSchubertString_01。注意，HTML Log 的内容在一个新窗口打开。

③ 双击其他不同的日志并显示。

④ 关闭日志窗口。

3. 查看验证点的回放结果

查看验证点的回放结果的基本步骤如下。

① 运行脚本 VP1_OrderNewBachViolin_01，其中包含验证点。

② 在“选择日志”对话框中使用默认值，单击“完成”。

③ 观察回放动作和回放监视器上显示的信息。

④ 滚动日志，找到验证点。

⑤ 查看 OrderTotalAmount 验证点的信息。单击“View Results”链接到验证点，打开验证点编辑器。

⑥ 观察验证点的值，如图 7-48 所示。

⑦ 关闭验证点编辑器。

⑧ 关闭测试日志。

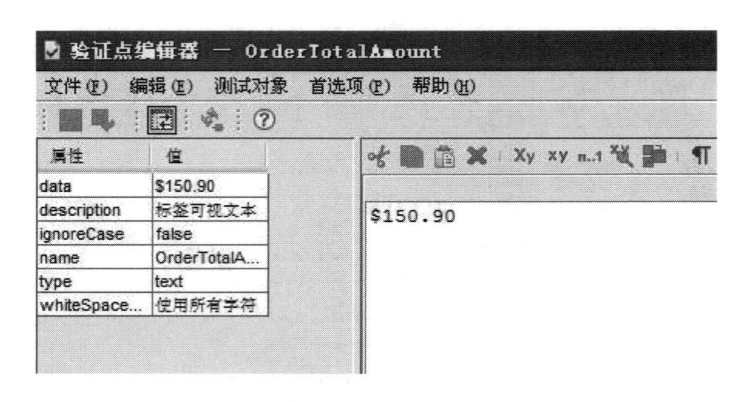

图 7-48 验证点的值

4. 使用验证点比较器

使用验证点比较器的基本步骤如下。

① 在 Functional Test 透视图中打开脚本 VP1_OrderNewBachViolin_01。

② 编辑启动应用程序行,使用 JavaB 应用程序。JavaB 是 ClassicsCD 的第 2 个应用程序,其对应代码为“startAPP("ClassicsJavaB");”。

③ 运行脚本 VP1_OrderNewBachViolin_01,其中包含验证点。

④ 在“选择日志”对话框中,在日志结尾加上 JavaB,单击“完成”。

⑤ 观察回放动作和回放监视器上显示的信息。由于 JavaB 版本与记录脚本时使用的 JavaA 版本存在差异,因此回放时在“会员登录”对话框将需要停留更长的时间。

⑥ 回放结束后,打开日志,找到验证点。

⑦ 单击失败验证点的 View Results 链接,启动验证点比较器。

⑧ 观察期望的值和实际值之间的差异,如图 7-49 所示。

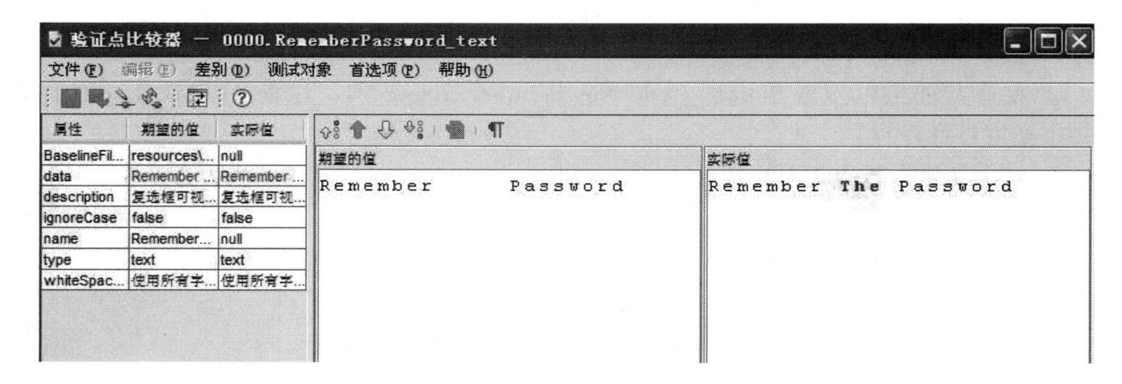

图 7-49 验证点比较器

⑨ 关闭验证点对比窗口。

⑩ 关闭测试日志。

⑪ 关闭脚本 VP1_OrderNewBachViolin_01。

5. 在脚本中插入断点

此实验介绍 Rational Functional Tester 的调试功能,插入断点及调试的基本步骤如下。

① 在项目视图中双击脚本 TIMER_OrderNewSchubertString_02,其中包含定时器。

② 在 Java 编辑器中，找到 startApp 命令的下一行，将光标定位在该行左侧。右击并选择快捷菜单中的“切换断点”，如图 7-50 所示。该行包含一个注释，在下一行插入断点。

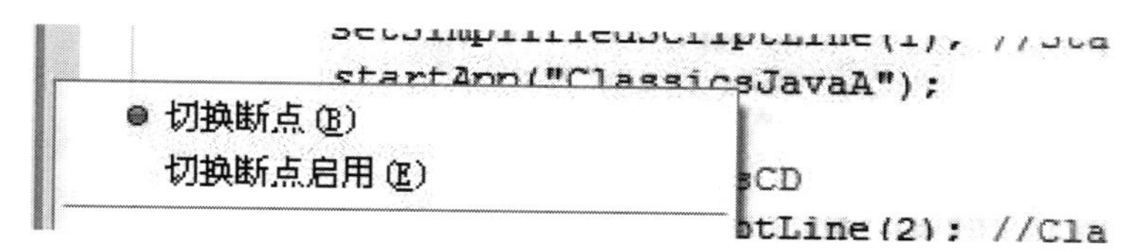

图 7-50　插入断点

③ 在脚本显示选项卡，找到输入信用卡 Expiration Date 行，在此插入另一个断点，如图 7-51所示。

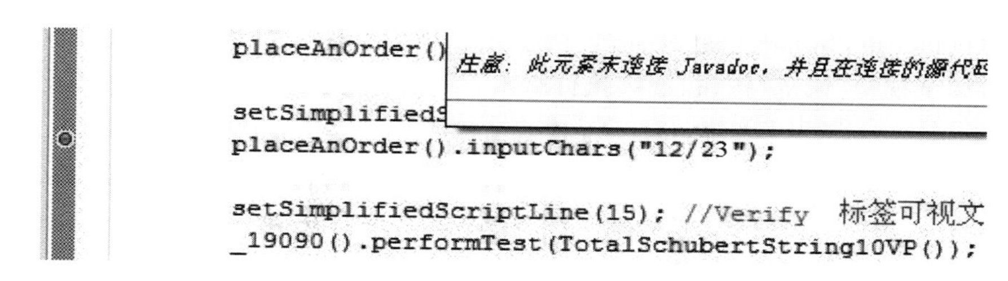

图 7-51　插入另一个断点

④ 单击“调试 Functional Test 脚本”按钮，如图 7-52 所示。

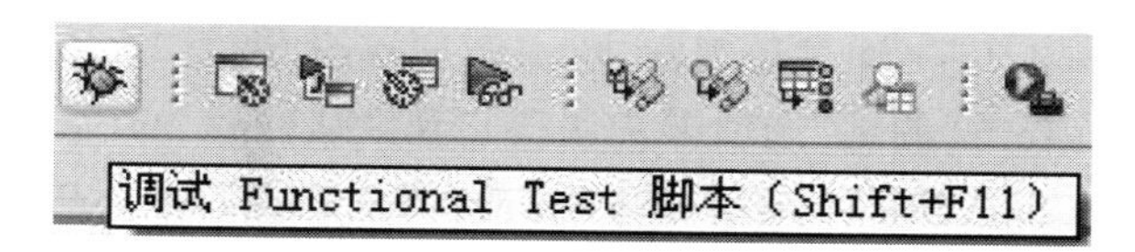

图 7-52　开始调试

⑤ 在选择日志对话框中，单击“完成”。如果提示则覆盖现有的日志文件，开始回放。

⑥ 当出现“确认切换透视图”对话框时，单击“是”，在调试模式下回放选定的脚本，等待直到回放停止。

⑦ 遇到第一个断点停止执行。在 Functional Test 调试透视图中，单击标签和放大窗口来查看调试信息、断点、脚本和控制台视图的信息，如图 7-53 所示。如果大纲视图未打开则打开它。

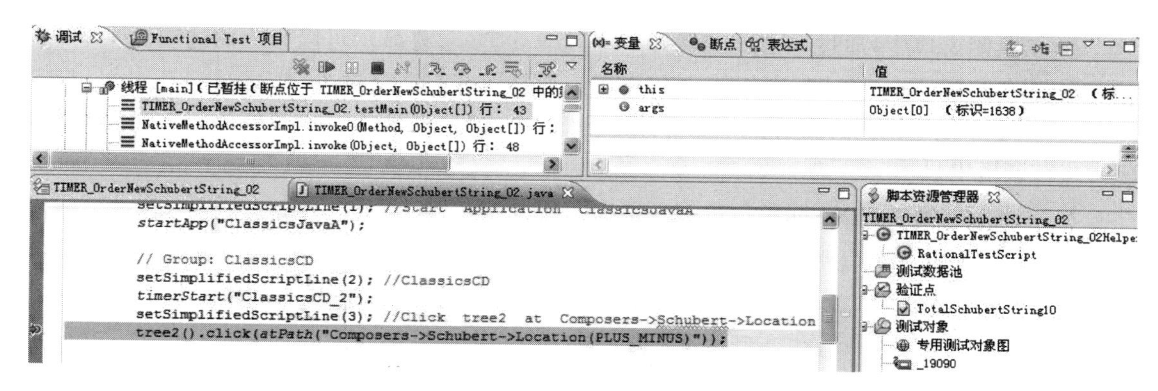

图 7-53　调试窗口

⑧ 在 Java 编辑器中，注意断点处的检验标记，脚本用高亮显示。

⑨ 双击“调试”选项卡将其展开，注意悬浮消息。程序执行暂停在断点处，如图 7-54 所示。

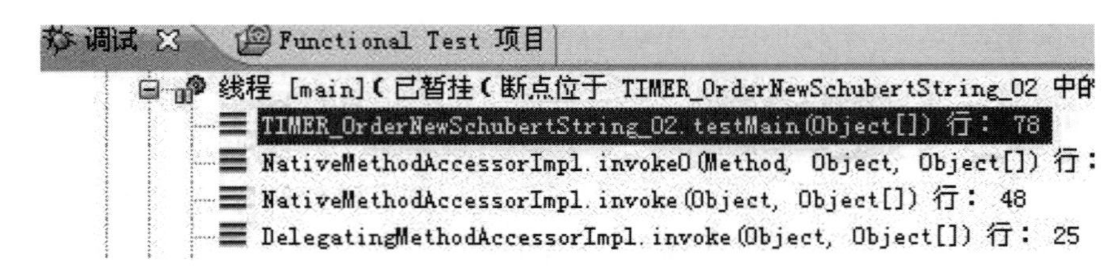

图 7-54　执行过程暂停

⑩ 最小化 Functional Test 窗口，观察已启动的应用程序。

⑪ 还原调试 Functional Test 窗口。

⑫ 单击调试视图“恢复”按钮，继续执行脚本，如图 7-55 所示。

图 7-55　视图的恢复按钮

⑬ 脚本将执行到下一个断点。观察 ClassicsCD 窗口，应用程序在什么位置停止。光标应该在 Expiration Date 处。

⑭ 返回到 Functional Test 调试透视图，单击调试视图“恢复”按钮来完成执行脚本。

⑮ 关闭测试日志。双击“调试”选项卡来调整它到默认位置。

⑯ 在 Functional Test 透视图下的脚本中，右击“取消断点”，然后单击快捷菜单上的“切换断点”。

⑰ 关闭脚本 TIMER_OrderNewSchubertString_02。

6. 设置 Rational Functional Tester 首选项

设置 Rational Functional Tester 首选项的基本步骤如下。

① 在 Functional Test 透视图中选择 Simple_OrderNewSchubertString_01 执行，保持默认的日志信息。可以看到在未更改任何选项之前脚本的运行情况。

② 关闭测试日志。

③ 在 Functional Test 菜单栏中，单击“窗口→首选项”。

④ 在左侧窗口中，通过单击“＋”展开 Functional Test，将显示可以修改的选项。

⑤ 在左侧窗口中，单击“回放”。回放设置一般显示在右窗格中。

⑥ 通过单击“回放”前面的“＋”展开菜单，然后单击“鼠标延迟”和“其他延迟”。回放延迟选项在右窗格中显示。

⑦ 单击左侧的监视器，监视器选项在右窗格中显示。

⑧ 去掉“在回放期间显示监视器”的复选框，如图 7-56 所示。

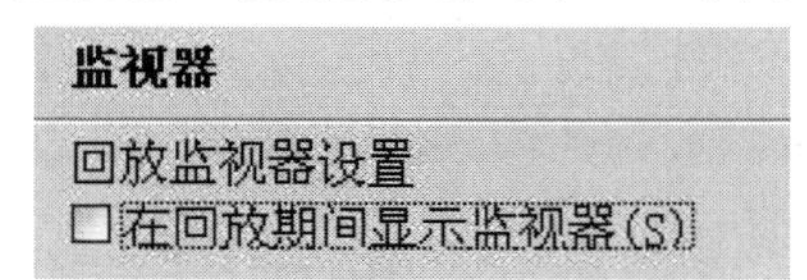

图 7-56　去掉复选框

⑨ 单击左侧日志记录,日志记录选项在右窗格中显示。

⑩ 取消"使用缺省值"复选框的选中状态,单击下拉菜单,选择"text",如图 7-57 所示。

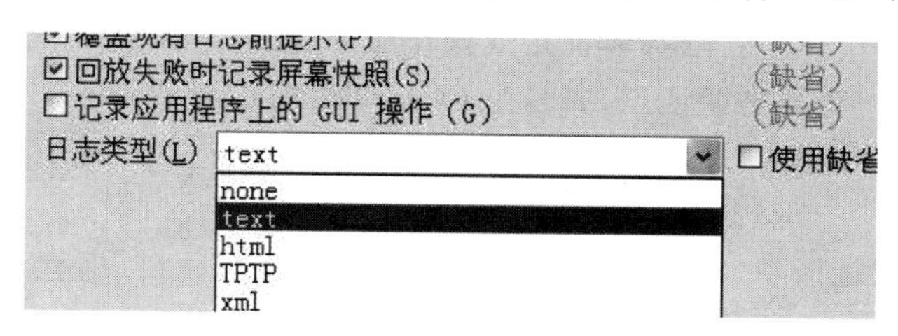

图 7-57 选择 text 日志类型

⑪ 单击"确定",关闭首选项窗口。

⑫ 执行脚本 SIMPLE_OrderNewSchubertString_01,如果提示,覆盖现有的日志。查看生成的日志文件,注意 Text 日志和 HTML 日志之间的差别。在工作区查看日志"rational_ft_log.txt"。

⑬ 关闭文本日志窗口。

⑭ 在 Functional Test 菜单栏中,单击"窗口→首选项"。

⑮ 重置日志类型为 HTML,并设置"在回放期间显示监视器",修改完毕后单击"应用"。

⑯ 在左边窗口中,单击"Functional Test"。

⑰ 取消"使用缺省值"的选中状态,更改框中的值为 30.0,然后单击"确定"。这是一个时间选项控制,运行时间增长 30 倍,如图 7-58 所示。

图 7-58 倍数设置

⑱ 执行脚本 SIMPLE_OrderNewSchubertString_01,观察脚本执行速度。

⑲ 关闭文本日志窗口。

⑳ 在 Functional Test 菜单栏中,单击"窗口→首选项",还原刚才的设置操作。

㉑ 再次执行脚本 SIMPLE_OrderNewSchubertString_01,观察脚本执行速度。

㉒ 关闭文本日志窗口。

㉓ 关闭脚本 SIMPLE_OrderNewSchubertString_01。

7.7 扩展脚本

1. 创建消息框

创建消息框的基本步骤如下。

① 记录脚本 MSG_OrderNewHaydnViolin_01。

② 启动应用程序 ClassicsJavaA。

③ 展开 Haydn 文件夹,单击"Violin Concertos"。

④ 单击"Place Order"按钮。

⑤ 在会员登录对话框中单击"OK"。

⑥ "Quantity"中应该已经填入 1。在 ClassicsCD 应用程序中,执行以下操作。

a）在“Card Number”中输入 1234 1234 1234 1234。

b）在“Expiration Date”中输入 12/23。

⑦ 在记录监视器中，单击“插入验证点或操作命令”按钮。

⑧ 为 total 添加一个数据验证点，命名为 OrderTotalHaydnViolin。

⑨ 完成订单，关闭应用程序，并停止记录。

⑩ 回放脚本。

⑪ 使用日志的默认选项。

⑫ 查看测试日志。

⑬ 关闭测试日志。

⑭ 在测试透视图中，确认脚本 MSG_OrderNewHaydnViolin_01 在 Java 编辑器中打开。

⑮ 展开脚本开始行的“import resources”。注意 Java 语言中大小写字母含义不同，在最后插入下面的新行“import javax. swing. JOptionPane;”，插入后的结果如图 7-59 所示。

```
import resources.MSG_OrderNewHay

import com.rational.test.ft.*;
import com.rational.test.ft.obje
import com.rational.test.ft.scri
import com.rational.test.ft.valu
import com.rational.test.ft.vp.*
import javax.swing.JOptionPane;
```

图 7-59　插入新的语句

⑯ 在 startApp 行插入下面的注释，如图 7-60 所示。

```
//This adds a message about the application starting.
```

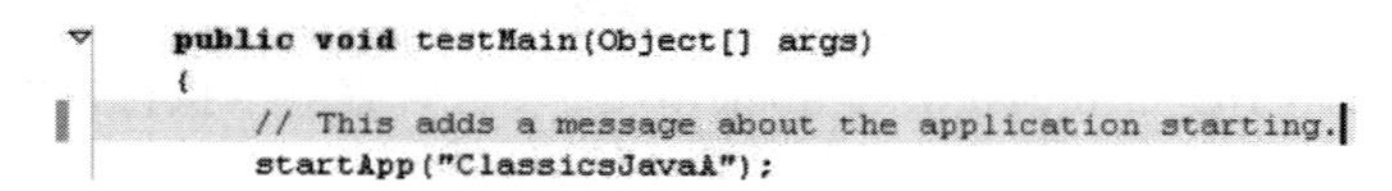

图 7-60　插入注释

⑰ 在注释行结束插入下面的代码，确认代码准确。

```
JOptionPane.showMessageDialog(null,"The application will start next.", "Information", JOptionPane.INFORMATION_MESSAGE);
```

⑱ 在验证点所在行前插入一个空行并输入下面的文字：

```
// This checks the total order amount.
```

⑲ 在验证点所在行后插入注释：

```
//This adds a message indicating that the order is about to be placed.
```

⑳ 在注释后面插入：

```
JOptionPane.showMessageDialog(null,"The order is placed next.", "Order Message", JOptionPane.INFORMATION_MESSAGE);
```

㉑ 回放脚本。

㉒ 接受日志默认选项，覆盖现有日志。

㉓ 单击消息框中的“确认”（可能需要按一下记录监视器或按 Alt ＋ Tab 键来让消息框在前面）。这是启动应用程序前创建的消息显示框。

㉔ 单击订单消息框中的“OK”(可能需要按一下记录监视器或按 Alt + Tab 键来让消息框在前面)。

㉕ 关闭测试日志。

㉖ 关闭脚本 MSG_OrderNewHaydnViolin_01。

2. 覆盖首选项设置

覆盖首选项设置的基本步骤如下。

① 单击“帮助→Functional Test API 引用”。

② 展开“API 引用”。

③ 单击“com. rational. test. ft. script”,如图 7-61 所示。

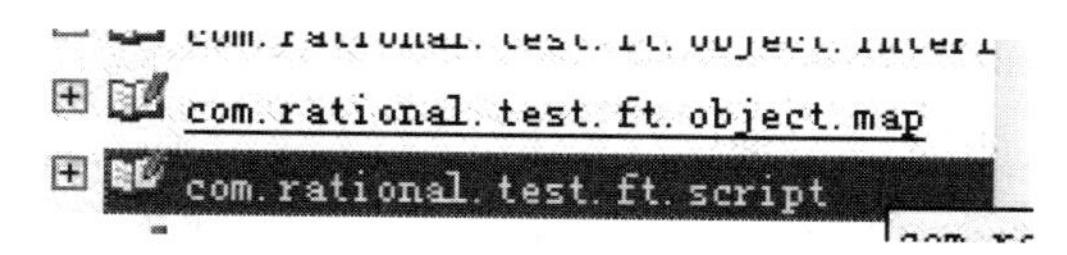

图 7-61 单击指定代码

④ 单击右侧窗口中的“IOptionName”,如图 7-62 所示。

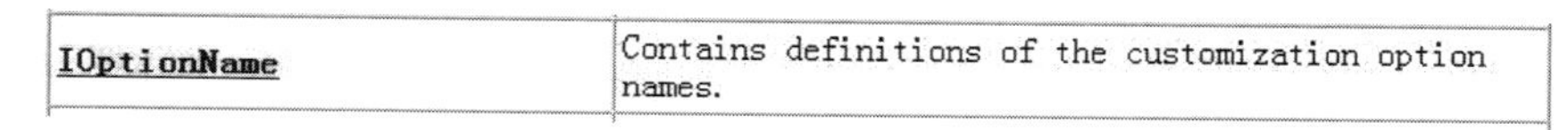

IOptionName	Contains definitions of the customization option names.

图 7-62 IOptionName 的解释

⑤ 滚动 Field Summary 摘要,查看可定制的选项。这里要用 BRING_UP_LOGVIEWER 和 TIME_MULTIPLIER。

⑥ 关闭帮助窗口。

⑦ 在 Functional Test 透视图中,记录一个脚本 PREF_OrderNewHaydnS94_01。

⑧ 启动 ClassicsJavaA 应用程序。

⑨ 展开 Haydn,单击“Symphonies Nos. 94&98”。

⑩ 单击“Place Order”按钮。

⑪ 以用户名“Susan Flontly”登录。注意,不输入 password。

⑫ 回到 ClassicsCD 应用程序,执行以下操作。

a) 在“Card Number”中输入 5555 5555 5555 5555。

b) 在“Expiration Date”中输入 12/23。

⑬ 为 total 添加一个数据验证点。验证点可命名为 TotalOrderAmount。

⑭ 下订单,确认此消息,关闭应用程序,并停止记录。

⑮ 回放脚本。

⑯ 使用日志的默认选项。

⑰ 查看测试日志。

⑱ 关闭测试日志。

⑲ 在 startApp 行插入“setOption(IOptionName.”,使光标在行开头或行结束并按下 Enter 键添加新行。

⑳ 尾括号自动插入,并弹出代码提示列表。向下滚动选项(或键入第一个字母或前两个),并双击 TIME_MULTIPLIER。如果该列表没有自动出现,则可以把光标放置在文本的

末尾处，然后同时按住 Ctrl 键和空格键，如图 7-63 所示。

图 7-63 弹出代码提示列表

㉑ 本行以“,10.0);”结尾，确保新的时间值包含一个小数点。

㉒ 在新加的 SetOption 行前后各添加代码，分别显示当前和最新的时间倍数值。完整代码如图 7-64 所示。

```
startApp("ClassicsJavaA");

System.out.println("Current time multiplier = "+
getOption(IOptionName.TIME_MULTIPLIER));

setOption(IOptionName.TIME_MULTIPLIER,10.0);

System.out.println("New time multiplier = "+
getOption(IOptionName.TIME_MULTIPLIER));
```

图 7-64 完整代码

㉓ 转到输入日期行之前，复位控制台窗口时间倍数为默认值。在控制台窗口输出默认值。

㉔ 这部分脚本如下：

```
resetOption(IOptionName.TIME_MULTIPLIER);
System.out.println("Reset time multiplier to default = " + getOption(IOptionName.TIME_
MULTIPLIER));
placeAnOrder().inputKeys("{ExtHome} + {ExtEnd}{ExtDelete}12/23");
```

㉕ 回放脚本，并接受日志的默认设置，覆盖现有日志。

㉖ 查看测试日志，然后关闭。

㉗ 在控制台视图中，查看脚本信息，如图 7-65 所示。

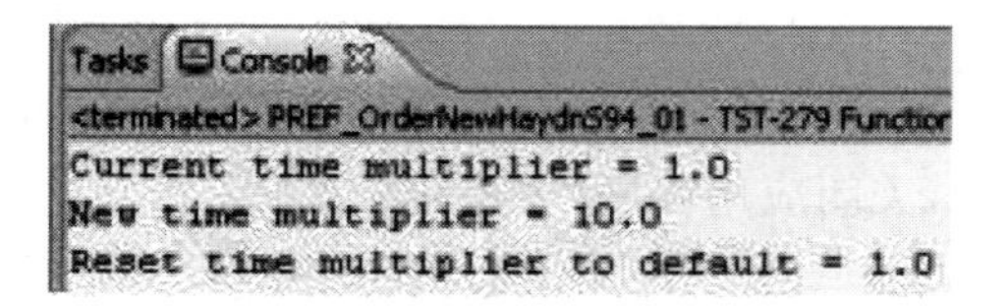

图 7-65 脚本信息

㉘ 关闭脚本 PREF_OrderNewHaydnS94_01。

3. 处理一个意外活动窗口

假设刚刚开始测试，便出现一个意外活动窗口，如图 7-66 所示，下面介绍如何处理这种情况。

处理一个意外活动窗口的基本步骤如下。

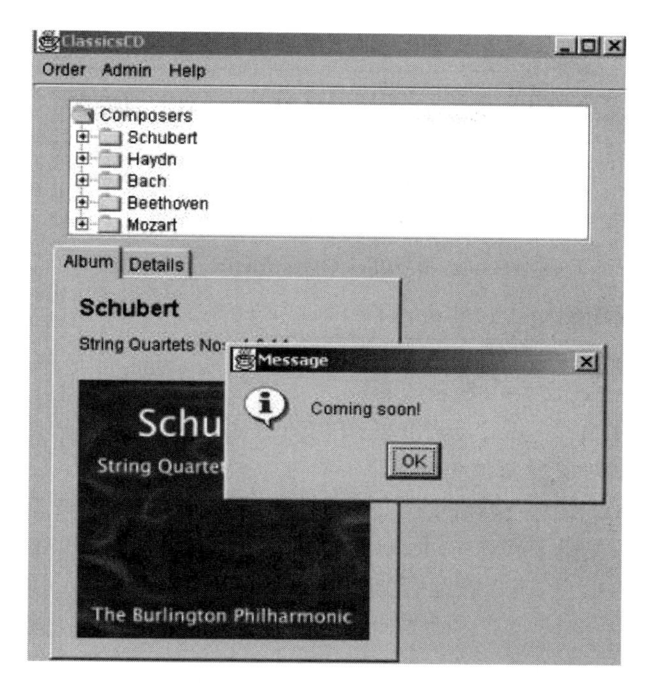

图 7-66 意外出现的对话框

① 运行脚本 UAW_OrderNewMozartS34_01，其中有一个意外活动窗口保持在屏幕上。

② 接受日志的默认值，可能需要一两分钟才能完成并显示日志。

③ 检查日志中回放失败部分的内容。因为消息窗口激活所以展开树形的操作无法执行，需编辑脚本来处理这种情况。

④ 关闭测试日志。

⑤ 单击“OK”关闭消息框，然后关闭 ClassicsCD 应用程序。有时，消息框隐藏在 ClassicsCD 主窗口后面。可能需要使用 Windows 任务管理器结束 ClassicsCD 应用程序。

⑥ 在 Functional Test 透视图中，确定脚本 UAW_OrderNewMozartS34_01 是打开状态。

⑦ 单击“帮助→Functional Test API 引用”。

⑧ 展开 API 引用。

⑨ 单击“com. rational. test. ft. script”，如图 7-67 所示。

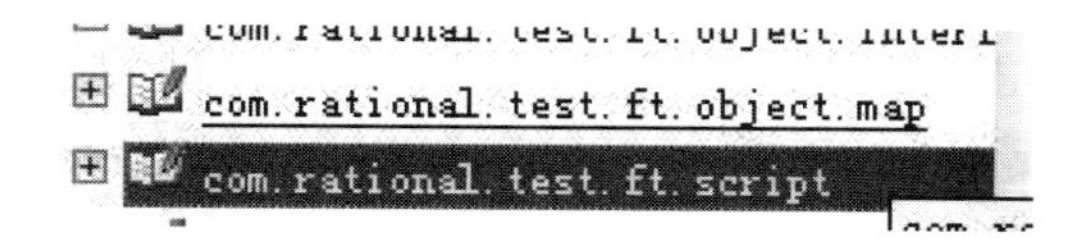

图 7-67 单击对应代码

⑩ 在 Class Summary 后向下滚动，单击“RationalTestScript”，如图 7-68 所示。

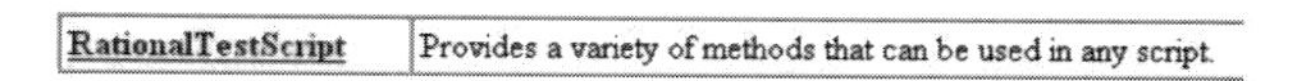

RationalTestScript	Provides a variety of methods that can be used in any script.

图 7-68 选择 RationalTestScript

⑪ 在 Method Summary 中向下滚动，单击“onTestObjectMethodException”，如图 7-69 所示。

⑫ 在 Specified by 下面，单击“onTestObjectMethodException”链接，可以使用从 API 引

用中复制的代码。

void	**onTestObjectMethodException** (ITestObjectMethodState testObjectMethodState, TestObject testObject) Called by the ObjectManager when it is invoking a method on a TestObject and an exception is thrown from the method.

图 7-69　选中 onTestObjectMethodException

⑬ 使用浏览器,导航到 C:\Training-TST279 文件夹。

⑭ 打开 UAW_code. txt 文件。

⑮ 从 UAW_code. txt 文件中复制所有行。

⑯ 返回到脚本 UAW_OrderNewMozartS34_01,并在脚本最后一个括号“}”上面插入空行。在这粘贴处理测试对象异常的方法。

⑰ 将 UAW_code. txt 中的代码粘贴在 UAW_OrderNewMozartS34_01 脚本中添加的空行处。

⑱ 关闭帮助窗口,关闭 UAW_code. txt 文件,然后运行脚本。现在可以处理意外的活动窗口。接受默认的日志信息,确保在运行脚本之前 SharedMap. rftmap 关闭。

⑲ 关闭测试日志。

⑳ 关闭脚本 UAW_OrderNewMozartS34_01。

4. 创建 Java 帮助类,并放入意外活动窗口代码

创建 Java 帮助类,并放入意外活动窗口代码的基本步骤如下。

① 在 Functional Test 项目视图中,右击 Training-TST279 项目。

② 单击“添加测试”文件夹。

③ 在创建测试文件夹页面,输入文件夹名 superScripts,然后单击“完成”。

④ 单击“新建”按钮,如图 7-70 所示。

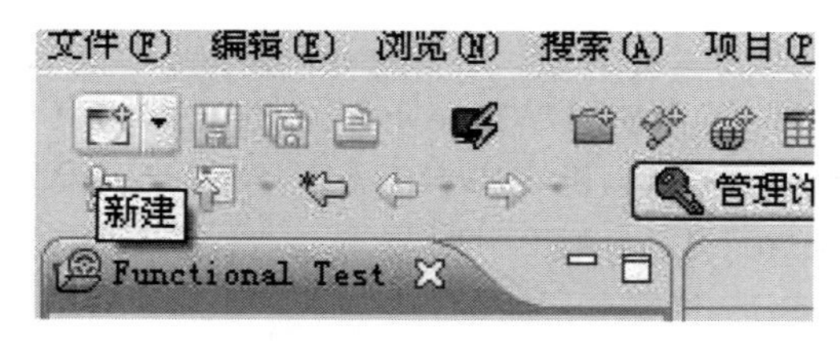

图 7-70　单击“新建”按钮

⑤ 展开 Java 选项,单击“类”,并单击“下一步”。Java 类对话框如图 7-71 所示。

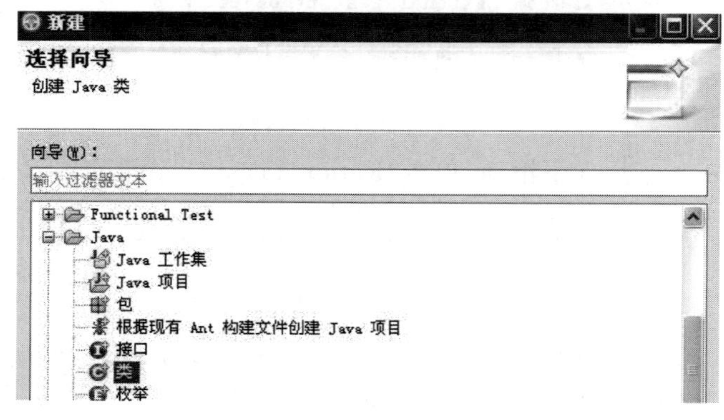

图 7-71　创建 Java 类

⑥ 在名称输入框，输入 UAW。

⑦ 选择“抽象”复选框。

⑧ 清空“继承的抽象方法”前的复选框，如图 7-72 所示。

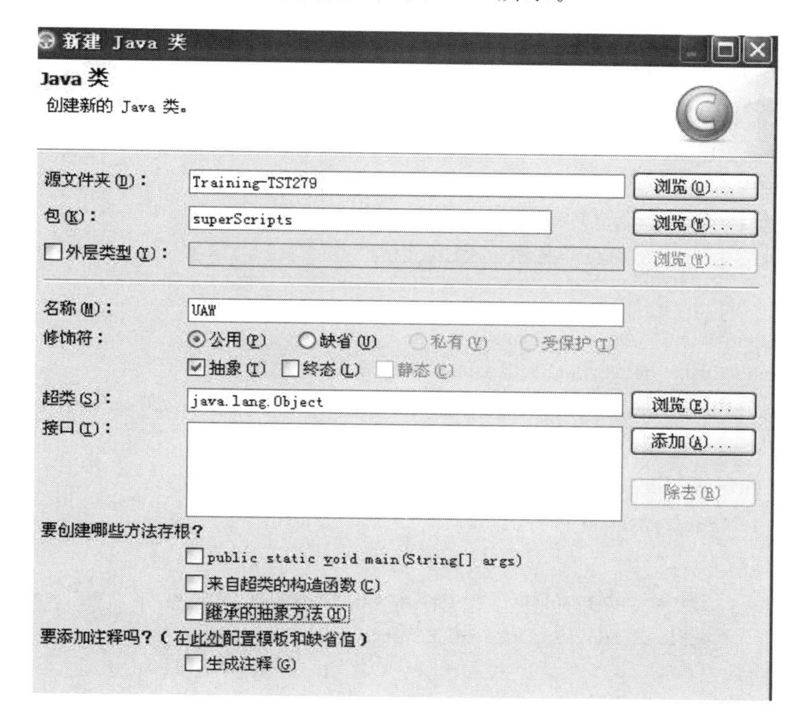

图 7-72　设置类的属性

⑨ 单击“完成”。新建的 Java 帮助类 UAW.java 在脚本视图打开。

⑩ 在 UAW 帮助类的 package 行的后面加入代码：

```
import com.rational.test.ft.object.interfaces.*;
import com.rational.test.ft.script.*;
```

加入后的效果如图 7-73 所示。

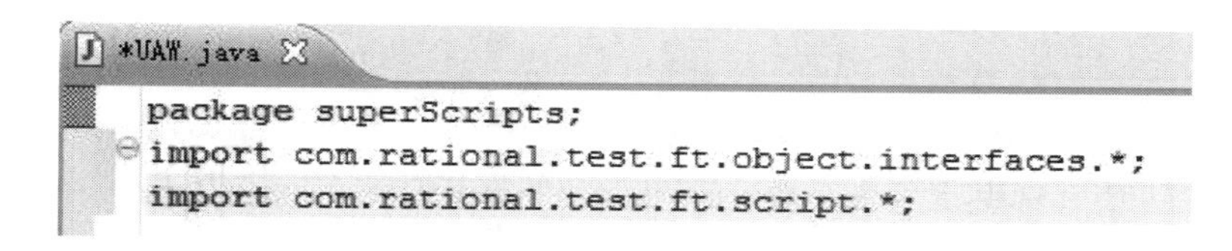

图 7-73　加入所需代码

⑪ 将光标定位在最后一行的“public abstract class UAW ”与“{”之间。

⑫ 输入 extends RationalTestScript。

⑬ 按 Enter 键。结果如下：

```
public abstract class UAW extends RationalTestScript{
```

⑭ 将光标移动到“{”后面的空白行。

⑮ 打开脚本 UAW_OrderNewMozartS34_01，复制处理意外活动窗口的全部代码。选择以 public void onTestObjectMethod Exception 开始的代码，到倒数第 2 行结束，包括“}”。

⑯ 将复制的代码粘贴到 UAW 帮助类中，如下所示：

```
package superScripts;
import com.rational.test.ft.object.interfaces.*;
import com.rational.test.ft.script.*;

public abstract class UAW extends RationalTestScript
{
    public void
onTestObjectMethodException(ITestObjectMethodState
testObjectMethodState, TestObject foundObject)
    {
        if (
testObjectMethodState.getThrowableClassName().equals(
"com.rational.test.ft.WindowActivateFailedException") )
        {
            IWindow activeWindow = getScreen().getActiveWindow();
            if (activeWindow != null)
            {
                System.out.println("Unexpected active window caption = " + activeWindow.getText());
                activeWindow.inputKeys("Enter{Enter}");

                testObjectMethodState.findObjectAgain();
            }
            else
                super.onTestObjectMethodException(testObjectMethodState, foundObject);
        }
        else
            super.onTestObjectMethodException(testObjectMethodState, foundObject);
    }
}
```

扫描二维码，可查看“uaw 帮助类.java”的电子版代码。

uaw 帮助类.java

⑰ 在项目视图中，右击脚本 UAW_OrderNewMozartS34_01，然后单击“属性”。

⑱ 单击“Functional Test”脚本。

⑲ 在“帮助程序超类”中输入 superScripts.UAW，单击“确定”，如图 7-74 所示。

⑳ 在脚本视图中关闭 UAW.java 并保存修改。

㉑ 在 UAW_OrderNewMozartS34_01 脚本中，选中复制的文本，单击“源代码→切换注释”。

㉒ 再次运行脚本 UAW_OrderNewMozartS34_01，接受默认的日志项设置。

㉓ 关闭测试日志。

㉔ 关闭脚本 UAW_OrderNewMozartS34_01。

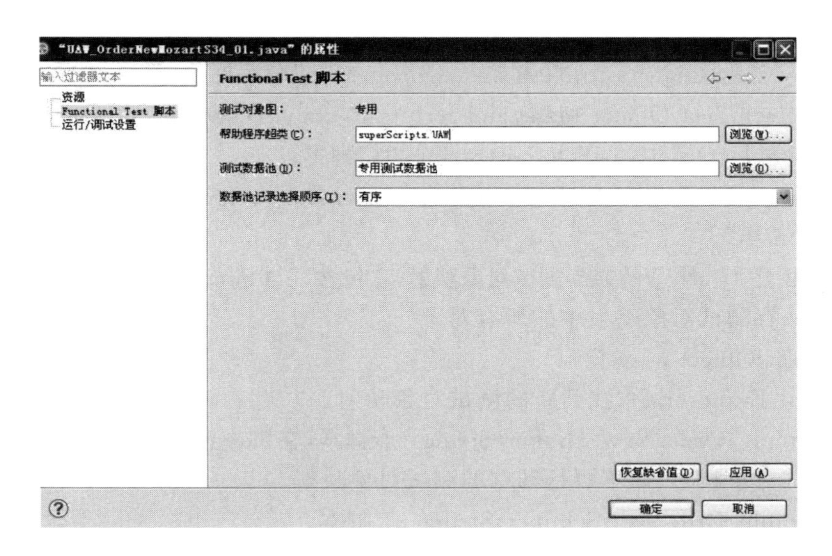

图 7-74　设置"帮助程序超类"

7.8　使用测试对象映射

IBM Rational Functional Tester 测试对象映射是一个对测试中的应用程序的测试对象描述的集合,测试对象映射可以是专用的(只与一个脚本相关联),也可以是共享的(多个脚本共享)。

本节将执行以下任务：

- 显示测试对象映射；
- 创建并使用共享测试对象映射；
- 修改测试对象映射。

1. 显示测试对象映射

显示测试对象映射的基本步骤如下。

① 在 Functional Test Projects View 中,双击打开 SharedMap 测试对象映射。

② 在 Test Object Hierarchy 窗格中,通过单击"＋signs"扩展所有测试对象,这些是在记录期间访问的测试对象。

③ 单击"Preferences",如果"Clear State On Close"已被选中,则单击清除它。

④ 关闭 Test Object Map 窗口。

2. 创建并使用共享测试对象映射

创建并使用共享测试对象映射的基本步骤如下。

① 通过两种方式之一,创建一个新的测试对象映射:在菜单栏,单击"File→New→Test Object Map"或在工具栏中单击"Create a Test Object Map"按钮。

② 在"Create New Test Object Map"对话框中：

a) 选择文件夹/Training-TST279；

b) 输入映射名字 SimpleMap；

c) 选择"Set this Test Object Map as default choice for new scripts"选项；

d）单击“Next”。

③ 在“Copy Test Objects to New Test Object Map”对话框中：

a）单击“Select Test Object Maps and scripts to copy Test Objects from”选项；

b）单击“Simple_OrderNewSchubertString_01”脚本；

c）选中“Connect selected XDE Tester scripts with new Test Object Map”复选框；

d）单击“Finish”。

至此，已经创建了一个新的共享测试对象映射，它包含了与 Simple_OrderNewSchubertString_01 脚本相关联的私有测试对象映射中的所有对象。

④ 关闭 Test Object Map 窗口。

⑤ 在 Script Explorer 中，找到新的测试对象映射。

⑥ 打开 Simple_OrderNewSchubertString_01 脚本，在脚本浏览器中，注意现在关联的是 SimpleMap 测试对象映射，而不再是私有的测试对象映射。

⑦ 关闭 Simple_OrderNewSchubertString_01 脚本。

⑧ 记录一个新脚本：

a）将脚本命名为 Simple_OrderNewSchubertS5_01；

b）不要选中“Add the script to Source Control box”；

c）单击“Next”。

单击“Next”打开“Select Script Assets”对话框，可以确定想与脚本关联的对象映射。

⑨ 在“Select Script Assets”对话框中：

a）浏览并选择 SimpleMap. rftmap 测试对象映射；

b）在“Set as test asset default for new scripts in this project”中，选中“Test Object Map”复选框，如图 7-75 所示；

c）单击“Finish”。

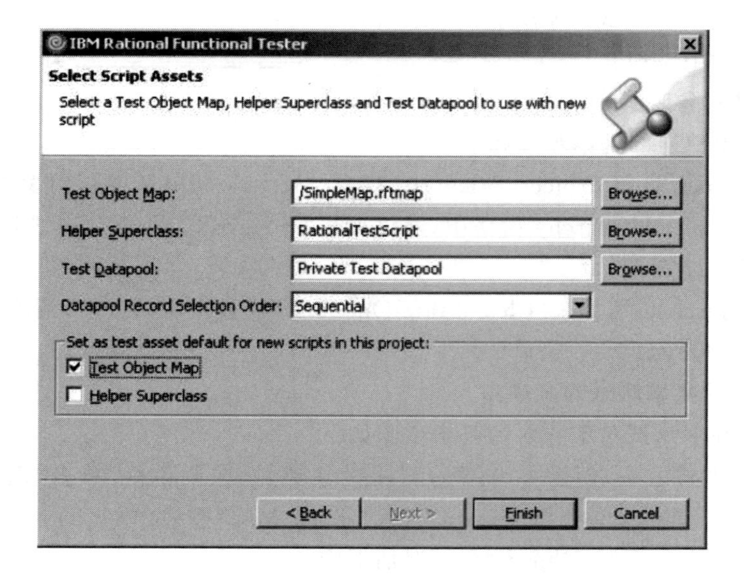

图 7-75　选取测试对象映射

新的测试对象映射将与这个脚本关联，还保证了 SimpleMap 对于新的脚本来说是默认的测试对象映射。

⑩ 在记录监视器中启动应用程序 ClassicsJavaA。

⑪ 执行下列操作：

a）展开 Schubert 菜单；

b）单击"Symphonies Nos. 5&9"；

c）单击"Place Order"；

d）接受默认的登录用户，单击"OK"；

e）在"Card Number"中输入 1234 1234 1234 1234；

f）在"Expiration Date"中输入 12/23。

⑫ 新建数据验证点，检验订购总量。

⑬ 提交订单，确认订单，关闭应用程序，停止记录。

⑭ 可以看到，SimpleMap 测试对象映射同时出现在项目视图和脚本浏览器中。之所以出现在项目视图中，是因为它是一个共享测试对象映射，是被单独创建出来的，而不是在创建脚本过程中的一部分；它出现在脚本浏览器中，因为它关联着在脚本视图中的当前活动脚本。

⑮ 关闭 Simple_OrderNewSchubertS5_01 脚本。

⑯ 利用 SimpleMap 测试对象映射创建另一个简单脚本，名为 Simple_TCViewOrder_01，利用这个脚本证明映射的共享。

⑰ 在记录监视器中，启动 ClassicsJavaA 应用程序。

⑱ 执行下列操作：

a）在菜单中，单击"Order"；

b）单击"View Existing Order Status"，如图 7-76 所示；

c）在登录对话框中单击"OK"。

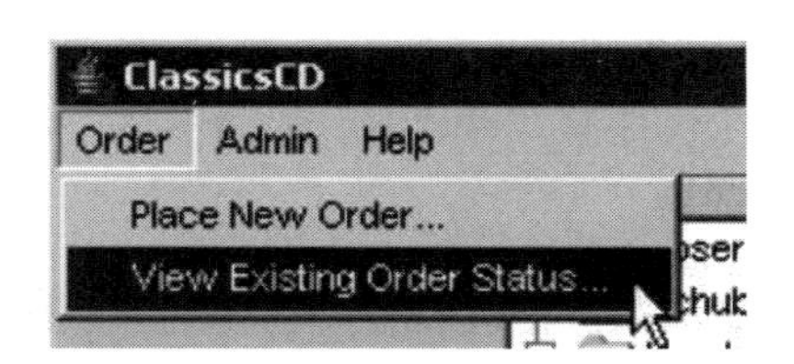

图 7-76　查看已有订单状态

⑲ 创建两个数据验证点，检查"Cancel Selected Order"和"Close"按钮中的文本，如图 7-77 所示。

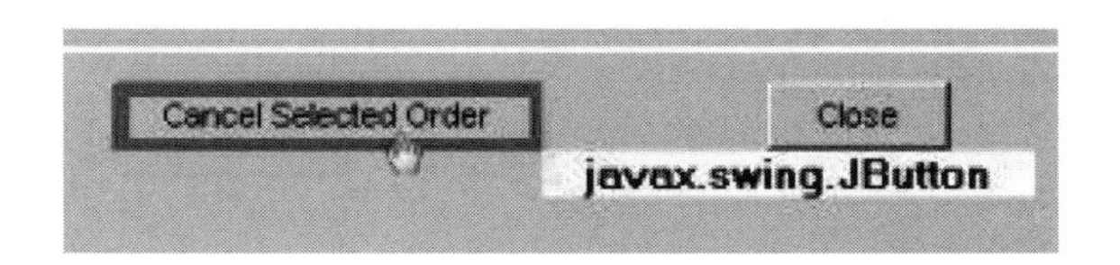

图 7-77　记录数据验证点

⑳ 在 View Existing Orders 中单击"Close"按钮，关闭应用程序，停止记录。同时关闭对象映射 Help page。

㉑ 关闭 Test Object Map 窗口。

㉒ 注意 Simple_TCViewOrder_01 脚本已经与 SimpleMap 测试对象映射相关联。

㉓ 打开 SimpleMap 测试对象映射，如图 7-78 所示。展开所有对象（审查后不要关闭映

射)。注意新对象已被列出,Simple_TCViewOrder_01 脚本添加了测试对象到映射中。

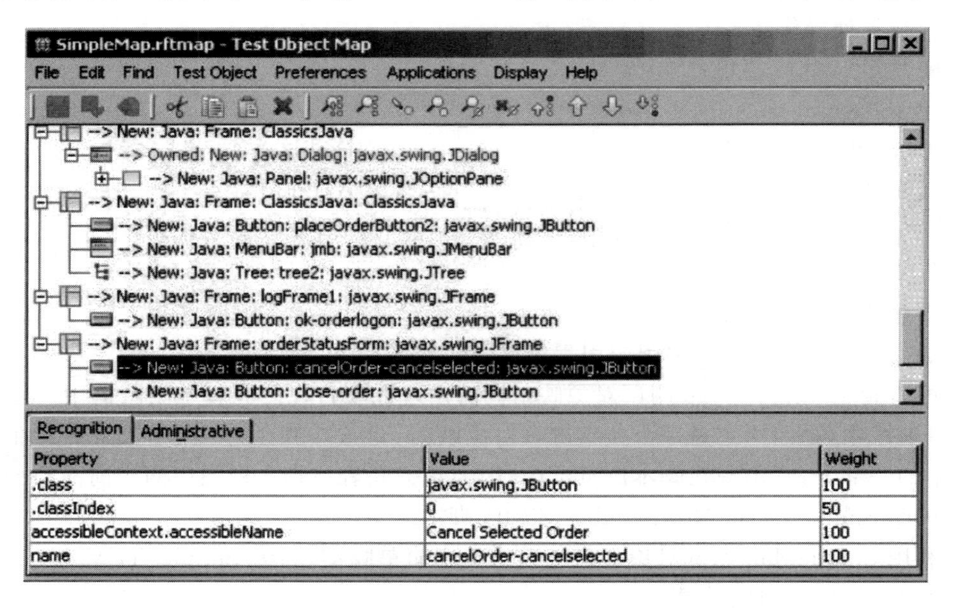

图 7-78　打开测试对象映射

3. 修改测试对象映射

这部分将用不同的方法改变共享的测试对象映射,并证明两个与此映射相关联的脚本均可以识别其变化。

修改测试对象映射的基本步骤如下。

① 在 SimpleMap 这个测试对象映射窗口,可以看到,所有测试对象都被标记为 New,并以蓝色列出。右击顶层对象并在快捷菜单中单击“Accept Node”,发现测试对象变为黑色,并不再被标记为 New,如图 7-79 所示。

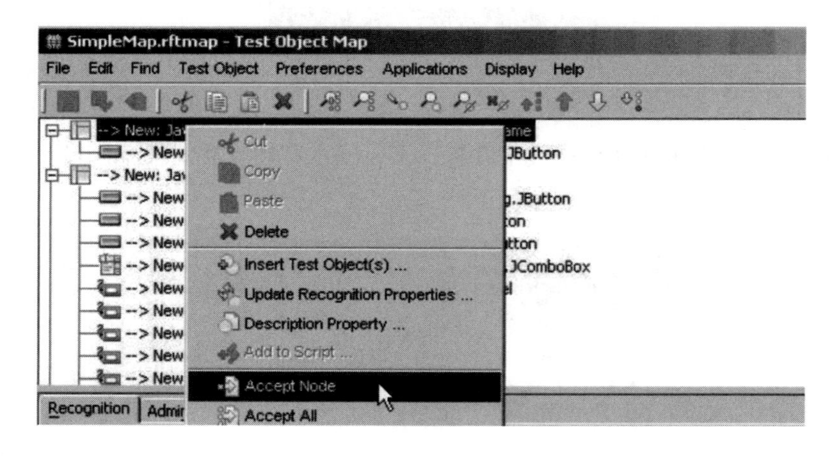

图 7-79　所有测试对象

② 单击“+signs”展开所有对象。

③ 在 Frame 下的 orderForm 中,选择顶层对象 javax. swing. Jframe 并找到测试对象 cardNumberField,选中,如图 7-80 所示。

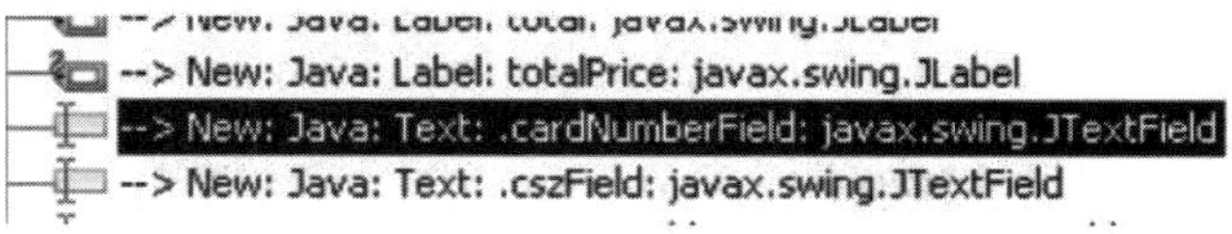

--> New: Java: Label: totalPrice: javax.swing.JLabel
--> New: Java: Text: .cardNumberField: javax.swing.JTextField
--> New: Java: Text: .cszField: javax.swing.JTextField

图 7-80　选中测试对象

④ 在 Recognition 标签中，找到这个测试对象的 name 属性，双击关联的值域，将值改变为.creditCardNumberField，如图 7-81 所示。

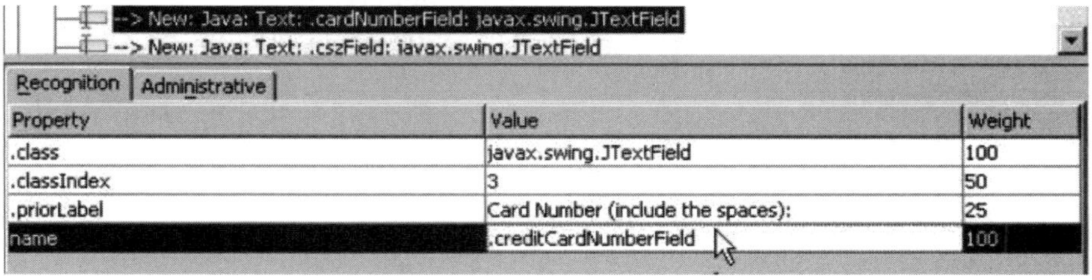

--> New: Java: Text: .cardNumberField: javax.swing.JTextField
--> New: Java: Text: .cszField: javax.swing.JTextField
Recognition
Administrative
Property
Value
Weight
.class
javax.swing.JTextField
100
.classIndex
3
50
.priorLabel
Card Number (include the spaces):
25
name
.creditCardNumberField
100

图 7-81　更改属性值

⑤ 选择"File→Save"，保存更改。

⑥ 右击任一个对象，再在快捷菜单中单击"Accept All"，如图 7-82 所示。

SimpleMap.rftmap - Test Object Map
File
Edit
Find
Test Object
Preferences
Applications
Display
Help
--> New: Java: Label: relatedPr
--> New: Java: Label: shipLabe
--> New: Java: Label: shipPrice
--> New: Java: Label: street: j
--> New: Java: Label: subTotal
--> New: Java: Label: total: jav
--> New: Java: Label: totalPrice
--> New: Java: Text: .creditCa
--> New: Java: Text: .cszField:
Cut
Copy
Paste
Delete
Insert Test Object(s) ...
Update Recognition Properties ...
Description Property ...
Add to Script Simple_OrderNewSchubertS5_01 ...
Accept Node
Accept All
Highlight
Recognition
Administrative
Property
Weight
.class
100
.classIndex
50
accessibleContext.accessibleName
100
name
relatedLabel
100

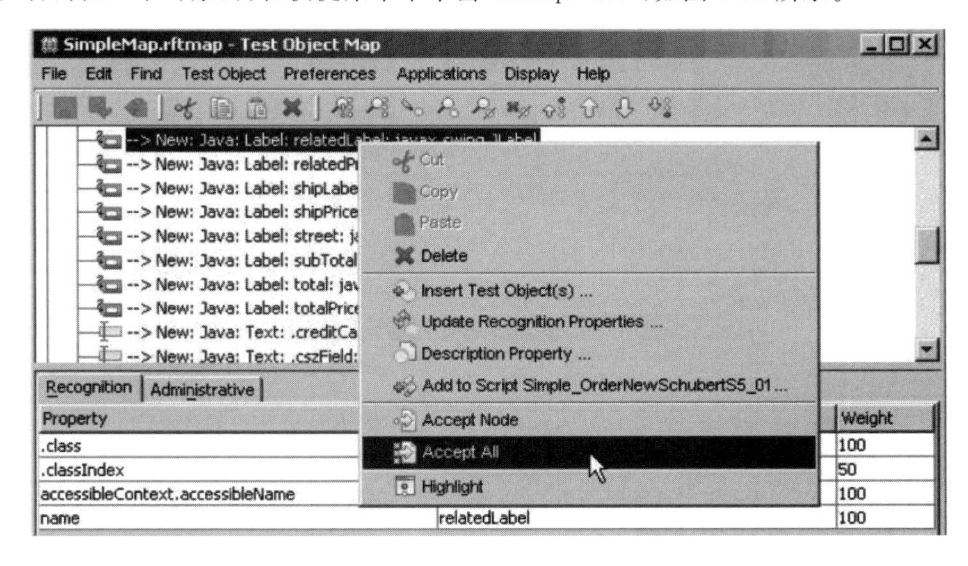

图 7-82　接受全部更新

⑦ 滚动至 ClassicsJava：ClassicsJava，右击它下面的"placeOrderButton2"按钮，再单击快捷菜单中的"Description Property"，可输入一些关于对象的描述性信息，如图 7-83 所示。

⑧ 在"Set Description Property"对话框，输入一些文本，例如输入 This is the Place Order button on the main screen when the application starts，单击"OK"，如图 7-84 所示。

⑨ 单击"Administrative"标签，验证描述属性信息是否已经添加到对象上，如图 7-85 所示。

⑩ 保存所做的改变，关闭测试对象映射。

⑪ 关闭 Simple_TCViewOrder_01 脚本。

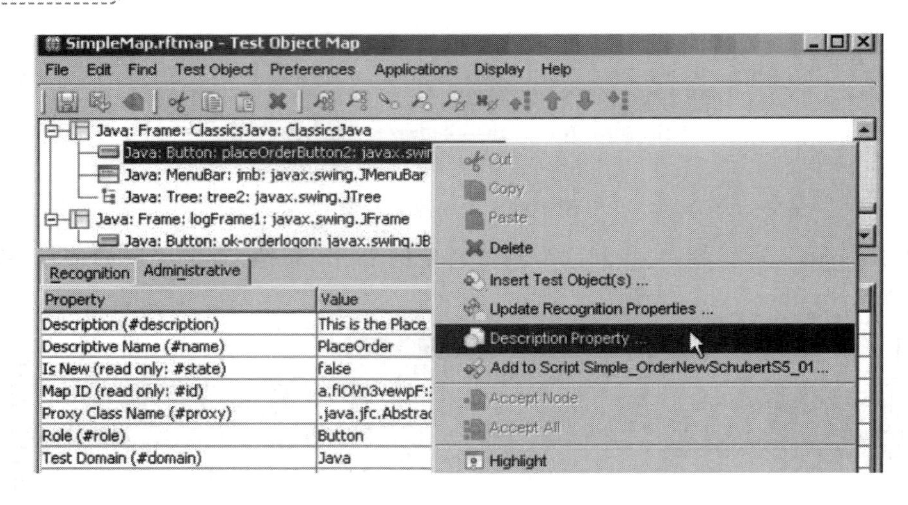

图 7-83　为某对象设置描述属性

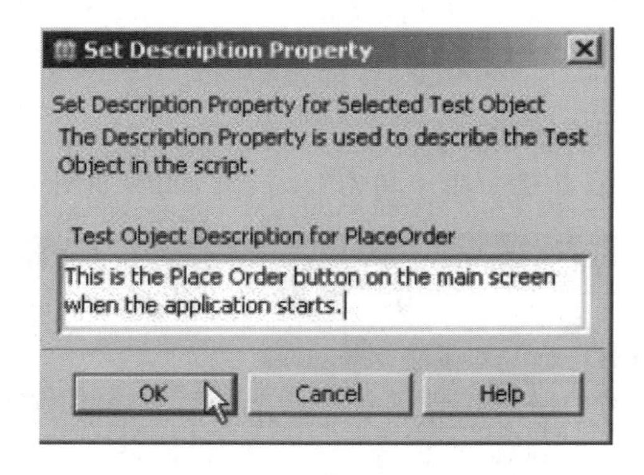

图 7-84　输入描述属性信息

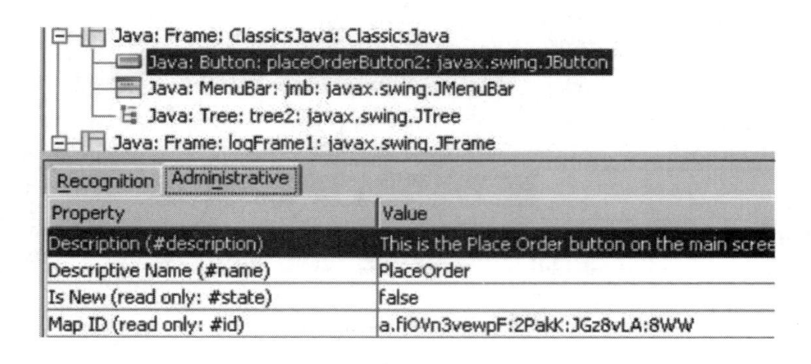

图 7-85　查看对象的管理属性

⑫ 打开 Simple_OrderNewSchubertS5_01 脚本。

⑬ 在 Script 浏览器中，双击“/SimpleMap. rftmap”打开 SimpleMap 测试对象映射。

⑭ 展开所有对象，找到已修改的对象，验证这个脚本是否可以识别出更改。例如，是否所有对象现在都已被接受？输入的 placeOrderButton2 的描述是否在 Administrative 标签出现？所有测试对象反映出已做的修改，共享测试对象映射名副其实。

⑮ 关闭 Test Object Map 窗口。

⑯ 关闭 Simple_OrderNewSchubertS5_01 脚本。

7.9 管理对象识别

即使当前被测应用程序已经被更新，管理对象识别也能够保证回放过程中成功地回放脚本。管理对象识别的任务如下：

➢ 设置识别分数阈值；
➢ 建立基于模式的识别。

1. 设定识别分数阈值

设定识别分数阈值的基本步骤如下。

① 回放 VP1_OrderNewBachViolin_01 脚本，日志命名为 DefaultScores。

② 回放结束后，查看测试日志。可以看到，脚本回放了用户对应用程序的所有操作。

③ 注意左边的 Failures 和 Warnings 窗格及右边窗格的详细内容。在 Warn 内容窗格中，objectFound 的数据表示 RememberPassword 对象存在问题，如图 7-86 所示。

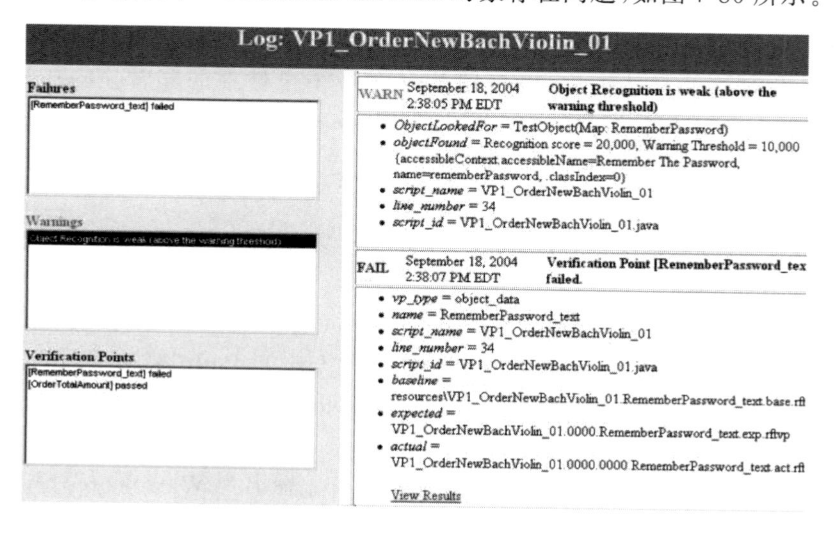

图 7-86 查看测试日志

④ 在 Fail 内容窗格中，单击"View Results"链接，打开验证点比较器。

⑤ 关闭比较器和日志。

⑥ 在 Rational Functional Tester 中，单击"Window→Preferences"。

⑦ 展开 Functional Test，再展开 Playback。

⑧ 单击"ScriptAssure(TM)"，显示标准 IBM ScriptAssure 设置，如图 7-87 所示。

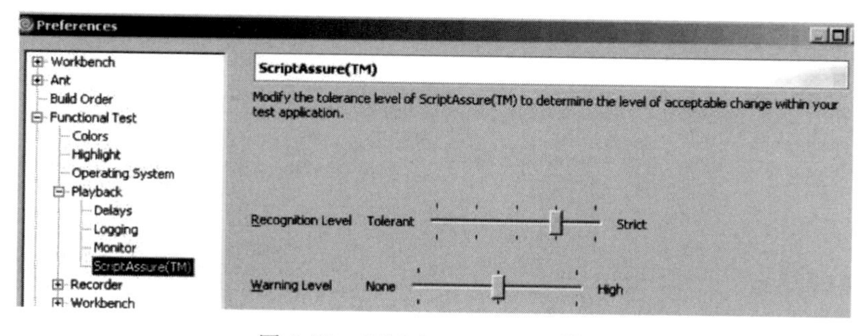

图 7-87 IBM ScriptAssure 设置

⑨ 单击“Advanced”,显示高级 ScriptAssure 设置。

⑩ 将“Use Default”复选框的选中状态取消,设置模糊识别分数阈值为 150,其他所有值为 0,如图 7-88 所示,单击“OK”。

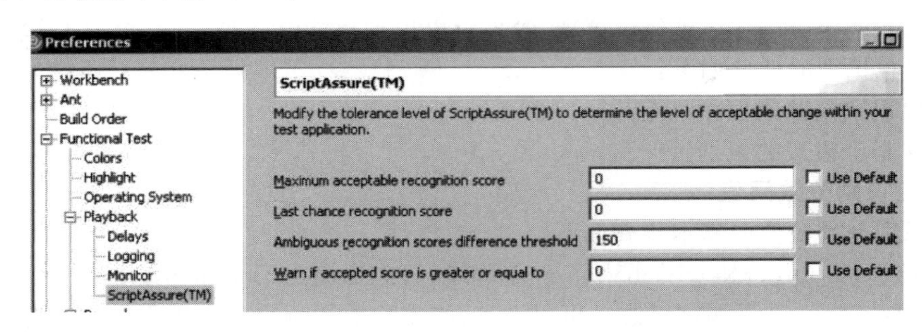

图 7-88 设置识别分数阈值

⑪ 回放 VP1_OrderNewBachViolin_01 脚本,日志命名为 ExactScores。

⑫ 回放结束后,查看测试日志。注意脚本没有回放对应应用程序的所有操作。

⑬ 检查 Fail 窗格的具体内容,发现回放存在一个未处理的异常。Rational Functional Tester 没有识别出应用程序中的 Remember the Password 对象。

⑭ 关闭测试日志。

⑮ 取消用户登录,关闭 ClassicsCD。

⑯ 在 Rational Functional Tester 中,单击“Window → Preferences”,显示标准 ScriptAssure 设置。

⑰ 单击按钮“Restore Defaults”。

⑱ 清除“如果接收分数大于则发出警告”旁边的“Use Default”复选框,设置值为 20000,单击“OK”。DefaultScores 日志表明 RememberPassword 对象的识别分数是 20000,而警告阈值默认是 10000。

⑲ 回放脚本 VP1_OrderNewBachViolin_01,将日志命名为 WarnScores。

⑳ 回放结束时,查看测试日志,发现没有警告,如图 7-89 所示。

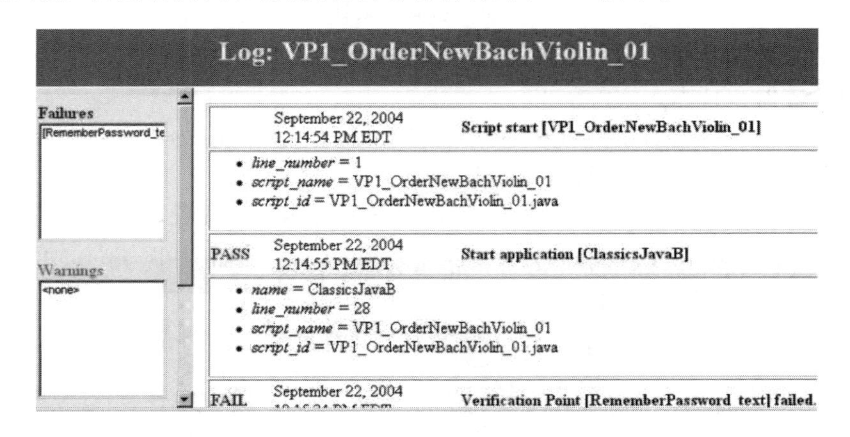

图 7-89 查看测试日志

㉑ 关闭测试日志。

㉒ 还原所有识别分数的默认值,一般默认值更常用。

2. 建立基于模式的识别

建立基于模式的识别的基本步骤如下。

① 双击“SharedMap”。

② 展开 Java:Frame:logFrame1:javax. swing. Jframe 对象。

③ 单击名为“checkRemember”的复选框，在下方 Recognition 标签的 Value 列可看到 Remember Password，如图 7-90 所示。

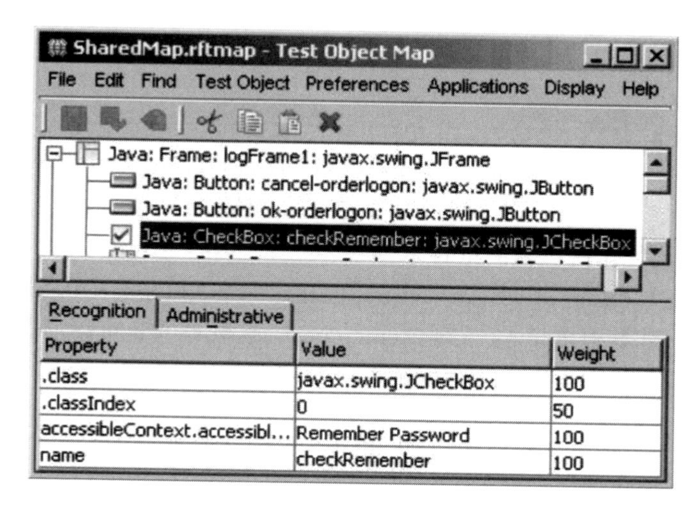

图 7-90　对象的识别属性和值

④ 右击“Remember Password”，单击快捷菜单中的“Convert Value to Regular Expression”，注意值现在变成由蓝色 xy 标记的正则表达式。

⑤ 双击 Remember Password 的值，在 Remember 和 Password 之间输入.*，如图 7-91 所示。

Value	Weight
javax.swing.JCheckBox	100
0	50
xy Remember.* Password	100
checkRemember	100

图 7-91　修改正则表达式

⑥ 关闭 Test Object Map 窗口，保存修改。

⑦ 回放脚本 VP1_OrderNewBachViolin_01，日志命名为 RE。

⑧ 回放结束时，查看测试日志，展开所有事件。因为使用了正则表达式，在默认识别分数设置下没有出现关于查找对象的警告，但是验证点捕获的数据与基线数据不同，所以仍然提示失败。

⑨ 单击 Fail 详细窗格底部的“View Results”链接，打开验证点比较器。

⑩ 单击“Replace Baseline with actual value”按钮，如图 7-92 所示。发现 Baseline Value 和 Actual Value 相同，如图 7-93 所示。

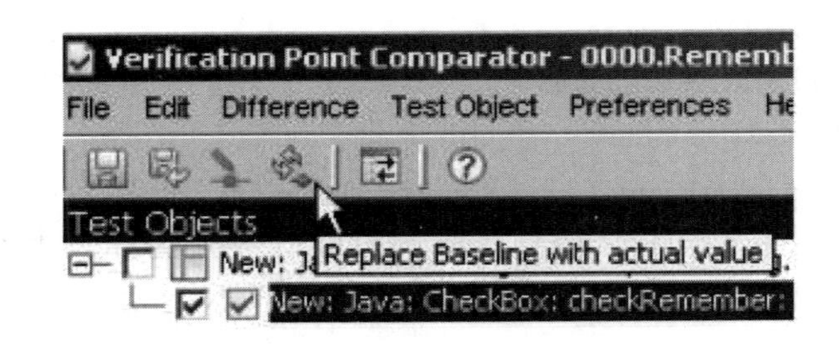

图 7-92　将基线替换为实际值

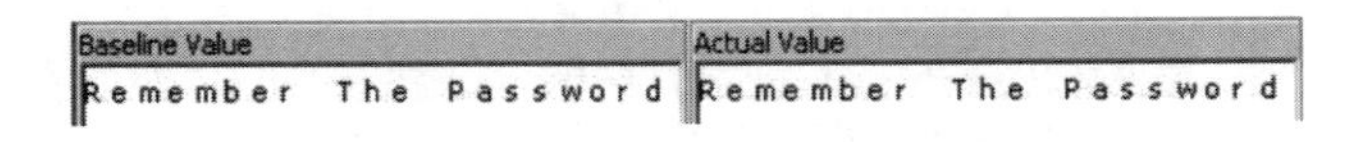

图 7-93　替换完成后二者值相同

⑪ 关闭验证点比较器窗口和测试日志。

⑫ 回放脚本 VP1_OrderNewBachViolin_01,日志命名为 UpdatedVP。

⑬ 回放结束时,查看测试日志,发现 RememberPassword VP 可以通过。

⑭ 关闭测试日志,关闭脚本 VP1_OrderNewBachViolin_01。

7.10　数据驱动的测试

1. 在 Rational Functional Tester 中创建数据驱动的测试

本部分将完成以下任务:

➢ 记录数据驱动的测试脚本;

➢ 改变一个验证点引用的文本为数据池变量;

➢ 编辑数据池中的数据;

➢ 运行数据驱动的测试脚本并查看结果。

(1) 记录功能测试脚本

记录功能测试脚本的基本步骤如下。

① 打开 Training-TST279 项目。

② 开始记录功能测试脚本,通过 ClassicsCD 下订单:

a) 将脚本命名为 OrderTotal,然后单击"下一步";

b) 接受所有默认设置,单击"完成"。

③ 在记录工具栏上单击"启动应用程序"按钮,选择 ClassicsJavaA-java,然后单击"确定"。ClassicsCD 打开。

④ 展开 Schubert 文件夹,单击"String Quartets Nos. 4 & 14",然后单击"Place Order"。

⑤ 接受默认设置,单击"OK"关闭会员登录窗口,将订单窗口打开。

⑥ 在记录工具栏上,单击"插入数据驱动命令"按钮。测试脚本记录暂停,插入数据驱动动作窗口打开。

⑦ 在 ClassicsCD 的 Place an Order 窗口中输入 Card Number 和 Expiration Date。因记录暂停,所以这些动作没有记录。但当捕获对象时,这些文本值随后由变量代换。

⑧ 在插入数据驱动动作窗口中拖动对象查找器,选取整个 Place an Order 窗口,然后释放

鼠标。红色轮廓线指示所选对象，释放鼠标时，数据驱动动作窗口重新打开，所选的对象信息会显示在数据驱动的命令表中。

（2）给数据添加描述变量名

给数据添加描述变量名的基本步骤如下。

① 根据需要调整窗口。在数据驱动的命令表中，在变量列的第1行，双击“Item”选中。Item是变量标题下面第1个描述性名称，第1行被选中。

② 在单元格中输入Composer。

③ 双击Composer下面的单元格，输入Item。

④ 重复步骤③，为每个变量列输入值。使用下面的描述性名称完善变量列：

Variable；Composer；Item；Quantity；CardNum；CardType；ExpDate；Name；Street；CityStateZip；Phone。

提示：变量名中不要有空格。

⑤ 单击“确定”。插入数据驱动动作窗口关闭，脚本记录继续。

（3）插入数据池引用验证点

插入数据池引用验证点的基本步骤如下。

① 在记录工具栏上，单击“插入验证点或行为命令”按钮，验证点行动向导打开。

② 在“选择对象”页面，单击鼠标并拖动对象查找器到订单窗口的＄19.99上，然后释放鼠标。红色轮廓线指示被选对象，选中Total对象，释放鼠标。

③ 单击“执行数据验证点”，然后单击“下一步”。

④ 单击“下一步”。

⑤ 在验证点数据页面的工具栏上，单击“将值转换为数据池引用”。“数据池引用转换”对话框打开，可以将记录为基线的文本值转换为数据池变量。

⑥ 在“数据池变量”框中，输入Total作为数据池中的新变量名。

⑦ 选中“将值添加到数据池中的新记录”复选框，将添加Total到已创建的数据池记录。

⑧ 单击“确定”关闭数据池引用转换器。

⑨ 单击“完成”。

⑩ 在ClassicsCD中单击“Place Order”，然后单击“确定”关闭消息框。

⑪ 关闭ClassicsCD。

⑫ 停止记录。在脚本编辑器中打开测试脚本，新的数据池列在脚本资源管理器中。

⑬ 关闭测试对象映射窗口。

（4）添加数据到数据池

添加数据到数据池的基本步骤如下。

① 在脚本浏览器中双击打开数据池，屏幕底部脚本编辑器下面显示数据池，查看已经存在的数据。

② 双击测试数据池的标题栏展开数据池编辑器。

③ 向数据池中添加空的记录，在第0行下面右击数据池编辑器，在快捷菜单中单击“添加记录”。

④ 添加第2个空行。

⑤ 将光标放在第0行第1个单元格，右击并单击“复制”。

⑥ 将光标放在第 1 行第 1 个单元格，右击并单击“粘贴”。如果提示，覆盖现有值。

⑦ 将光标放在第 2 行第 1 个单元格，右击并单击“粘贴”。如果提示，覆盖现有值。

⑧ 第 1 行将 Quantity 改为 2，Total 改为 \$38.98。注意可能需要将数据池滚动到右侧查看 total 列。

⑨ 第 2 行将 Quantity 改为 3，Total 改为 \$57.97。

⑩ 双击测试数据池的标题栏，使数据池编辑器恢复到停靠视图。

⑪ 关闭数据池编辑器并保存更改。

(5) 运行测试脚本并查看结果

运行测试脚本并查看结果的基本步骤如下。

① 运行 OrderTotal 测试脚本，打开选定的日志对话框。

② 将测试日志命名为 OrderTotal，然后单击“下一步”。

③ 数据池迭代次数设定为 3，然后单击“完成”。脚本运行 3 次，每次从不同的行或记录获取数据。

④ 脚本运行完成后，查看日志结果。

⑤ 关闭测试日志和测试脚本。

2. 导入数据池

本部分将完成以下任务：

➢ 导入并编辑外部数据池；

➢ 关联数据池与测试脚本；

➢ 将脚本文本值改为变量引用；

➢ 回放脚本；

➢ 检测导入的数据池。

(1) 导入一个外部数据池到 RFT 项目

导入一个外部数据池到 RFT 项目的基本步骤如下。

① 打开 Training-TST279 项目。

② 在主菜单中单击“文件→新建→测试数据池”。

③ 在创建测试数据池对话框中：

a) 接受默认位置；

b) 将数据池命名为 OrderTotalData；

c) 单击“下一步”。

④ 在“导入数据池”对话框中，浏览选择文件 C:\Training-TST279\ClassicsOrders.csv。

⑤ 接受其他默认值并单击“完成”。数据池被导入项目中，在项目目录中可见。

⑥ 检查数据确保正确导入数据池，应该有 7 行数据(从第 0 行到第 6 行)。

(2) 编辑变量名

编辑变量名的基本步骤如下。

① 在数据池编辑器的数据池变量行中，单击包含数字 1 的列标题，如图 7-94 所示，“编辑变量”对话框打开。

图 7-94　单击列标题

② 在名称输入框中删除 1，输入 Quantity，单击“OK”，如图 7-95 所示。

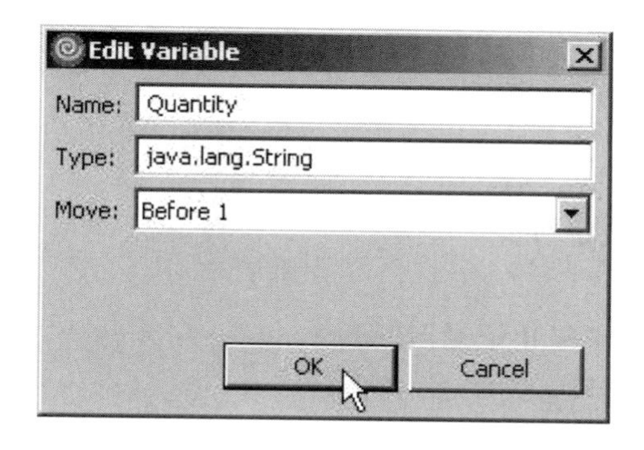

图 7-95　编辑变量对话框

③ 编辑列标题栏中其余的变量名，如图 7-96 所示。

a）把 2 改为 CreditCardNum。

b）把 3 改为 ExpDate。

c）把 4 改为 Total。

图 7-96　修改变量名

④ 保存数据池。

(3) 记录测试脚本

记录测试脚本的基本步骤如下。

① 记录一个新的测试脚本：

a）将脚本命名为 OrderTotal2；

b）接受默认位置，单击“下一步”；

c）在选择脚本资产页面中，接受所有默认设置，然后单击“完成”。

② 运行 ClassicsJavaA，记录开始：

a）在“记录”对话框中，单击“启动应用程序”按钮；

b）在应用程序列表中，选中 ClassicsJavaA-java，然后单击“确定”。

③ 在 ClassicsCD 中选择 Beethoven Symphony No. 9，然后单击“Place Order”，会员登录窗口打开。

④ 以用户名“Trent Culpito”登录(无密码)，单击“确定”。

⑤ 单击“Quantity”输入框，然后输入 1。

⑥ 在“Card Number”输入框中输入 1234 1234 1234 1234，并在“Expiration Date”输入框中输入 12/23。

⑦ 为总金额创建一个 Total 验证点：

a）在记录工具栏中，单击“插入验证点或操作命令”按钮；

b）拖动对象查找器到 $16. 99 处；

c）释放鼠标；

d）在“验证点和操作向导”对话框中，选中“执行数据验证点”，单击“下一步”；

e）将验证点命名为 Total；

f）单击“下一步”；

g）单击“完成”。

⑧ 完成订单，结束记录：

a）单击“Place Order”；

b）在消息框中，单击“确定”；

c）关闭 ClassicsCD；

d）在记录工具栏中单击“停止记录”按钮；

e）关闭测试对象映射窗口。

⑨ 回放脚本：

a）单击“运行 Functional Test 测试脚本”按钮；

b）接受默认日志名称，单击“完成”；

c）查看日志，然后关闭。

（4）关联数据池和测试脚本

关联数据池和测试脚本的基本步骤如下。

① 在项目视图中右击 OrderTotalData 数据池，在快捷菜单中单击“关联脚本”。

② 在“关联数据池与脚本”对话框中，展开 Training-TST279 项目节点，选中 OrderTotal2 脚本，单击“完成”。

③ 关闭数据池编辑器。

（5）更改验证点引用

更改验证点引用的基本步骤如下。

① 将验证点引用从文本更改为变量，在脚本浏览器中双击 Total 验证点打开验证点编辑器。

② 单击“Convert Value to Datapool Reference”按钮。

③ 在“数据池引用转换”对话框中，从数据池变量下拉列表中选择 Total，然后单击“确定”。

④ 保存更改，关闭验证点编辑器。

（6）将脚本中的文本值替换为变量

将脚本中的文本值替换为变量的基本步骤如下。

① 打开 OrderTotal2 脚本。

② 在脚本编辑器中，滚动找到脚本中设定数量的那一行：

```
placeAnOrder().InputKeys("{ExtHome} + {ExtEnd}{ExtDelete}1");
```

③ 立即复制这一行并粘贴到复制行下面的空白行。

④ 在第一个匹配行中，删除 1。

⑤ 单击“脚本→查找字面值并替换为数据池引用”。数据池文本替换窗口打开。

⑥ 在数据池文本替换窗口，确保“字面值类型”下全部选项被选中。

⑦ 多次单击“查找”，直到数量的文本“1”在文本框显示。

⑧ 在数据池变量框中，从下拉列表中选择 Quantity，单击“替换”。注意在脚本编辑器中 Quantity 文本值被变量 Quantity 替换。

⑨ 单击“查找”直到 credit card number 的文本值在文本框中显示。

⑩ 在数据池变量框中，下拉菜单选择 CreditCardNum，单击“替换”。注意在脚本编辑器中 credit card number 的文本值被变量 CreditCardNum 替换。

⑪ 在数据池文本替换窗口，单击“查找”直到 expiration date 的值在文本框中显示。

⑫ 在数据池变量框中，下拉列表选择 ExpDate，单击“替换”。注意在脚本编辑器中，expiration date 的值已经被变量 ExpDate 替换。

⑬ 单击“关闭”。现在，quantity、credit card number 和 expiration date 的值已经被脚本变量替换。

(7) 运行测试脚本并观察结果

运行测试脚本并观察结果的基本步骤如下。

① 运行测试脚本。

② 将脚本日志命名为 OrderTotal2_run002，单击“下一步”。

③ 数据池迭代计数选择 4，然后单击“完成”。脚本运行。它将运行 4 次，每次从数据池中不同的行获取数据。

④ 测试脚本结束后，在测试日志中查看结果。

⑤ 在测试日志中，滚动到第 1 个验证点的结果，单击“查看结果”。验证点应该显示失败，为什么？

⑥ 在验证点比较器中，单击“显示隐藏字符”按钮。注意在期望值列的 $ 16.99 后面有一个多余的空格。

⑦ 关闭验证点编辑器和测试日志。

⑧ 在项目视图中双击 OrderTotalData 数据池打开数据池编辑器。

⑨ 双击 Total 列中包含 $ 16.99 的单元格。删除 $ 16.99 后面多余的空格。检查列中的其他单元格，确定单元格中没有多余的空格。

⑩ 保存更改并关闭数据池编辑器。

⑪ 重新运行 OrderTotal2 脚本，迭代一次，查看日志结果。

⑫ 关闭全部脚本、日志和数据池。

3. 导出数据池

在这个实验中，将执行以下任务：

- 记录测试脚本时创建一个数据池；
- 编辑记录的验证点；
- 编辑数据池；
- 导入一个 CSV 文件到新的数据池中；
- 关联数据池和已有的测试脚本；
- 使用数据池变量修改记录的脚本。

(1) 记录脚本

记录脚本的基本步骤如下。

① 记录新的功能测试。通过以下步骤，Rational Functional Tester 的窗口将被最小化，“记录”对话框随时被打开。

a) 将脚本命名为 OrderTotal3_part1，单击“下一步”。

b) 在选择脚本资产页面中，接受所有默认设置，单击“完成”。

② 启动 ClassicsJavaA。此时，“启动应用程序”对话框被打开，ClassicsCD 窗口被打开。

a）在记录对话框中单击“启动应用程序”按钮。

b）在应用程序名称列表中，确保 ClassicsJavaA-java 被选中，单击“确定”。

③ 选择 Haydn Violin Concertos 的 CD，单击“Place Order”。要选择 Haydn Violin Concertos CD，需展开 Haydn 文件夹然后单击“Violin Concertos”。“会员登录”对话框打开。

④ 以用户名“Trent Culpito”登录，“Place an Order”对话框打开。

a）确保 Trent Culpito 在 Full Name 框中。

b）单击“确定”。

⑤ 在记录工具栏中，单击“插入数据驱动命令”按钮。记录暂停，“插入数据驱动操作”对话框打开。

⑥ 在“Place an Order”对话框中的“Card Number”处输入 1234 1234 1234 1234。

⑦ 在“Expiration Date”处输入 12/23。

⑧ 在插入数据驱动操作窗口中拖动对象查找器，选取整个 Place an Order 窗口，然后释放鼠标，红色轮廓线指示所选对象。

⑨ 在变量列中重命名前六个变量，双击变量进行编辑，如图 7-97 所示。

Test Object	Variable
ItemText	Composer
_1499Text	Item
QuantityText	Quantity
CardNumberIncludeTheSpacesText	CardNumber
CreditCombo	CardType
ExpirationDateText	ExpDate

图 7-97　变量列编辑

⑩ 对于最后四行，选中每行并单击“Delete the selected row from the commands table”按钮。

⑪ 单击“确定”，“插入数据驱动操作”对话框关闭，继续记录。

⑫ 为总金额创建一个 Total 验证点。

a）在记录工具栏中单击“插入验证点或操作命令”按钮。

b）单击“对象查找器”，拖动鼠标。

c）拖动到总金额 $ 15.99 上。

d）释放鼠标。

e）在“验证点和操作向导”对话框中，确认“执行数据验证点”被选中，单击“下一步”。

f）输入验证点名称为 Total。

g）单击“下一步”。

h）单击“完成”。

⑬ 完成订单，退出 ClassicsCD，停止记录。

a）单击“Place Order”，出现一个消息框，提示订单完成。

b）单击“确定”。

c）单击“关闭”按钮，退出 ClassicsCD。

d）单击“停止记录”按钮。

e）如果必要，关闭测试对象映射窗口。

f）此时，新脚本出现在脚本编辑器中。

⑭ 回放脚本：

a）单击“运行 Functional Test 脚本”按钮。

b）接受默认日志名称，单击“完成”。

⑮ 查看结果，关闭测试日志。

(2）编辑验证点引用数据池

编辑验证点引用数据池的基本步骤如下。

① 在脚本浏览器中，验证点下双击 Total 验证点。验证点编辑器打开，显示 Total 验证点预期值。

② 在验证点编辑器工具栏中，单击“Convert Value to Datapool Reference”按钮。“数据池引用转换”对话框打开。为保证工作顺利，需要在 Rational Functional Tester 中关闭数据池。

③ 在数据池变量框中输入 Total。

④ 确认“将值添加到数据池中的新记录”选项被选中。

⑤ 单击“确定”。

⑥ 关闭验证点编辑器。

⑦ 保存所做的修改。

(3）编辑数据池并回放脚本

编辑数据池并回放脚本的基本步骤如下。

① 在脚本浏览器中，双击“Private Test Datapool”。

② 在数据池第 2 行，更改 quantity 为 2，total 为 $30.98，可双击“quantity”编辑。

③ 保存更改。

④ 回放脚本，指定一个新的日志名称并迭代回放两次。

a）单击“运行 Functional Test 脚本”按钮。

b）将日志命名为 OrderTotal3_part1_run2。

c）单击“下一步”。

d）在数据池迭代次数框中，选择 2，单击“完成”。

⑤ 查看结果，关闭测试日志。

(4）导出并编辑数据池

导出并编辑数据池的基本步骤如下。

① 在脚本浏览器中右击“Private Test Datapool”，单击“导出”。导出页面打开。

② 单击“浏览”。

③ 打开 C:\Training-TST279 并把文件命名为 OrderTotalData2.csv。

④ 单击“保存”，返回导出页面。

⑤ 单击“完成”。

⑥ 在浏览器中，打开 C:\Training-TST279 并双击“OrderTotalData2.csv”。在 Microsoft Excel 中打开数据池。数据池包含一行列标题和两行数据。

⑦ 复制第 3 行并粘贴到第 4 至 6 行。

⑧ 如图 7-98 所示，编辑第 4 至 6 行。

Row	Quantity	Total
4	5	$75.95
5	10	$150.90
6	50	$750.50

图 7-98 第 4 至 6 行的编辑

⑨ 保存文件，关闭 Microsoft Excel。

⑩ 关闭浏览器。

(5) 记录另一脚本

记录另一脚本的基本步骤如下。

① 开始记录新脚本，命名为 OrderTotal3_part2。

② 启动 ClassicsJavaA，ClassicsCD 打开。

③ 选择 Haydn Violin Concertos CD，然后单击"Place Order"。"Member Logon"对话框打开。

④ 以用户名"Trent Culpito"登录，"Place an Order"对话框打开。

⑤ 清空 Quantity 框，输入 2。

⑥ 清空 Card Number 框，输入 2222 2222 2222 2222。

⑦ 清空 Expiration Date 框，输入 12/23。

⑧ 为总金额($ 30.98)创建验证点，命名为 Total。

⑨ 完成订单，关闭 ClassicsCD，停止记录。新脚本在 Rational Functional Tester 主窗口中显示。

⑩ 关闭测试对象映射窗口。

(6) 导入数据池并与测试脚本关联

导入数据池并与测试脚本关联的基本步骤如下。

① 在 Rational Functional Tester 主窗口中，单击"File→New→Test Datapool"。

② 接受默认设置，在 Name 框处输入 OrderTotal3。

③ 单击"下一步"，导入数据池页面打开。

④ 单击"浏览"。

⑤ 打开 C:\Training-TST279，双击"OrderTotalData2.csv"。

⑥ 选择"第一条记录是变量信息"选项，Rational Functional Tester 将 CSV 文件的第一条记录解释为列标题而非数据。

⑦ 单击"完成"，新的数据池在 Rational Functional Tester 主窗口打开。OrderTotalData2.csv 中的数据现在包含在一个新的数据池(OrderTotal3.rftdp)中。为使 Rational Functional Tester 在测试脚本回放期间使用这个数据，数据池必须被关联到测试脚本上。

⑧ 如果有空行，右击行号选择"移除记录"，如图 7-99 所示。

⑨ 关闭测试数据池 OrderTotal3.rftdp，保存更改。单击视图右上角的☒。

⑩ 在脚本浏览器中，右击测试数据池，OrderTotal3_part2 脚本应该会被打开。

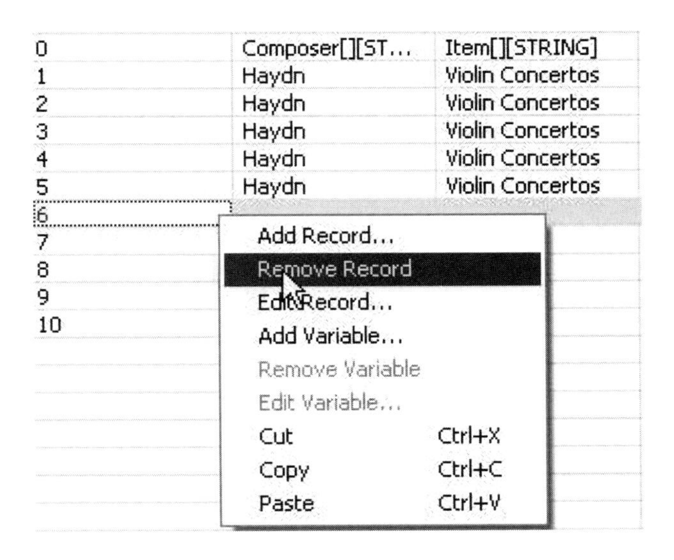

图 7-99　移除记录

⑪ 单击“关联到数据池”,“选择测试数据池”对话框打开,显示当前项目包含的数据池列表。

⑫ 单击“OrderTotal3. rftdp”,然后单击“确定”。数据池将列在脚本浏览器中的测试数据池下面。

(7) 编辑脚本,以使用数据池变量

编辑脚本以使用数据池变量的基本步骤如下。

① 在 OrderTotal3_part2 脚本中找到并复制设定数量的行:

```
placeAnOrder().inputKeys("{ExtHome} + {ExtEnd}{ExtDelete}2");
```

② 粘贴此行到复制行之后的空白行。

③ 在内容相同的两行的第一行中,删除值 2。

④ 单击“脚本→查找文本并替换数据池引用”,“数据池文本替换”对话框打开。

⑤ 单击“查找”,直到找到下列文本“{ExtHome}+{ExtEnd}{ExtDelete}2”。

⑥ 在数据池变量列表中选择“Quantity”。

⑦ 单击“替换”。

⑧ 单击“关闭”。

⑨ 在脚本中,找到设定数量的行并确认文本值已经被 Quantity 变量的引用——(dpString("Quantity"))替换。现在脚本将使用数据池定义的数量,必须更新 Total 验证点来使用数据池定义的相应的值。否则,验证点的预期结果将是 $30.98,不会考虑 CD 的订购数量。

⑩ 重启 Rational Functional Tester,打开 Training-TST279 项目。如果出现提示,单击“是”保存资源。

⑪ 打开 OrderTotal3_part2 脚本,关闭数据池编辑器。

⑫ 在脚本浏览器中,双击“Total 验证点”。

⑬ 在右窗格上面的工具栏中,单击“将值转换为数据池引用”按钮。“数据池引用转换”对话框打开。

⑭ 在数据池变量框中选择 Total。

⑮ 清除“将值添加到数据池中的新记录”的复选框。

⑯ 单击“确定”。确认验证点编辑器右窗格现在显示的是 Total 而不是＄30.98。

⑰ 关闭验证点编辑器。

⑱ 保存更改。

⑲ 回放脚本，将日志命名为 OrderTotal3_part2_run3，设置迭代次数为 5。

⑳ 检查测试结果。如果必要，修正问题再次回放脚本。

获取阅读材料《自动化测试工具》请扫描二维码。

自动化测试工具

习题七

1. 自动化测试工具有哪些？各适用于什么测试阶段？
2. 什么叫验证点？在脚本中记录验证点有何作用？
3. 脚本支持功能有哪几种？插入脚本支持命令有什么作用？
4. IBM Rational Functional Tester 首选项设置的目的是什么？
5. 测试对象映射分为哪两类？修改测试对象映射的作用是什么？
6. 简述管理对象识别的方法。
7. 什么是数据池？数据驱动的测试有什么作用？

参考文献

[1] 麦中凡,苗明川,何玉洁.计算机软件技术基础[M].4版.北京:高等教育出版社,2015.
[2] 袁和金,刘军,牛为华,等.数据结构(C语言版)[M].北京:中国电力出版社,2012.
[3] 李东生,崔冬华,李爱萍,等.软件工程——原理、方法和工具[M].北京:机械工业出版社,2009.
[4] 吕云翊.软件工程导论(双语版)[M].北京:电子工业出版社,2017.
[5] 王英龙,张伟,杨美红.软件测试技术[M].北京:清华大学出版社,2009.
[6] Essentials of IBM Rational Functional Tester,Java Scripting,v7.0.TST279/RT542-February 2007.